修河流域水资源综合利用与规划管理

游海林　陈　峰　吴永明　甄广峰　等著

黄河水利出版社
·郑州·

图书在版编目(CIP)数据

修河流域水资源综合利用与规划管理/游海林等著
—郑州:黄河水利出版社,2023.7
ISBN 978-7-5509-3603-4

Ⅰ.①修… Ⅱ.①游… Ⅲ.①修水-流域-水资源利用②修水-流域-水资源管理 Ⅳ.①TV213

中国国家版本馆 CIP 数据核字(2023)第 115499 号

责任编辑	乔韵青	责任校对	杨秀英
封面设计	黄瑞宁	责任监制	常红昕
出版发行	黄河水利出版社		
	地址:河南省郑州市顺河路 49 号　邮政编码:450003		
	网址:www.yrcp.com　E-mail:hhslcbs@126.com		
	发行部电话:0371-66020550		
承印单位	河南瑞之光印刷股份有限公司		
开　　本	787 mm×1 092 mm　1/16		
印　　张	15.75		
字　　数	364 千字		
版次印次	2023 年 7 月第 1 版	2023 年 7 月第 1 次印刷	
定　　价	128.00 元		

《修河流域水资源综合利用与规划管理》

主要撰写人员

（按姓氏音序排列）

陈　峰	陈　龙	陈　涛	陈　鋆	陈肖依
程　华	程俊翔	邓　觅	段曹斌	范宏翔
黄　青	黄华金	黄立章	蒋名亮	雷抒凯
李沐春	李荣富	李友辉	李元吉	梁培瑜
廖建英	刘丽贞	刘祥睿	马学明	唐金杰
唐林森	王　萍	吴施婧	吴永明	吴峙云
辛在军	熊淑刚	徐力刚	徐小雪	许文阳
姚　忠	易卫华	游海林	张　杰	赵东彬
甄广峰	朱　林			

前　言

修河位于江西省西北部，为鄱阳湖水系五大河流之一，地处东经113°56′~116°01′、北纬28°23′~29°32′。发源于铜鼓县高桥乡叶家山，流经修水县城，过柘林水库库区，于永修县城山下渡纳支流潦河，由永修吴城镇注入鄱阳湖，主河道长386.2 km（永修县城以上），相应流域面积14 539 km^2，占江西省总面积的8.7%。

修河流域属亚热带湿润季风气候区，气候湿润，雨量充沛，多年平均降水量为1 500~1 900 mm，流域水资源总量135.16亿 m^3，人均水资源量约为5 837 m^3，亩均水资源量为4 776 m^3；流域水能理论蕴藏量为688.7 MW，干流通航里程约238 km。

修河流域在行政区划上分属九江市的修水县、武宁县、永修县、瑞昌市，宜春市的铜鼓县、奉新县、靖安县、高安市，南昌市的安义县、新建区、市辖区（湾里区），共涉及11个县（市、区），规划区范围内国土面积14 539 km^2。2007年末，流域内人口231.56万人，其中城镇人口77.83万人，农村人口153.73万人，耕地面积283万亩，粮食总产量95.7万t，国民生产总值212.96亿元。

中华人民共和国成立以来，为治理水旱灾害、开发利用水资源，江西省水利厅、九江市、宜春市和南昌市组织了有关部门和单位对修河流域综合治理和开发做了大量的工作，曾先后编制了《修河下游初勘报告》（1956年）、《修河河流规划报告》（1958年）、《潦河流域综合利用规划报告》（1961年）、《修河梯级方案第一期工程复核报告》（1963年）、《靖安南河、北河水利水电规划意见》（1965年）、《修河上游水电开发意见》（1965年）、《潦河流域规划报告》（1980年）等一批流域开发规划报告，相继建成了柘林水库、罗湾、大塅等一批水利枢纽工程。为进一步开发治理修河流域，根据江西省计委批准下达的《修河流域规划任务书》，省、市、县有关单位组成了修河流域规划领导小组，1988年全面开展修河流域规划工作，1990年编制完成《江西省修河流域规划报告》，并得到国家计委的批复。

在批准的流域规划及其他专项规划指导下，经过多年来的建设与实践，修河流域治理与开发取得了巨大成就。在防洪方面，已基本形成了由堤防、水库（柘林水库）及非工程措施等组成的综合防洪体系，流域内7座县城沿岸都不同程度地兴建了防洪堤（墙），堤（墙）总长101.65 km，永修等县城已初步形成了封闭的防洪保护圈；建成千亩以上圩堤91座（不含城防堤），堤线总长549.38 km；初步建立山洪灾害预警系统。在水资源的开发、利用、保护方面，初步建立了区域供水、灌溉、水力发电、航运等水资源综合利用体系，流域内现已建成各类供水设施共17 478座（处），总供水能力17.48亿 m^3，水电装机容量达902.91 MW，有效灌溉面积155.00万亩。在水土保持、水资源保护和生态环境建设方面，初步形成了水生态与环境保护体系，水土流失得到有效控制。修河流域的治理开发实践证明，流域规划的基本方针和指导思想基本正确，治理开发的总体布局基本合理。修河流域规划的实施，为区域经济社会发展起到了重要的支撑与保障作用。

随着流域内经济社会的快速发展，对防洪减灾、水资源综合利用与水生态环境保护的要求越来越高,流域治理开发面临着完善防洪体系、保障防洪安全、保障粮食生产安全与供水安全、加强水资源与生态环境保护、合理开发水能资源等方面的更新更高要求。为有效指导流域开发、利用、配置、节约、保护、管理水资源和防治水害,维护健康河流、促进人水和谐,为经济、社会、环境可持续协调发展提供有效的水利支撑和保障,迫切需要依法对原有流域规划进行修编。

修河流域规划修编是江西省江河流域规划修编的重要组成部分。为做好全省的江河流域规划修编工作,江西省水利厅于2006年初开展了全省江河流域规划修编前期调研工作,并于2006年8月编制了《江西省江河流域规划修编前期调研咨询报告》;2007年6月,国务院办公厅以国办发〔2007〕44号文转发了水利部关于开展流域综合规划修编工作的意见,全国七大江河的流域综合规划编制工作全面启动。2007年10月,全省江河流域综合规划修编领导小组召开了第一次会议,会议审定了《江西省江河流域综合规划修编任务书》和《江西省江河流域综合规划修编工作大纲》,明确了流域综合规划修编的组织、分工、主要内容和技术要求;同年12月,江西省江河流域规划修编工作在全省范围内全面展开。

修河流域规划修编工作自2008年初开始,通过收集和分析整理流域内基本资料、查勘修河干流及其主要支流的重要河段和规划拟建工程坝址,并与流域内县(市、区)相关部门座谈,全面了解修河流域的开发治理现状和存在的主要问题,拟定了修河流域综合规划修编工作思路,对修河流域的防洪减灾、水资源综合利用与保护、流域水利管理等进行了全面与系统的规划,并于2008年10月向长江水利委员会提交了修河流域修编规划意见。在规划修编中,协调了近年来完成的流域防洪规划、灌溉规划、农村饮水安全规划、修河水量分配方案、河道采砂规划以及相关部门的专业规划等成果,于2011年10月提出《江西省修河流域综合规划修编报告》(征求意见稿)。

《江西省修河流域综合规划修编报告》的规划基准年为2007年,近期规划水平年为2020年,远期规划水平年为2030年,规划范围为修河永修县城以上流域;在梯级开发方案的规划方面,规划的重点为干流,列入主要支流潦河、山口水干流梯级开发规划方案。

修河流域规划修编是在原流域规划及近年来完成的相关专业规划基础上,分析研究了流域经济社会发展态势,遵循"人水和谐"、保障可持续发展的治水理念,提出了修河流域治理开发与保护的要求、目标和总体规划方案,拟定了干流重要节点和主要支流的控制性指标;根据修河水资源开发利用现状及发展预测,分析了各水平年水资源供需状况,提出了水资源评价与配置方案;分析研究了流域防洪减灾、水资源综合利用、水资源与水生态环境保护及流域水利管理等方面的现状、存在问题和规划需求,提出了流域防洪、灌溉、供水、治涝、水资源与水生态环境保护、河道整治与岸线利用、航运、水力发电、水土保持、流域水利管理与信息化建设等规划。

本书紧扣修河流域总体规划编制内容,通过历史资料收集、实地调查、长期定位勘测、类别研究以及统计分析等研究方法,从流域总体规划与工程布局入手,重点围绕修河流域水资源配置、防洪减灾、水资源综合利用和保护及流域水利管理与信息化建设等规划具体目标和任务,应用环境影响评价技术手段评估人类活动影响下的修河流域水量分配、用水效率、水功能区划、水土保持以及水生态修复等聚焦性问题,确定流域开发方案实施程序与工程选择，为全面实现健康河湖目标，打造美丽中国“江西样板”提供物质基础与科学支撑。

本书是江西省科学院、中铁水利水电规划设计集团有限公司和中国科学院南京地理与湖泊研究所鄱阳湖湖泊湿地综合研究站围绕修河流域水资源综合利用与保护相关成果的阶段性总结与集成。在《江西省修河流域综合规划修编报告》编制过程中，得到了江西省发展和改革委员会、省工业和信息化厅、省自然资源厅、省交通运输厅、省住房和城乡建设厅、省农业农村厅、省林业局、省卫生健康委、省生态环境厅、省气象局、省文化和旅游厅等部门和单位的大力支持，流域内各县（市、区）水利部门提供了有关基础资料，省水文局参与了“水资源与水生态环境保护”章节的撰写工作，省水保所提出了“水土保持规划”章节的主要规划内容，省交通运输厅港航局提出了“航运规划”章节的主要规划内容，一批规划界的老前辈为规划修编提出了许多宝贵意见与建议，在此表示衷心的感谢！

本书由江西省青年人才培养项目（20204BCJL23040）、国家自然科学基金（42261020、41971137、U2240224）、九江市第九批“双百双千”人才工程、江西省重大科技研发专项（20213AAG01012）和江西省重点研发计划项目（20212BBG71002）联合资助出版。

修河流域面积辽阔，水文情势复杂，地形地貌类型多样，受人类活动影响显著，且流域内多数支流水文站稀少甚至缺乏历史水文观测及水生态保护资料，加之编者水平有限，书中难免存在不足之处，恳请读者批评指正。

作 者

2023 年 3 月

目　录

前　言
第1章　流域概况 …… (1)
1.1　自然地理 …… (1)
1.2　水文气象 …… (2)
1.3　地质概况 …… (14)
1.4　社会经济概况 …… (18)
1.5　自然灾害 …… (20)
第2章　修河流域规划修编 …… (22)
2.1　原规划及实施情况 …… (22)
2.2　原规划总体评价 …… (26)
2.3　规划修编的必要性 …… (26)
第3章　修河流域总体规划 …… (29)
3.1　规划指导思想、原则和编制依据 …… (29)
3.2　规划范围、规划水平年 …… (30)
3.3　经济社会发展预测及对流域开发治理与保护的要求分析 …… (31)
3.4　流域治理开发与保护的目标和任务 …… (37)
3.5　主要控制性指标 …… (40)
3.6　流域治理开发与保护总体布局 …… (46)
3.7　干、支流梯级开发方案 …… (49)
第4章　流域水资源评价与配置 …… (54)
4.1　流域水资源评价 …… (54)
4.2　水资源开发利用及其影响评价 …… (55)
4.3　需水预测 …… (60)
4.4　可供水量分析 …… (63)
4.5　水资源供需平衡分析与配置 …… (66)
4.6　特殊干旱期应急对策 …… (72)
第5章　防洪减灾 …… (73)
5.1　防洪规划 …… (73)
5.2　治涝规划 …… (112)
5.3　河道整治及岸线利用规划 …… (118)
第6章　水资源综合利用 …… (127)
6.1　灌溉规划 …… (127)
6.2　供水规划 …… (152)

6.3　航运规划 …… (162)
6.4　水力发电规划 …… (166)
第7章　水资源与水环境生态保护 …… (175)
7.1　水资源保护规划 …… (175)
7.2　水生态保护规划 …… (192)
7.3　水土保持规划 …… (204)
第8章　流域水利管理与信息化建设 …… (214)
8.1　流域水利管理现状及存在的问题 …… (214)
8.2　流域水利管理目标 …… (215)
8.3　流域水利管理措施 …… (215)
8.4　防灾减灾管理规划 …… (219)
8.5　信息化建设规划 …… (220)
8.6　流域水利管理政策法规建设意见 …… (221)
8.7　水利科技发展与人才队伍建设意见 …… (221)
8.8　公众参与 …… (222)
第9章　流域环境影响评价 …… (223)
9.1　评价范围和环境保护目标 …… (223)
9.2　环境现状 …… (224)
9.3　流域规划分析 …… (226)
9.4　环境影响分析及评价 …… (226)
9.5　环境保护对策措施及建议 …… (230)
9.6　初步环境评价结论 …… (232)
第10章　流域规划实施程序与近期工程选择 …… (233)
10.1　流域规划实施程序 …… (233)
10.2　近期工程选择 …… (233)
第11章　结论与今后工作意见 …… (238)
11.1　结　论 …… (238)
11.2　问题和今后工作意见 …… (238)

第 1 章　流域概况

1.1　自然地理

1.1.1　自然概况

修河位于江西省西北部,为鄱阳湖水系五大河流之一,地处东经 113°56′~116°01′、北纬 28°23′~29°32′。流域东临鄱阳湖;南隔九岭山主脉与锦江毗邻;西以黄龙山、大围山为分水岭,与湖北省陆水和湖南省汨罗江相依;北以幕阜山脉为界,与湖北省富水水系和长江干流相邻。

修河流域三面高山环绕,北缘幕阜山,中部九岭山,山脉均为东北—西南走向,流域呈东西长、南北窄的不规则长方形。地形为西北高东南低、背山向湖的箕形斜面。东西平均长 176 km,南北平均宽 84 km。流域形状系数为 0. 116。地势海拔 10~1 200 m。流域内山地面积占 46. 5%,丘陵面积占 36. 7%,平原及湖泊面积占 16. 8%。流域分属九江市的修水县、武宁县、永修县、瑞昌市部分,宜春市的奉新县、靖安县、铜鼓县三县及高安县部分,南昌市的安义县及新建区、市辖区(湾里区)的部分。

1.1.2　水系概况

修河发源于铜鼓县高桥乡叶家山,位于东经 114°14′、北纬 28°31′。自源头由南向北流,至修水县马坳乡墈上,俗称东津水。在墈上折向东流,左岸纳渣津水,东流过杭口,再东南流至黄田里;右岸纳山口水,而后又东北流经修水县城,过三都,至武宁县城西北洋浦里进入柘林水库库区。柘林水库以下为冲积平原,流至永修县城于山下渡接纳修河最大的支流潦河,由永修县吴城镇注入鄱阳湖。河口为永修县吴城镇望江亭,位于东经 116°01′、北纬 29°12′。

修河流域水系发达,河溪密布,流域面积大于 10 km^2 的河流有 305 条,其中 200 km^2 以上的河流有 20 条,3 000~10 000 km^2 的河流有 1 条,大于 10 000 km^2 的河流有 1 条。修河流域 200 km^2 以上支流情况见表 1-1。

修河干流主河道长 386. 2 km(永修县城以上),相应流域面积 14 539 km^2,占全省总面积的 8. 7%。干流以抱子石水库和柘林水库坝址为界,分为上、中、下游三段,上游段河道长 182. 8 km,河道纵比降 1. 36‰,多为高山峻岭,山岳中零星分布着山间盆地;抱子石至柘林为中游,中游段河道长 156. 2 km,一般河宽 200~350 m,河道纵比降 0. 32‰,两岸为近代冲蚀成的低山丘陵;柘林以下称下游,下游段河道长 47. 2 km(柘林至永修),河宽 280~500 m,河道纵比降 0. 16‰,两岸逐渐开阔,地势平坦,自艾城以下进入滨湖平原地区,圩堤纵横,河道交错。河源至永修河道平均坡降 0. 51‰。

表 1-1 修河流域 200 km² 以上支流情况

序号	支流名称	级别	岸别	涉及县(市、区)	河长/km	流域面积/km²
1	渣津水	一级	左岸	修水县	71.5	952
2	东港水	二级	右岸	修水县	47.4	274
3	杨津水	二级	左岸	修水县	40.8	209
4	北岸水	二级	左岸	修水县	61.4	478
5	杭口水	一级	左岸	修水县	50.6	228
6	山口水	一级	右岸	铜鼓县、修水县	130	1 780
7	奉乡水	二级	右岸	修水县	65.3	450
8	安溪水	一级	右岸	修水县	65.5	516
9	船滩河	一级	左岸	武宁县	39.3	442
10	洋湖港水	一级	右岸	修水县	55.5	273
11	罗溪河	一级	右岸	武宁县	60.2	327
12	巾口河	一级	左岸	武宁县	52.4	592
13	大桥河	二级	左岸	武宁县、瑞昌市	40.9	285
14	潦河	一级	右岸	安义县、奉新县、永修县	166	4 380
15	黄沙港	二级	右岸	奉新县、高安市	36.5	210
16	石鼻河	二级	右岸	安义县、奉新县	28.4	241
17	北潦河	二级	左岸	安义县、奉新县、靖安县	125.0	1 518
18	北潦北支河	三级	左岸	靖安县	103.0	736
19	龙安河	二级	左岸	安义县、永修县	54	305

1.2 水文气象

1.2.1 气象

1.2.1.1 气象特征

修河流域地处低纬度，属亚热带湿润季风气候区，春夏之交多梅雨，秋冬季节降水较少，春寒、夏热、秋旱、冬冷，四季分明，气候温和，光照充足，雨量充沛，夏冬季长，春、秋季短，结冰期短，无霜期长，冬季受西伯利亚冷高压影响，天气寒冷。

流域内夏季一般处于太平洋副热带高压西北侧，孟加拉湾及南海大量暖湿气流源，受冷空气南下，常形成西暖湿气流交绥大范围降雨或暴雨。春、秋季为气候转换季节，寒暖交替，天气多变，常有阴雨和低温天气出现。盛夏与伏秋季时，流域一般受太平洋副热带高压控制，天气炎热，常干旱，但有时受台风影响，出现台风雨或台风暴雨，或出现历时短、范围小的地区性对流性不稳定的雷阵雨。

1.2.1.2　降水

修河流域降水量充沛，流域内多年平均降水量在 1 500~1 900 mm。降水量年内分配极不均匀。据流域各代表站统计，4~6 月多年平均降水量占全年降水量的 50%左右。流域内铜鼓以东、靖安以西的九岭山南麓一带，为全省四大多雨区之一，中心雨量在 2 000 mm 以上，武宁、永修一带为少雨区，多年平均降水量小于 1 600 mm。

流域内降水量年际变化较大，最大年降水量为最小年降水量的 2 倍左右，最大年降水量为多年平均降水量的 1.4 倍左右。流域内降水量的另一个特点是雨季开始和结束的时间相差较大，一般在 4 月进入雨季，6 月雨季结束进入干旱少雨季节，有些年份提前在 3 月进入雨季，还有些年份推迟至 7 月中旬才结束，8 月中旬有时还有台风雨。

1.2.1.3　蒸发、气温等

流域内各站实测多年平均蒸发量为 1 116.3~1 535.5 mm，多年平均气温在 16.4~17.4 ℃，极端最高气温 42.1 ℃（修水站 1988 年 7 月 18 日），极端最低气温-15.8 ℃（奉新站 1991 年 12 月 29 日），多年平均相对湿度 79%~83%，最小相对湿度 6%（武宁站 1986 年 3 月 15 日），多年平均风速 0.8~2.2 m/s，最大风速 23.0 m/s（靖安站 1981 年 5 月 2 日），相应风向为东风。多年平均日照时数 1 444~1 812 h，多年平均无霜期 255~276 d。

修河流域主要代表站气象特征值见表 1-2~表 1-6。

1.2.2　水文

1.2.2.1　水文测站

流域内水文测站基本上为中华人民共和国成立后设立，中华人民共和国成立前仅在干流上设有永修及修水两站，有断续的水位或流量资料，且精度不高。中华人民共和国成立后在修河干支流上先后设立了一大批水文（位）站，观测项目包括雨量、蒸发量、水位、流量、含沙量等。修河流域主要水文测站基本情况如下。

1. 高沙站

高沙站位于修河干流上游修水县南岭乡高沙村，地理位置为东经 114°35′，北纬 29°04′，控制流域面积 5 303 km²。1956 年 10 月设为白马殿水文站。1957 年起观测水位、流量等项目，1958 年起增测含沙量，1966 年改为高沙水文站，增测泥沙颗粒分析。测验河段顺直，控制条件较好，测流断面在 95 m 以上，左岸稍有漫滩，断面上游 3 km 处有安溪水自右岸汇入。测站历年水位流量关系较稳定。

2. 清江站

清江站位于修河干流中游武宁县清江乡清江村，地理位置为东经 114°47′，北纬 29°11′，控制流域面积 6 358 km²。1977 年 12 月由柘林水电厂设立，为柘林水库干流入库控制站，1978 年起观测水位、流量等项目。测验河段顺直段长约 700 m，上游右侧有一固定沙洲，由卵石、细沙组成。上游有弯道，下游有急滩，主流部分河床为卵石，滩地为细沙，右岸为陡岸，左岸较平缓，有小竹护岸，后有小土堤。历年水位流量关系较稳定单一。

表 1-2 修河流域主要测站降水量统计

项目	修水站	铜鼓站	武宁站	永修站	靖安站	奉新站	安义站
多年平均降水量/mm	1 622.7	1 865.5	1 517.1	1 586.1	1 746.7	1 692.3	1 605.4
最大年降水量/mm	2 358.8	2 848.5	2 224.7	2 223.9	2 528.3	2 251.8	2 265.1
出现年份	1998	1998	1995	1998	1998	1998	1998
最小年降水量/mm	1 212.3	1 245.3	1 187.5	1 164.9	1 330.4	1 286.3	1 189.8
出现年份	2004	2001	2006	2006	1996	1982	2006
1 d 最大降水量/mm	258.3	246.0	164.0	247.0	191.8	252.5	273.3
出现时间(年-月)	2003-06	1954-07	1988-08	1955-06	1961-09	2005-09	1955-06
3 d 最大降水量/mm	314.9	403.1	249.3	402.8	369.4	577.7	497.8
出现时间(年-月)	1977-06	1983-07	1998-06	1955-06	1977-06	1955-06	1955-06
资料统计起讫年份	1956~2006	1957~2006	1957~2006	1956~2006	1957~2006	1959~2006	1959~2006

表 1-3　修河流域主要测站气温特征

项目	修水站	铜鼓站	武宁站	永修站	靖安站	奉新站	安义站
多年平均气温/℃	16.7	16.4	17.0	17.4	17.3	17.4	17.1
极端最高气温/℃	42.1	39.7	41.7	41.1	39.9	41.0	40.3
出现时间(年-月-日)	1988-07-18	2003-08-03	2003-08-02	2003-08-01	2003-08-02	2003-08-02	1992-07-31
极端最低气温/℃	−12.1	−10.4	−8.7	−8.7	−11.0	−15.8	−10.7
出现时间(年-月-日)	1991-12-29	1991-12-29	1991-12-29	1991-12-29	1991-12-29	1991-12-29	1991-12-29
多年平均最高气温≥35 ℃天数/d	30.3	17.6	36.9	20.5	20.5	28.0	19.0
多年平均最低气温≤0 ℃天数/d	38.2	28.5	38.4	27.0	32.0	31.6	34.5
资料统计起讫年份	1956~2006	1957~2006	1957~2006	1956~2006	1957~2006	1959~2006	1959~2006

表 1-4　修河流域主要测站湿度特征

项目	修水站	铜鼓站	武宁站	永修站	靖安站	奉新站	安义站
多年平均相对湿度/%	80	83	79	79	79	80	81
最小相对湿度/%	9	8	6	8	10	12	10
出现时间(年-月-日)	2005-04-15	1982-04-14	1986-03-15	1993-12-26	2005-12-17	2005-12-21	1982-01-18
统计年份	1956~2006	1957~2006	1957~2006	1956~2006	1957~2006	1959~2006	1959~2006

表 1-5　修河流域主要测站蒸发量特征

项目	修水站	铜鼓站	武宁站	永修站	靖安站	奉新站	安义站
多年平均蒸发量/mm	1 188.3	1 116.3	1 449.8	1 465.0	1 445.3	1 535.5	1 378.3
资料统计起讫年份	1956~2006	1957~2006	1957~2006	1956~2006	1957~2006	1959~2006	1959~2006

表 1-6　修河流域主要测站风向风速统计

项目	修水站	铜鼓站	武宁站	永修站	靖安站	奉新站	安义站
多年平均风速/(m/s)	1.0	0.8	1.2	2.2	1.6	1.7	1.7
最大风速/(m/s)	20.0	13.7	17.0	22.0	23.0	18.3	18.0
相应风向	WSW	NNE	ENE	NNW	E	NE	NE
出现时间(年-月-日)	1991-07-07	1997-08-26	2004-03-17	1994-02-04	1981-05-02	1981-05-02	1994-02-04
资料统计起讫年份	1956~2006	1957~2006	1957~2006	1956~2006	1957~2006	1959~2006	1959~2006

3. 柘林站

柘林站位于永修县柘林镇,地理位置为东经115°31′,北纬29°12′,控制流域面积9 497 km²。该站于1959年5月设立,为修河下游干流控制站,其位置现为柘林水库坝址。1981年10月经江西省水文局批准撤销柘林站,迁往永修县虬津乡虬津村,其地理位置为东经115°41′,北纬29°10′,控制流域面积9 914 km²。主要观测项目有水位、流量、水质、降水量和蒸发量等。

4. 虬津站

虬津站位于永修县虬津乡虬津村,地理位置为东经115°41′,北纬29°10′,控制流域面积9 914 km²,1956年5月由江西省水利厅设为水位站,观测水位至12月。1981年10月经江西水文局批准撤销柘林站迁往虬津,1982年起观测水位、流量至今。测验河段位于虬津大桥下游180 m处,测验河段顺直段长约500 m,略呈喇叭形,断面下游60 m处有一大弯道,断面中间有沙洲,对低水测流影响很大。历年水位流量关系因受下游鄱阳湖水位顶托影响,为一组以下游吴城水位为参数的水位流量关系。

5. 永修站

永修站位于涂家埠镇山下渡,于1929年设站,中华人民共和国成立前中断过观测,1949年10月恢复为永修水位站。该站主要观测项目有水位、降水量等。

6. 万家埠站

万家埠站位于修河支流潦河干流上,该站地处安义县万埠镇桥南街,地理位置为东经115°39′,北纬28°51′,控制流域面积3 548 km²,为潦河控制站。1953年1月改为三等水文站,增测流量、含沙量,同年4月改为二等水文站,1955年7月停止泥沙观测,1956年4月恢复泥沙观测。1957年6月改为万家埠流量站,1962年改为万家埠水文站。测验河段尚顺直,左岸为沙滩,右岸为陡坡,易崩塌冲刷,断面上游3 km为南、北潦河汇合口,下游约2 km有分流,基本水尺下游100 m处有万家埠大桥,洪水时有冲淤现象,最高洪水位时水面宽可达360 m,枯水时一般为60 m,其余部分均为沙洲。

7. 先锋站

先锋站位于山口水河口附近修水县宁洲乡任埠村,地理位置为东经114°32′,北纬29°01′。1956年12月由江西省水利厅设为龙潭峡水文站,观测水位、流量等项目。1966年更名为先锋水文站,控制流域面积1 764 km²。测验河段上游150 m处有浅滩,河道较顺直,河床由粗砂、卵石组成,断面冲淤变化不大。左岸为旱地,右岸为马路、村庄。历年水位流量关系较稳定单一。

8. 杨树坪站

杨树坪站位于修河上游修水县莲花村,地理位置为东经114°12′,北纬29°03′,控制流域面积342 km²。1957年12月设站,1958年起观测水位、流量等项目。1963年起增测含沙量至今。测验河段顺直段长约300 m,两岸高山无漫滩现象,测流段附近有岩石凸出,造成中、低水位时主槽向右岸摆动。基本水尺上游500 m处有急弯,下游250 m有急滩。河床组成为细沙,易冲淤。

9. 晋坪站

晋坪站位于南潦河上游奉新县上富乡晋坪村,地理位置为东经114°58′,北纬28°41′,

控制流域面积 304 km^2。1966 年由江西省水利厅水文气象局宜春分局设站，观测水位、流量等项目。测验河段尚顺直，顺直段长 300 m 左右，断面上游 500 m 处，右岸有一支流加入，下游约 200 m 处左岸有一支流加入。测验河段较稳定。

10. 江头站

江头站位于修河右侧支流山口水上游的铜鼓县境内，控制流域面积 346 km^2。1958 年 8 月由江西省水文气候站南昌分站设为水文站，观测水位、流量等项目。1980 年 1 月改为水位站停止测流。测流河段较顺直，断面上游 150 m 处有一弯道，水流较急，下游 80 m 处有一浅滩，断面左岸为石山，右岸为沙土，河床质为沙与卵石组成，无水生植物。

11. 罗溪站

罗溪站位于修河右侧支流罗溪水上游武宁县罗溪乡，地理位置为东经 114°59′，北纬 29°06′，控制流域面积 253 km^2。1961 年 4 月观测水位，1963 年起增测流量。测验河段顺直，其上游有弯道，下游有急滩，测站控制条件较好，河床由沙与卵石组成，有冲淤现象，两岸为沙黏土与卵石，无坍塌现象。历年水位流量关系较稳定。

上述水文测站均为国家基本网点站，各站的水位、流量、泥沙、降水量等水文资料均按照有关规程、规范的要求进行观测和整编，其资料质量可靠，满足本次规划要求。

1.2.2.2　径流

1. 径流的地区变化及年内组成

修河流域径流丰沛，为降水补给，径流与降水量在时间上分布基本一致。各站径流量的大小变化符合自上而下渐增的规律。最大月径流量多出现在 6 月，最小月径流量多出现在 12 月，连续最大 3 个月径流量主要集中在汛期 4~6 月，约占全年径流量的 50%。柘林水库兴建后，受其调蓄作用影响，下游虬津站径流年内分配较为均匀，各月径流量占全年的百分比为 5.5%~11.9%。修河流域主要测站年径流参数统计见表 1-7，径流年内分配统计见表 1-8。

2. 枯水径流

根据修河干流主要测站的实测流量资料分析，修河干流最枯流量一般出现在 12 月至翌年 2 月，其中又以 12 月至翌年 1 月出现年最枯流量的年数最多，本书采用测站长系列实测日均流量进行排频，求得相应保证率的设计枯水径流。修河干流上已建的梯级中，东津水库和柘林水库为大型水库，对径流的调蓄作用明显，其余梯级为径流式电站，对径流的调蓄作用较小。东津水库 1995 年 5 月开始蓄水，总库容为 7.95 亿 m^3，为多年调节水库，故本书把高沙站流量系列分别按 1995 年 5 月之前与之后两部分进行排频计算，以反映东津水库对其下游枯水径流的影响，成果见表 1-9。从表 1-9 可以看出，受东津水库调蓄作用影响，高沙站 5 个保证率下的设计枯水流量均得到显著提高。柘林水库为大(1)型水库，总库容 79.2 亿 m^3，为多年调节水库，1972 年基本建成并开始运用。虬津站设立于 1983 年，其观测所得径流资料为柘林水库调蓄后的径流资料，较全面地反映了水库的调节作用。

表 1-7 修河流域主要测站年径流参数统计

河名	站名	集水面积/km²	资料起讫年份	多年平均流量/(m^3/s)	变差系数 C_v	偏差系数 C_s/C_v	径流模数/[L/(s·km²)]	径流深/mm
修河	高沙	5 303	1957~2003	156	0.35	2.5	29.4	928
修河	虬津	9 914	1983~2009	291	0.40	2.5	29.4	926
潦河	万家埠	3 548	1953~2009	110	0.36	2.5	31.0	978
山口水	先锋	1 764	1957~2009	50.8	0.36	2.5	28.8	908
噪口水	杨树坪	342	1958~2004	10.8	0.33	2.5	31.6	996
南潦水	晋坪	304	1966~2009	12.7	0.28	2.5	41.8	1 317

表 1-8 修河流域主要测站径流年内分配统计 %

站名	资料起讫年份	1月	2月	3月	4月	5月	6月	7月	8月	9月	10月	11月	12月	全年
高沙	1957~2003	2.9	5.2	9.3	15.7	17.3	19.2	12.1	5.6	4.1	2.8	3.2	2.6	100
虬津	1983~2009	7.4	6.3	9.1	9.2	11.2	10.7	11.8	8.4	7.7	5.5	6.2	6.5	100
万家埠	1953~2009	3.1	4.5	7.4	12.1	15.8	19.8	13.0	8.1	5.8	3.8	3.8	2.8	100
先锋	1957~2009	3.2	5.4	9.0	14.3	16.4	18.3	11.8	6.3	4.9	3.3	4.1	3.0	100
杨树坪	1958~2004	3.2	5.2	8.8	15.0	16.8	19.0	12.0	6.1	4.4	3.2	3.5	2.8	100
晋坪	1966~2009	0.2	4.6	7.7	12.2	15.7	19.9	13.8	8.6	6.4	3.9	4.1	2.9	100

表 1-9 修河干流主要测站枯水径流成果

站名	控制面积/km^2	系列长度	各频率设计值/(m^3/s)				
			$P=75\%$	$P=80\%$	$P=90\%$	$P=95\%$	$P=98\%$
高沙	5 303	1957 年至 1995 年 4 月	30.4	27.0	21.0	17.4	14.6
		1995 年 5 月至 2003 年	59.5	52.6	37.7	29.2	21.8
虬津	9 914	1983~2009 年	127	106	61.4	37.8	22.6

1.2.2.3 洪水

1. 暴雨特性

修河流域降水受来自印度洋孟加拉湾和太平洋东海、南海季风的影响，一般从 4 月开始，降水量逐渐增加，至 5 月、6 月西南暖湿气流与西北南下的冷空气持续交绥于长江中下游一带，冷暖空气强烈的辐合上升运动，形成大范围的暴雨区，此时期本流域降水量剧增，不仅降水时间长，而且降水强度大。一次暴雨历时一般为 4~5 d，最长的可达 7 d 以上，因此锋面雨是本流域的主要暴雨类型。7~9 月本流域多为副热带高压控制，常受台风影响，此时期既有锋面雨出现，又有台风雨产生，暴雨历时一般为 1~3 d，以 2 d 居多，最长达 5 d 以上。锋面雨历时较长，台风雨历时较短。

2. 洪水特性

修河为雨洪式河流，洪水季节与暴雨季节相一致，多发生在 4~9 月。4~6 月洪水由锋面雨形成，往往峰高量大；7~9 月洪水一般由台风雨形成，洪水过程一般较尖瘦。大洪水以 6 月发生的次数最多，往往由大强度暴雨产生峰高量大级洪水。修河干流一次洪水过程一般在 4~7 d，上游历时略短，中下游历时较长。上游河段洪水峰型一般较尖瘦，涨落快，洪峰持续时间短，单峰居多，中下游河段峰型较肥胖，多呈现为复峰。

3. 洪水地区组成

修河中下游干支流洪水多为同步遭遇性洪水，从修河干流柘林站和支流万家埠站历年最大洪水过程对照来看，同步者占一半以上，潦河中上游又是江西省西北地区的主要暴雨区之一，洪水来势迅猛且频繁。一般每年 7 月开始，鄱阳湖洪水位受长江高水位顶托影响，水位持续时间较长，少数年份受台风影响，修河、潦河洪水和鄱阳湖湖洪相遇（如 1954 年、1983 年洪水），将严重威胁下游的安全。

4. 历史洪水

20 世纪 50 年代末和 60 年代初，原水利部长沙勘测设计院为开发修河流域的水力资源，对修河流域的历史洪水进行了全面的调查和分析，并编制了《修河流域历史洪水汇编》。后来各有关单位为修建水利工程，对修河干流及主要支流山口水、潦河等进行了多次调查和复查。1980 年江西省水利厅根据原水电部的有关文件要求，指定江西省水文总站和江西省水利规划设计院对江西省洪水调查资料进行了审查汇编，并出版了《江西省洪水调查资料》，修河流域主要测站历史洪水汇编成果摘录于表 1-10。其中，历史洪水时段洪量一般由该站峰量关系插补而得，历史洪水的重现期根据起讫年法与综合分析法确定。

表1-10 修河流域主要测站历史洪水成果

站名	发生年份	Q_m/ (m^3/s)	W_1/ $10^6\ m^3$	W_3/ $10^6\ m^3$	W_5/ $10^6\ m^3$	重现期/年
武宁	1901	11 600	—	—	—	110
	1954	10 300	—	—	—	55
	1955	9 580	—	—	—	37
	1935	9 300	—	—	—	28
柘林	1901	13 000	1 066.50	1 915.88	3 163.33	110
	1931	8 810	723.76	1 297.02	2 147.37	16
万家埠	1915	6 690	464.00	813.00	956.00	50
	1955	6 130	407.00	840.00	1 027.00	25
	1954	3 580	326.00	585.00	699.00	14
先锋	1932	4 760	274.75	491.60	599.77	50
	1954	3 610	209.78	377.41	463.73	25
	1909	2 900	169.66	306.90	379.74	17
杨树坪	1901	2 300	83.04	121.87	133.34	110
	1934	1 730	64.03	94.98	105.15	37
	1954	1 660	61.70	91.68	101.69	28
晋坪	1876	1 200	45.92	79.73	96.22	68
	1955	830	33.03	57.61	70.62	34
	1915	810	32.33	56.42	69.24	27

5. 设计洪水

修河流域主要测站的实测流量资料中,有部分年份的实测洪水资料,由于溃堤、分洪、蓄水、引水等自然或人类活动影响而使测流资料失真,本书采用水文模型、河道洪水演算、经验相关等方法对其进行还原,使各站统计资料系列具有一致性。

根据规划需要,本书对各测站年最大洪峰流量、年最大时段洪量进行了统计分析,洪水频率计算采用的样本系列为实测系列加上历史洪水组成的不连序系列,当实测系列中有大于调查历史洪水的,一般提出做特大值处理。洪水频率计算均采用经验适线法,频率曲线线型采用皮尔逊Ⅲ型。各测站洪峰、时段洪量统计参数及设计值见表1-11。

表 1-11 修河流域各主要水文测站洪峰、洪量设计成果

站名	集水面积/km²	项目	单位	均值	C_v	C_s/C_v	各频率设计值						
							0.01%	0.10%	0.50%	1%	2%	5%	10%
高沙	5 303	洪峰流量	m³/s	3 600	0.48	3.5	16 500	13 100	10 600	9 530	8 460	7 000	5 880
		24 h 洪量	亿 m³	24.00	0.46	3.5	10.50	8.34	6.81	6.15	5.47	4.56	3.87
		72 h 洪量	亿 m³	46.70	0.49	3.5	22.00	17.32	14.01	12.56	11.13	9.18	7.69
		120 h 洪量	亿 m³	59.60	0.46	3.5	26.06	20.72	16.92	15.27	13.59	11.34	9.60
柘林（坝址）	9 497	洪峰流量	m³/s	4 560	0.56	2.5	22 100	17 600	14 300	12 900	11 500	9 510	7 960
		24 h 洪量	亿 m³	3.8	0.56	2.5	18.23	14.50	11.82	10.65	9.47	7.84	6.56
		72 h 洪量	亿 m³	7.5	0.57	2.5	37.2	29.52	24.02	21.60	19.17	15.85	13.22
		120 h 洪量	亿 m³	10.0	0.60	2.5	52.49	41.34	33.43	29.95	26.41	21.68	17.96
万家埠	3 548	洪峰流量	m³/s	2 270	0.70	3.0	15 700	11 900	9 210	8 090	6 930	5 450	4 320
		24 h 洪量	亿 m³	16.5	0.68	3.0	10.96	8.34	6.51	5.72	4.92	3.89	3.10
		72 h 洪量	亿 m³	3.1	0.60	3.0	17.70	13.72	10.92	9.70	8.48	6.85	5.61
		120 h 洪量	亿 m³	3.9	0.58	3.0	21.37	16.65	13.31	11.86	10.41	8.45	6.96

续表 1-11

站名	集水面积/km^2	项目	单位	均值	C_v	C_s/C_v	各频率设计值						
							0.01%	0.10%	0.50%	1%	2%	5%	10%
先锋	1 764	洪峰流量	m^3/s	1 280	0.82	3.5	11 900	8 620	6 400	5 480	4 560	3 390	2 540
		24 h 洪量	亿 m^3	79	0.76	3.0	6.09	4.56	3.49	3.04	2.58	1.99	1.55
		72 h 洪量	亿 m^3	143	0.73	3.0	10.44	7.86	6.06	5.30	4.52	3.52	2.77
		120 h 洪量	亿 m^3	184	0.69	3.0	12.46	9.46	7.36	6.47	5.55	4.38	3.48
杨树坪	342	洪峰流量	m^3/s	600	0.76	3.0	4 620	3 460	2 650	2 310	1 960	1 510	1 180
		24 h 洪量	10^6 m^3	26.4	0.61	3.0	152.14	117.68	93.44	82.85	72.3	58.22	47.52
		72 h 洪量	10^6 m^3	41.7	0.56	3.0	216.54	169.59	136.27	121.71	107.29	87.59	72.52
		120 h 洪量	10^6 m^3	49.3	0.50	3.0	223.93	178.11	145.59	131.3	116.77	97.31	82.03
晋坪	304	洪峰流量	m^3/s	389	0.60	3.0	2 200	1 710	1 360	1 210	1 050	851	697
		24 h 洪量	10^6 m^3	17.6	0.48	3.0	76.29	61.05	50.17	45.38	40.55	33.98	28.8
		72 h 洪量	10^6 m^3	31.1	0.49	3.0	138.32	110.35	90.43	81.68	72.81	60.85	51.43
		120 h 洪量	10^6 m^3	40.6	0.45	3.0	163.81	132.33	109.62	99.67	89.64	75.77	64.91

6. 泥沙

修河干流及其支流的泥沙来源主要是雨洪对表土的侵蚀。流域内土壤、植被较好,多年平均含沙量仅为0.101~0.475 kg/m³,属少沙河流。流域内杨树坪、高沙、万家埠三站具有较长的实测泥沙资料,根据历年资料统计泥沙特性,见表1-12。由表1-12可知,流域内多年平均含沙量和输沙模数一般从上游至下游总体呈递减趋势,上游大于中游,中游大于下游。

表1-12 修河流域主要测站悬移质泥沙统计

河流名称	测站名	控制面积/km²	多年平均含沙量/(kg/m³)	历年最大含沙量		多年平均输沙量/万t	最大输沙量		多年平均输沙模数/[(t/(km²·s)]	资料起讫年份
				含沙量/(kg/m³)	出现年份		输沙量/万t	出现年份		
噪口水	杨树坪	342	0.475	1.200	1967	17.0	64.5	1967	496	1963~2004
修水	高沙	5 303	0.154	0.479	1973	88.4	388	1973	167	1958~2004
修水	万家埠	3 548	0.101	0.260	1977	39.3	112	1973	111	1957~2009

7. 水位流量关系

修河主要测站综合水位流量关系曲线采用测站历年的实测水位流量关系点据绘制。有实测水位流量资料范围内的关系线根据基本通过点群中心且使曲线光滑的原则确定,高水部分采用水力学中的曼宁公式进行延长。

1.3 地质概况

1.3.1 地形地貌

修河流域位于江西省西北部,地处东经113°55′~116°01′,北纬28°23′~29°32′,南、西、北三面地势较高。自西向东徐徐倾斜,西部与北部以幕阜山脉与湘鄂为界,南部以九岭山脉与赣江流域分水,海拔均在1 000 m以上,九岭山脉主峰五梅山海拔1 668 m,为流域内最高峰。东部自永修艾城以下地势低平,修河冲积平原与鄱阳湖湖泊平原连成一片,最低海拔15 m左右。区内山脉走向多呈北东—东西向延伸。修河支流甚多,总体形成树枝状水系,主要支流自西向东有渣津水、溪口水、坑口水、山口水、黄沙水、里溪水、罗溪水、潦河等。

主要地貌单元有如下几种:

(1)构造侵蚀中低山。主要分布在彭姑以上修河上游和河谷两侧的分水岭以及潦河上游的九岭山脉一带,海拔一般在600~1 600 m,侵蚀切割强烈,山坡陡峭。干流在渣津、马坳一带则为红层丘陵盆地,其特点是峡谷与山间盆地相间。

(2)构造侵蚀低山、丘陵。主要分布在中游地段,彭姑至柘林河谷开阔,低山丘陵和红盆丘陵广布,较高的山体距河较远,如三都、武宁红盆地。

(3)溶蚀、侵蚀低山。发育于碳酸岩分布区,在修水四都、清水岩、辽山、崖山、林岗山等地发育有岩溶地貌,该类山体坡度陡峭,岩石裸露,植被较差。

(4)冲积平原。修河自柘林以下,北潦河自干州以下,南潦河自奉新以下的下游地区为广阔的冲积平原,地势平坦,其间偶有红层岗阜分布。

1.3.2　地层岩性

流域内地层发育齐全,自下元古界至第四系均有出露,但泥盆系、石炭系、侏罗系出露面积均不足 1 km^2,对规划梯级影响甚小,在此从略,现择主要者阐述如下。

1.3.2.1　下元古界双桥山群

为巨厚的浅海相类浅变质岩系,主要岩性有板岩、千枚岩、变质石英角斑岩、变质石英角岩、变质粉砂岩、变质细砂岩、变质石英砂岩、变质长石石英砂岩、变质凝灰岩等,广泛分布于九岭山区、幕阜—九宫山区,组成本区褶皱基底。

1.3.2.2　震旦系

下部落可崈组凝灰质角砾岩、凝灰质砾岩、层凝灰岩;中部南沱组砂岩、冰碛岩,上部灯影组硅质岩、板岩、粉砂岩、页岩,呈东西向条带状出露于溪口—里溪—柘林向斜、英角尖向斜两翼,并大面积分布于九岭山区大源—滩下向斜核部,即北潦河北支的中上游地区。

1.3.2.3　寒武系

下统至上统均有出露,其岩性为炭质页岩、硅质页岩夹石煤层、灰岩、粉砂质页岩、泥质灰岩、扁豆状灰岩、瘤状灰岩等,呈东西向条带状出露于溪口—里溪—柘林向斜两翼,在黄溪坝段、龙潭峡坝段均有出露。

1.3.2.4　奥陶系

下统至上统均有出露,其岩性为页岩、粉砂岩、瘤状灰岩夹泥质灰岩、扁豆状灰岩,呈东西向条带状出露于溪口—里溪—柘林向斜两翼。

1.3.2.5　志留系

下统至上统均有出露,其岩性为页岩、砂质页岩、砂岩、石英砂岩、泥质砂岩、粉砂岩、细砂岩、含砾砂岩等,大面积分布于溪口—里溪—柘林向斜核部,即修河上游支流溪口水、坑口水及干流中游河谷地段。石朱桥、下坊、仙人潭坝段均有出露。

1.3.2.6　二叠系

下统至上统均有出露,其岩性为灰岩、铝土质页岩、煤层、硅质岩、沥青质页岩、含燧石结核灰岩、炭质页岩等,分布于溪口—里溪向斜核部,即四都、辽山、崖山、林岗山一带。

1.3.2.7　三叠系

仅出露下统,岩性为白云质石灰岩、页岩、灰岩钙质页岩,零星分布于清水岩及船滩水流域的车田、辽山一带。

1.3.2.8　白垩系

下统、上统均有出露,岩性为砂砾岩、含砾长石石英砂岩、石英砂岩、粉砂岩夹泥岩、层凝灰岩等,主要分布于支流山口水流域铜鼓至大塅的断陷盆地,零星出露于向家坪。

1.3.2.9　下第三系新余群和武宁群

主要岩性为钙质粉砂岩、砂砾岩、砾岩、钙质砂岩、钙质页岩、砂岩、砾岩夹含砾砂岩、细砂岩、粉砂岩含石膏、钙质泥岩,颜色均呈紫红色。

1.3.2.10　第四系

流域内第四系发育齐全,自下更新统至全新统均有出露,尤以全新统在干流及支流潦河下游分布广泛。

(1)下更新统为冲积相砾石层,零星出露于三都东南的杨梅山及武宁等地,组成Ⅴ级或Ⅵ级阶地。

(2)中更新统,可分为冲积相和残积相。冲积相:网纹红土砾石层,上部为网纹状红黏土,下部为砂砾石层,主要分布于修河两岸Ⅲ、Ⅳ级阶地及吴城等地。残积相:红土、网纹红土砾石碎石层为第三系红层及变质岩风化残积而成的棕红色粉质黏土、壤土、网纹红土层、砾石碎石层,与下伏基岩呈渐变关系,主要分布于修河及潦河中下游的低丘岗阜地段。

(3)上更新统:冲积相黄色粉质黏土、壤土及砂砾石层,具铁锰质结核及胶膜,主要分布于渣津、修水、三都、武宁等地及支流山口水的漫江附近,多组成Ⅱ级阶地。

(4)全新统:下部为河床相的粗砂砾石层,厚2~3 m,局部砾石层之上有一层厚1~2 m的砂层;上部为河漫滩相褐色沙壤土,厚约10 m。分布于修河干流及支流河谷,常组成Ⅰ级阶地或高漫滩。此外,尚有一些现代冲积的中细砂或含砾粗砂,组成心滩,分布于修河中下游及潦河下游一带河床,厚2~3 m不等。

在山区尚有洪积、坡积相沙壤土夹砾石、碎石,断续分布于山前地带,组成洪积扇及坡积裙。

1.3.2.11　岩浆岩

本区岩浆岩主要为雪峰期九岭岩体的花岗闪长岩和燕山期的斑状二云母花岗岩及花岗斑岩,前者大面积分布于九岭山脉西段和中段,即山口水和潦河上游地区;后者分布于流域西部的幕阜山和流域东部的云山等地。

1.3.3　地质构造和地震

流域处于江南台隆上,西北部为江南台隆的九宫山台拱,中部为修水台陷,南部为九岭台拱。在长期地质发展的过程中,经历了多次构造变动,形成一系列东西向褶皱和北北东向断裂。区内主要构造如下。

1.3.3.1　褶皱

流域内组成一级褶皱的计有2个复背斜、1个向斜。其轴向均呈近东西向,位于北部的为双桥山复背斜,位于南部的为九岭复背斜,上述2个复背斜均由元古界板溪群变质岩系组成紧密基底褶皱。位于中部即为修河河谷的溪口—里溪—武宁—柘林—江益复向斜,主要由早古生代地层组成,其核部为志留纪地层,晚古生代至早三叠纪地层为继承性向斜,呈短轴,分布零星,局部地段为下第三系覆盖。

1.3.3.2　断层

流域内断层发育,规模巨大,成组成带互有切割,根据切割关系及断层性质与方向划分为近东西向断层、北东向断层、北东东向断层、北西向断层 4 组,前两组最发育,后两组次之,现择其主要者分述如下。

1. 近东西向断层

(1)蒲口—武宁逆断层,西起黄家坳,经蒲口、武宁向东延至箬溪附近的江路一带,为溪口—里溪—武宁—柘林向斜北缘的控制性断层。

(2)下南岭—跎背山逆断层,西起金珠洞(在庙岭被北东向断层错开),经跎背山、盘山嘴向东延至武宁斜滩附近,延伸 100 km 以上,为溪口—里溪—武宁复向斜及三都断陷盆地南缘的控制性断层。抱子石坝段位于该断层带上。

(3)高沙正断层,西起石坪里附近,经高沙向东延至欧岸。

(4)南冲—沙田港逆断层,西起南冲,经柘林水库大坝右岸溢洪道至沙田港,为武宁—柘林—江益复向斜南缘的控制性断层。

(5)高湖断层,东起高湖,向西延至亭子坳坝段南。

2. 北东向断层

(1)张家坊—铜鼓断裂带,南起张家坊,经铜鼓城,三都延至大塅、东沅附近。为一逆断层。在大塅南被北西向断层切断,为铜鼓断陷盆地东部边缘的控制性断层。

(2)葡萄津逆断层,南起丰田附近,经铜鼓城西、葡萄津向北延至何市附近。为铜鼓断陷盆地西缘的控制性断层。

(3)甫田—庙岭逆断层,南起甫田,经庙岭往北至跎背山,错开下南岭—跎背山断层及英角尖向斜。该断层经多次活动后,性质转变为正断层。

(4)毛坪正断层,南起铜鼓胆坑附近,经毛坪、征村往北至横坑附近,为征村断陷盆地西缘的控制性断层。

(5)香炉尖—金珠洞正断层,南起香炉尖,北至金珠洞,切穿大龙山、新民及英角尖向斜,并穿过坑口梯级库尾地段。

(6)樟坑正断层,南起湖南吊水尖附近,经樟坑、福港、程坊向北延至勘头附近,切过大龙山、新民及英角尖向斜。

(7)山口段正断层,南起龙船埚以南,经东津梯级库区,往北延至山口段以北。

(8)会埠—周田断裂带,南起会埠,经云山水库、周田向东延至佛祖山一带。

(9)东津断层,南起山口段以南,北至马坳附近,呈北北东向展布。

(10)段上—高湖断裂带,南起段上,经高湖往北延至云山地区。

3. 北东东向断层

(1)石砾坑正断层,东起石坪里,经白马冲、石砾坑向西延至流域外,为渣淖断陷盆地北缘的控制性断层。

(2)石门楼逆断层,东起石门楼,经长坑往西延至何市以西。

4. 北西向断层

此组断裂在流域内不发育,主要有两条压扭性断裂分布于流域南部,如金泉段—奉新断裂,武宁岩—燕山断裂带。

1.3.3.3 地震

挽近期构造运动表现为缓慢的差异上升,出现了山区的多级夷平面和河谷的多级阶地。

第四纪阶地堆积物内未发现有表征差异性运动的断层。物理地质现象不发育。因此,从整体来看,流域上、中游地区较为稳定,但流域下游的部分地区处于强震危险区的影响范围,且靖安地区在1936年曾发生过7级地震,北部的九江在1911年曾发生过6级地震,根据《中国地震动参数区划图》,铜鼓、修水、武宁、瑞昌、靖安、永修的部分地区设计基本地震加速度值0.05g,其余地方小于0.05g,但1971年福州地震大队将柘林水库定为Ⅶ度区。

1.3.4 水文地质

本区按岩组及地下水埋藏特性可分为以下四种含水类型:

(1)孔隙潜水。主要分布于近代河流冲积的砂卵砾石和土层中,其中以河床及阶地的砾石层含水最富,受大气降水补给。潜水位一般埋藏较浅,有些沟谷的低洼处因潜水聚集而成沼泽地带。

(2)裂隙—孔隙水。主要分布于第三纪红砂砾岩中,岩石组织较疏松,加之含有可溶性钙质胶结物溶解形成的空洞略与裂隙连通而成裂隙—孔隙潜水,但水量不丰。

(3)裂隙水。其富水性受断裂及节理裂隙发育程度控制,主要沿断裂及节理形成裂隙水及局部裂隙承压水。常在沟谷边坡处呈下降泉流出,补给溪流。承压水见于奉新九仙汤、柘林易家河温泉,均系沿断裂形成的深层承压水。

(4)石灰岩裂隙—岩溶水。主要分布于四都、辽山、崖山、林岗山及柘林副坝等地石灰岩的岩溶中。岩溶水与裂隙水成互补关系。

1.4 社会经济概况

1.4.1 行政区划、人口及经济

修河流域位于江西省西北部,在行政区划上分属九江市的修水县、武宁县、永修县、瑞昌市,宜春市的铜鼓县、奉新县、靖安县、高安市,南昌市的安义县、新建区、市辖区(湾里区),共涉及11个县(市、区)169个乡(镇),其中大部分属九江市、宜春市两地。

据2007年的统计数据,流域内现有人口231.56万人,其中城镇人口77.83万人,农村人口153.73万人;现有耕地面积283万亩,有效灌溉面积155.00万亩,其中耕地以水田为主,水田面积238.39万亩,占耕地总面积的84.2%。

流域内主要工业有水电、矿产、有机硅、化工等。农业以种植粮食作物为主,经济作物有茶叶、蚕桑、棉花、香菇等,修水红茶驰名全国。森林资源丰富,森林总面积875.55万亩,活立木蓄积量2 966万m^3,共有91科500余种树木,其中金钱松、红豆杉、银杏、丹桂等国家级和省级重点保护的名贵树种30余种,野生动物有穿山甲、锦鸡、鹿等。2007年全流域粮食总产量95.70万t,其中谷物产量87.592万t;地区生产总值约212.97亿元,其中第一产业约54.72亿元,第二产业约104.99亿元,第三产业约53.27亿元;工业增加值约94.80亿元,农业产值约34.22亿元,牧业产值约18.15亿元。修河流域社会经济情况见表1-13。

表 1-13　修河流域主要经济社会指标调查统计表

设区市	县(市、区)	流域内面积/km^2	人口/万人			地区生产总值/万元				工业增加值/万元	农业产值/万元	牧业产值/万元	耕地面积/万亩		有效灌溉面积/万亩	粮食产量/万 kg		牲畜/万头
			总人口	城镇人口	乡村人口	第一产业	第二产业	第三产业	总值				合计	其中：水田		总量	其中：谷物	
流域合计		14 539	231.56	77.83	153.73	547 159	1 049 890	532 687	2 129 736	947 979	342 232	181 547	283.0	238.39	155.00	95 700	87 592	101.11
南昌市	小计	825	30.28	9.85	20.43	76 806	154 777	115 396	346 979	132 027	46 135	34 851	41.3	34.53	24.11	14 757	14 244	27.56
	市辖区	69	2.00	0.84	1.16	1 809			1 809		1 725	251	1.7	1.57	0.74	368	290	7.42
	新建区	100	3.42	1.53	1.89	11 106			11 106		9 036	5 789	4.3	3.66	0.49	2 532	2 297	2.31
	安义县	656	24.86	7.48	17.38	63 891	154 777	115 396	334 064	132 027	35 374	28 811	35.3	29.30	22.88	11 857	11 657	17.83
九江市	小计	9 050	139.26	46.40	92.86	310 851	539 258	288 771	1 138 880	483 535	179 993	96 135	149.9	117.18	77.46	42 187	37 396	36.39
	武宁县	3 369	34.64	10.90	23.74	109 747	178 128	71 360	359 235	165 089	47 964	44 216	32.7	25.20	17.64	12 133	9 744	13.29
	修水县	4 229	72.42	20.21	52.21	129 654	166 281	141 560	437 495	143 670	92 253	32 009	69.4	55.68	30.87	18 021	16 372	15.40
	永修县	1 237	25.73	12.18	13.55	59 053	194 849	75 851	329 753	174 776	33 973	14 960	42.9	33.46	27.27	11 011	10 456	5.00
	瑞昌市	215	6.47	3.11	3.36	12 397			12 397		5 803	4 950	4.9	2.84	1.68	1 022	824	2.70
宜春市	小计	4 664	62.02	21.58	40.44	159 502	355 855	128 520	643 877	332 417	116 104	50 561	91.8	86.68	53.43	38 756	35 952	37.16
	高安市	96	3.52	1.63	1.89	7 252			7 252		5 538	5 924	5.0	4.75	0.12	2 401	1 751	2.00
	奉新县	1 642	30.70	10.82	19.88	86 310	236 323	58 321	380 954	218 075	66 109	30 482	52.6	49.44	34.12	25 529	24 046	19.25
	靖安县	1 378	14.25	4.62	9.63	33 012	69 884	34 826	137 722	65 722	24 858	11 174	20.0	19.00	12.66	6 988	6 574	7.74
	铜鼓县	1 548	13.55	4.51	9.04	32 928	49 648	35 373	117 949	48 620	19 599	2 981	14.2	13.49	6.53	3 838	3 581	8.17

1.4.2 水力资源

修河流域内水力资源丰富,根据2007年江西省农村水能资源调查评价成果,全流域水能理论蕴藏量为688.7 MW,占全省水力资源蕴藏量的10.1%。单站装机容量0.1~50 MW规模的技术可开发水电站639座,总装机容量563.71 MW,年发电量20.55亿kW·h;其中单站装机0.5~50 MW规模的技术可开发水电站215座,装机容量459.55 MW,占全省技术可开发电站(0.5 MW及以上)装机容量的8.0%。

截至2007年底,修河流域已建水电站543座,总装机容量902.91 MW,占全省水电技术可开发装机容量的13.4%,年发电量22.94亿kW·h,占全省水电技术可开发年发电量的10.4%。

1.4.3 矿产资源

流域内矿产资源较丰富,在江西省经济建设中占有重要地位,经探明的主要矿产资源有金、钨、铜、铅、锌、钼、铀、瓷土、石英、石灰石等20余种,其中金、钨、瓷土、石煤、石灰石储量多、分布广,著名矿点有修水香炉山白钨矿、靖安新安里和九岭钨矿、修水的土龙山金矿和古市沙金矿、奉新东溪铀矿和瓷土矿、奉新新华钾长石矿、武宁县船滩煤矿、奉新县上富萤石矿。中上游山区均有高品位钨矿,以修水、武宁两县开采规模最大,沙金主要分布于干流上游东津水和支流渣津水河谷。

1.4.4 旅游资源

流域内旅游资源丰富,上游铜鼓县境内山地植被生长茂盛,有南方红豆杉省级森林公园。修水县县城附近修水南岸的南山崖有黄庭坚碑林石刻和纪念馆,有"濂溪弦铎之地,山谷桑梓之乡"之美称。抱子石水库左岸有"南崖·清水岩"省级风景名胜区。中游柘林水库山清水秀,形成的大小岛屿千姿百态,水库有"庐山西海"之美誉。下游永修县境内云居山号称"千年佛教圣地",其真如禅寺为国家级开放寺院,与柘林湖景区统称为云居山-柘林湖风景名胜区。

1.4.5 交通

流域内交通较发达,以陆路运输为主。中上游以公路交通为主,316国道自南向北并折向西穿过全流域,省道304、305、306、308、222、227线连接湖南、湖北两省,大庆至广州高速公路穿境而过;下游有105国道和福银高速公路横跨修水两岸。京九铁路为流域内唯一过境铁道路线。流域内水运不发达,干流上游天然河段平枯水季节水较浅,仅能通行小木船;下游河床趋缓和,受鄱阳湖回水顶托影响,具备通航能力,永修河段可通行50吨级以下船舶。

1.5 自然灾害

修河流域自然灾害有洪、旱、涝及水土流失等,洪灾比较严重且频繁,每3~4年发生一次,主要集中在修河干流下游及支流潦河中下游,修河中上游及潦河上游为山区和低山丘陵区,受地形、地质条件影响,上游地区水土流失较严重。

自唐元和二年(807年)至1949年流域发生水灾183次,中华人民共和国成立后至2004年又发生较大水灾9次。大水年平均洪灾面积达3.3万 hm^2,典型年份有1931年、1954年、1955年、1973年、1998年、2010年,其中1998年流域下游大洪水,永修水位站出现21.38 m(黄海高程,文中高程若无特别注明均为黄海高程)的有记录以来历史最高水位,永修县溃决圩堤19座,受灾人口27.2万人,因灾死亡10人,农作物绝收面积3.8万 hm^2,倒塌民房49 637间,直接经济损失14.9亿元。

自唐元和二年(807年)至1949年流域发生旱灾115次,干旱年平均受旱面积2.7万 hm^2。其中1925年大旱,武宁、修水早稻、中稻均成枯槁,永修大旱3月,各乡田禾乏水,亦近枯槁。中华人民共和国成立后,发生较重旱灾8次,典型年份有1978年的大旱,永修县中、晚稻绝收面积2 000 hm^2,武宁县152座蓄水工程除3座尚有少量底水外,其余全部干涸,农田受旱面积超过80%。

流域内影响较大的地质灾害为泥石流,重点地区在修水县、武宁县。20世纪70年代末,修水县白岭镇汪家洞崩岗造成泥石流14.5万 m^3,路口乡马草垄崩岗造成泥石流12.2万 m^3,同时该地区水土流失造成大量"沙质田""冷浸田"。据最新的土壤侵蚀遥感调查成果,修河流域水土流失面积3 436.64 km^2,其中修水县水土流失面积1 108.73 km^2,武宁县水土流失面积1 083.81 km^2,分别占所在县土地总面积的24.6%和30.9%,占流域水土流失总面积的32.2%和31.5%。

第2章 修河流域规划修编

2.1 原规划及实施情况

中华人民共和国成立以来,在党和政府的领导下,根据国民经济发展的需要,江西省水利厅、九江市、宜春市和南昌市组织有关部门和单位对修河流域综合治理和开发做了大量的工作。

1956年,江西省委提出《江西省贯彻执行全国农业发展纲要的规划(草案)》,提出大力兴修水利,加强水土保持,要求在1960年基本消灭普通的旱灾,1962年基本消灭普通的水灾。为此,江西省水利厅、江西省水利规划设计院、中南院、宜春地区水电局等单位相继对修河流域开展了大量的规划研究工作。1956年5月,江西省水利厅编制了《修河下游初勘报告》,1958年5月,原水电部武汉水力发电设计院编制了《修河河流规划报告》。20世纪60年代,有关单位编制了《潦河流域综合利用规划报告》《修河梯级方案第一期工程复核报告》《靖安南河、北河水利水电规划意见》《修河上游水电开发意见》等规划报告。20世纪八九十年代,江西省水利规划设计院和宜春地区水电局相继编制了《潦河流域规划报告》《修河流域规划意见》《修河流域规划报告》等规划报告,对修河流域比较系统全面地进行了规划研究工作。历年完成的主要规划成果见表2-1。

表2-1 修河流域主要规划成果

序号	编制时间	成果名称	编制单位
1	1956年5月	修河下游初勘报告	江西省水利厅
2	1958年5月	修河河流规划报告	原水电部武汉水力发电设计院
3	1961年5月	潦河流域综合利用规划报告	江西省水利规划设计院
4	1963年4月	修河梯级方案第一期工程复核报告	原水电部长沙勘测设计院
5	1965年4月	靖安南河、北河水利水电规划意见	江西省水利规划设计院
6	1965年10月	修河上游水电开发意见	江西省水利规划设计院
7	1980年10月	潦河流域规划报告	宜春地区水电局
8	1985年5月	修河流域规划意见	江西省水利规划设计院
9	1993年10月	修河流域规划报告	江西省水利规划设计院

原规划(指1993年10月编制的《修河流域规划报告》,下同)在已有规划成果的基础上,根据当时修河流域的特点及存在的主要问题,制定了修河流域开发治理的主要任务是防洪、水力发电、灌溉、航运、治涝、水土保持、工业及城乡生活供水、林业、水产与水资源保

护等,开发治理的重点是修河干流柘林以下与潦河万家埠以下,以防洪、灌溉为重点;修河干流柘林以上与潦河中上游,以水力发电、灌溉为重点。同时兼顾航运等其他开发治理任务。另外,原规划对修河干流拟订了 5 组梯级规划方案,进行技术经济比较后,按照技术先进可行、经济合理的原则,选定开发方案如下:

坑口$_{220}$—东津$_{190}$—黄溪$_{121}$+引水渠—港口(扩建)$_{114}$+引水渠—郭家滩(扩建)$_{103}$+引水渠—抱子石$_{95}$+通航渠—三都$_{78.5}$—下坊$_{73}$—石渡(航运)$_{65.2}$—柘林(已建)$_{63}$—虬津$_{19.5}$。

原规划批准实施以来,经过近 20 年流域的综合开发,修河流域已基本形成由防洪、灌溉、治涝、供水以及水土保持等工程组成的防洪减灾和水资源综合利用体系。

2.1.1 防洪

原规划采用堤库结合,考虑柘林水库防洪作用,新建高湖、鹅婆岭、甘坊、丁坑口、小湾等防洪水库,对保护县城及铁路的圩堤按 20~50 年一遇、万亩以上圩堤按 20 年一遇标准进行建设。截至 2007 年底,修河流域已基本形成了由堤防、水库(仅柘林水库有防洪功能,其余防洪水库尚未建设)及非工程措施等组成的综合防洪体系。流域内 7 座县城沿河岸都不同程度地兴建了防洪堤(墙),永修等县城已初步形成了封闭的防洪保护圈,流域内县城沿岸已建堤防(墙)101.65 km。沿河乡镇也大多因地制宜,兴建堤防工程(大多为土堤),挡御外河洪水。已建成千亩以上圩堤 91 座(不含城防堤),堤线总长 549.38 km,保护耕地 47.98 万亩,保护人口 44.69 万人。其中万亩以上圩堤 15 座,堤线长 217.56 km,保护耕地 25.16 万亩,保护人口 23.95 万人。

经过历年防洪工程建设,修河流域已建成大量堤防和水库(柘林水库)等防洪工程。但由于受地区经济财力的限制及城市规模的不断扩大,流域内除永修县城外,其余 6 座县城普遍存在防洪缺口,未建成完整的防护圈,整体防洪标准大多为 10 年一遇;91 座千亩以上圩堤中,仅有个别规模较大堤防完成部分标段的除险加固,大多尚处于规划设计阶段,农田防护工程建设严重滞后;除柘林水库外,其余水库由于集水面积和库容都较小,开发的目标大多以发电、灌溉为主,一般都没有防洪库容,流域内水库防洪作用有限;流域内大中型病险库及部分重点小型病险水库基本上都进行了除险加固,但已经完成或正在进行除险加固的水库仅占流域内全部病险水库的很小一部分,仍有大量水库待除险;建成了一批水闸工程,但已建水闸中特别是一些中小型水闸工程,由于年久失修,普遍存在消能防冲设施缺乏或者不健全、启闭设施及电气设备简陋等问题;由于长期以来缺少相应的投入,乡镇防洪工程建设严重滞后,流域内沿岸乡(镇)88 个,仅有 56 个乡(镇)有断续简易的防洪设施,仍有 32 个乡(镇)处于无设防状态;目前流域内山洪灾害总体防御能力较低,部分山洪灾害严重威胁区甚至无任何防灾措施;流域防汛指挥系统正逐步完善,防洪非工程措施进一步得到加强,但如洪水预警预报等还有待加强。

2.1.2 灌溉、供水

原规划对已有工程加固配套,新建大小灌溉工程 316 座,其中大型水库 3 座、中型水库 4 座、小型水利工程 309 座,新建高湖、丁坑口—小湾、甘坊—马埠里等灌区,规划新增灌溉面积 62.55 万亩,改善灌溉面积 19.37 万亩。通过近 20 年的建设,截至 2007 年底,流域内已建成各类供水设施共 17 478 座(处),总供水能力 17.48 亿 m^3。其中,蓄水工程 8 492 座(大型水库 1 座,中型水库 11 座),现状供水能力 7.97 亿 m^3;引水工程 6 486 座,现状供水能力 6.36 亿 m^3;提水工程 695 座,现状供水能力 2.37 亿 m^3;水井 1 805 眼,现状供水能力 0.78 亿 m^3。流域内设计灌溉面积 215.42 万亩,有效灌溉面积达 155.00 万亩,建有 30 万亩以上灌区 3 处(柘林、潦河、锦北),5 万~30 万亩灌区 5 处,1 万~5 万亩灌区 16 处,0.02 万~1 万亩灌区 1 144 处,0.02 万亩以下灌片多处,但高湖、丁坑口—小湾、甘坊—马埠里等原规划新建灌区尚未建设。另外,自 20 世纪 90 年代以来,流域内先后实施了农村饮水解困工程和农村饮水安全工程建设,其间建成了一大批集中式供水工程,配合农民用水户协会参与工程运行管理,农村饮水安全状况得到了很大改善。

但由于流域内大多数灌区兴建年代久远,渠系工程老化失修、灌溉水利用系数普遍偏低,部分地区工程性缺水严重,水资源供需矛盾依然突出;流域内 184.06 万农村人口中尚有不安全饮水人口 70.2 万人,完全解决农村饮水不安全问题仍任重道远;另外,流域内水资源开发利用率及工业水重复利用率还不高,一定程度上制约了流域经济社会的发展。

2.1.3　治涝

修河、潦河尾闾地区为平原地区,地势低洼,圩内农田涝水不能及时排出,常发生内涝灾害。原规划按 10 年一遇排涝标准,在对已有排涝工程(排涝站 61 座,总装机 15 680 kW)进行改建及维修的基础上,拟建排涝站 11 座(装机容量均在 500 kW 以下),排涝装机 2 830 kW。近 20 年来,本着“高水导排、低水提排、围洼蓄渍”的原则,重点对修河、潦河尾闾地区进行治涝建设,随着鄱阳湖二期防洪建设工程及大型泵站更新改造工程的实施,流域内兴建了大批排涝设施,治涝状况得到明显改善。截至 2007 年底,流域内已建电排站 24 座(仅统计永修县城以上流域内电排站),总装机 6 465 kW,排水涵闸 199 座,治涝面积 5.43 万亩,尚有易涝面积 12.71 万亩。

然而,由于绝大多数治涝工程修建时间较早,经过长时间的运行,原有设备及排涝渠系已严重老化、淤塞,致使其正常作用无法发挥。

2.1.4　水资源保护

原规划根据流域自然地理、社会经济、水体功能、水文气象等条件,划分流域水源地环境质量区,制定了水源保护目标,提出具体的保护措施。随着新水法的修订实施,水利部相继出台了水功能区管理办法、入河排污口监督管理办法等一系列与水资源保护有关的法规和规范性文件,制定了水资源保护及水污染防治规划,流域内已初步建立起以水功能区管理为基础的水资源保护管理体系,饮用水水源地保护、入河排污口管理逐步规范化,水污染治理也取得了一定成效,流域水环境监测网络基本建成。

然而,随着流域经济社会的发展,废污水排放量有逐年增加的趋势,未经处理或处理未达标的废污水直接排入水体,加之面源污染仍未得到有效控制,导致干流局部水域、部分支流河段和湖泊出现一定程度的污染。

2.1.5　航运

原规划确定近期对武宁—柘林段(柘林库区段)设置导航标志,满足六级航道 100 吨级船舶昼夜通航需要,对修水—武宁段按七级航道、50 吨级船型要求进行炸礁、疏浚整治,实现修河全线(修水—吴城)通航;远期对修水—武宁段 101.5 km 航道渠化,在田浦(石渡下游 12 km 处)设置航运梯级,将修水—吴城段航道等级提升为六级。经过历年的整治,修水—石渡段 69.5 km 可季节性通航 10~20 t 机帆船;石渡—武宁段 32 km 水深仅 0.4~0.6 m,通航条件不佳;武宁—柘林段 60.5 km 为库区航道,设重点导航标志,航道水深能满足六级航道要求,适于 100 吨级船舶航行。柘林—吴城段 76 km,受柘林电站发电无规律影响,水位日最大变幅为 0.46 m,对航行船舶的安全带来严重威胁,目前 3~8 月可通行 50~100 吨级机帆船或浅水船舶,当柘林电站有 1 台以上机组发电时,50 t 船舶可由吴城直抵柘林,涂家埠至吴城段已按六级航道要求实施了整治,航道条件得到了改善。

2.1.6　水力发电

原规划水力发电建设以中小型水电站建设为主,近期新(扩)建东津、抱子石、高湖 3 座中型及多座小型水电站,新增装机容量 21.66 万 kW;远期新(扩)建多座小型水电站,新增装机容量 8.07 万 kW。按照原规划,干流已建成的梯级包括坑口、东津、塘港、郭家滩、抱子石和柘林等。截至 2007 年底,修河流域已建水电站 543 座,总装机容量 902.91 MW,占全省水电技术可开发装机容量的 13.4%,占本流域水电技术可开发装机容量的 86.51%。

目前,修河干流现状水能资源开发利用程度较高,但部分支流水能资源开发利用程度还不高,仍有一定的开发空间。另外,随着移民淹没补偿标准的不断提高、人们环保意识的增强,加之受旅游景区建设等诸多因素的制约,原规划的一些梯级实施难度较大。

2.1.7　水土保持

原规划近期治理水土流失面积 182.06 万亩,远期治理水土流失面积 357.33 万亩。规划实施以来,随着全流域及重点小流域水土保持治理工作的不断推进,以及滑坡泥石流预警系统和水土保持监测网络体系的初步建立,流域内水土流失状况得到了初步控制,在防风固沙、涵养水源和保护农田等方面取得了一定的社会效益和经济效益,但治理形势依然严峻。根据最新的土壤侵蚀遥感调查成果,修河流域现有水土流失总面积 3 436.64 km^2,占土地总面积的 23.63%,其中水力侵蚀面积 3 436.27 km^2,风力侵蚀面积 0.37 km^2。在水力侵蚀中,轻度流失面积 1 295.74 km^2,占 37.7%;中度流失面积 961.00 km^2,占 28.0%;强烈流失面积 673.69 km^2,占 19.6%;极强烈流失面积 170.77 km^2,占 5.0%;剧烈流失面积 335.07 km^2,占 9.7%。在风力侵蚀中,极强烈流失面积 0.37 km^2,占 100%。另外,开发建设项目造成的人为水土流失问题依然突出,每年都造成新的水土流失。

2.1.8　流域管理及公共服务

随着《中华人民共和国水法》《中华人民共和国防洪法》《中华人民共和国水土保持法》《中华人民共和国水污染防治法》等涉水法律法规的颁布及实施,流域依法管水取得了长足的进展。农民用水户协会等公众参与平台逐步建立,流域管理机制和手段更加灵活多样,取水许可、防洪管理等方面的管理水平逐步提高,水行政执法监督不断强化,流域水事秩序良好,防汛抗旱、水资源综合利用、水生态与环境保护、工程建设与运行等方面的水行政管理工作也逐步走向制度化和规范化。随着经济社会的不断发展,人性化、精细化、制度化的管理已是大势所趋,这就对流域的管理提出了更高的要求。从目前来看,水资源市场化配置、公众参与机制等还需积极培植和完善,执法监督能力还需进一步加强,流域水行政事务管理还需进一步规范,信息现代化水平和科技支撑能力尚待进一步提高。

2.2 原规划总体评价

原规划是20世纪八九十年代初编制的,从目前实施的情况来看,原规划对综合利用规划的指导思想、规划原则和规划任务是正确的,治理开发的总体方案也是基本合理的,在一定时期内为指导修河流域开发治理和保护起到了至关重要的作用。但是,限于当时的客观条件和认识水平,原规划在某些方面还存在一定的不足,主要表现在以下几个方面:

(1)在原规划的治理开发方案中,注重水能资源的开发和利用,主张建高坝大库,水资源的开发利用考虑得较多,而对水环境、水资源保护以及水利建设对生态与环境的影响估计不够,对开发建设与生态保护的关系研究较少。另外,对水库淹没移民的困难程度及由此引起的环境和社会问题认识不足,影响了规划方案的实施。

(2)在水资源开发利用规划中,原规划研究水资源开源多,研究水资源的节约和保护少,缺少建立节水型社会的理念。供水规划方面,注重供水工程规划,没有充分考虑水资源的承载能力,缺乏对城市供水的深入研究,对保障城乡人畜饮水安全问题研究也不够;灌溉规划方面,注重灌溉水源工程的选择和骨干渠系的布置,对灌区工程续建配套与节水改造挖潜研究不够。

(3)在防洪规划中,原规划主要偏重于修、潦尾闾地区的防洪工程规划建设,对中上游地区县城防洪、中小河流治理、山洪灾害防治规划建设力度不够。另外,流域内病险水库及水闸除险加固等方面没有涉及。

(4)原规划考虑水利行业自身多,统筹国民经济不同领域少(城市建设等),与经济社会发展规划、专业规划协调少。

(5)原规划没有对流域治理开发相关政策和流域管理体制进行研究,对流域有序开发问题没有提出足够的规划意见。

2.3 规划修编的必要性

2.3.1 科学发展观与经济社会可持续发展的要求

2010年12月31日,中共中央、国务院首次以一号文件的形式下发《关于加快水利改革发展的决定》,将水利的改革和发展提升到前所未有的高度,明确提出今后10年要把水利作为国家基础设施建设的优先领域,要把农田水利作为农村基础设施建设的重点任务,要把严格水资源管理作为加快转变经济发展方式的战略举措。通过科学治水、依法治水,大力发展民生水利,不断深化水利改革,加快建设节水型社会,促进水利可持续发展。

水资源是经济社会发展的重要物质基础,水资源的数量和质量决定着一个国家或地区经济社会的可持续发展水平。修河流域(永修县城以上)多年平均水资源量为 135.16 亿 m^3,约占全省水资源年均总量的 9.5%,流域内人均水量高于全国和长江流域平均水平。但随着经济社会的发展和人民群众生活水平的提高,人们对水资源的需求也越来越高。因此,搞好修河节水与水资源配置规划,对保证流域经济社会可持续发展具有十分重要的意义。

由于经济快速发展及流域废污水排放量增长过快、部分大型企业废污水治理严重滞后、产业结构不尽合理、水事法规不健全、流域和区域水资源保护监督管理不力等,水资源污染日益严重,做好水资源保护工作迫在眉睫。

目前流域内涉水事务由多部门参与管理,即“多龙管水”的管理体制,现状水利工程长期以来投入不足,工程老化失修、病险严重,管理水平低、人员负担过重。经济社会的可持续发展,急需通过维护河流健康,促进人水和谐,实现水资源可持续利用来支撑。

解决好与人民群众的生存、生活、生产关系密切的水源问题,保障流域内广大人民群众的饮水安全、防洪安全及粮食安全是水利工作的重点,事关经济安全、生态安全和国家安全。体现以人为本,让人民群众喝上干净的水,确保人民群众的饮水安全已成为当前水利工作的首要任务。防洪安全是人们历来十分关心的问题,过去规划的着眼点是江河上游建设高坝大库,希望最大限度地调控洪水、削减洪峰,却对土地的淹没、水库移民的安置重视不够,造成诸多的社会遗留问题和不稳定因素。从以人为本的观念出发,对水库淹地、移民安置工作的指导思想已发生了深刻的变化,认为在江河治理开发中,要特别重视移民与土地问题,要倍加珍惜土地资源,更加注重移民安置和社会稳定。因此,水库土地淹没、移民安置在水利工程建设当中占有相当大的分量,甚至左右流域内水资源开发利用的方式。水库移民安置一定要坚持“搬得出、稳得住、能致富”的原则,要为移民尽快和谐融入迁入地创造条件,决不能给当地社会留下一个不稳定的社会群体。

因此,贯彻落实中央一号文件,按照科学发展观和可持续发展的要求,对原规划进行修编也是十分必要和紧迫的。

2.3.2　新的治水思路的要求

随着我国经济社会开始逐步从工业文明时代向生态文明时代过渡,人与自然和谐相处已成为治水的核心理念。人与自然和谐,就不能对江河无限索取。江河保护与治理开发原则是:在保护中开发、在开发中保护。江河的保护与开发要正确处理需要与可能的关系,不能以牺牲环境为代价满足人类需求。这就需要合理利用水资源,包括开源与节流,提高水资源的利用效率。只有加强管理,提高水资源和水环境的承载力,才能既满足经济社会发展的需要,又能保证河流维持活力所必须的水量,满足其维持弹性的基本需求,达到可持续发展的目的。

按以人为本、人与自然和谐的现代水利核心理念,强调在水资源的开发利用中首先要对河流生态环境、自然人文遗产和自然景观加以保护,强调水资源的开发要在满足水资源、水环境承载能力的基础上有序进行。因此,开发利用水资源一定要突出四个优先:可持续发展优先,切实做到以供定需;人类共享优先,综合配置水资源;生态系统优先,做好环境保护;节约用水优先,提高水利用系数。

综上所述,为深入贯彻新时期治水理念,补充完善以往规划成果的不足,同时保障流域内粮食安全和流域经济社会的健康、可持续发展,开展修河流域综合规划修编,以更好地指导流域水资源开发利用与保护,就显得非常必要和紧迫。通过对修河流域综合规划的修编,可以让以人为本,全面、协调、可持续的科学发展观和人与自然和谐相处的理念体现在整个流域规划之中,协调水资源的开发、治理、保护、配置、节约、利用关系,以水资源的可持续利用保障流域经济社会的可持续发展,造福子孙后代。

第 3 章　修河流域总体规划

3.1　规划指导思想、原则和编制依据

3.1.1　规划指导思想

以科学发展观为指导,以建设生态文明、维护河流健康、促进人与自然和谐相处为主线,着力于提高流域防洪减灾、水资源综合利用与保护能力,提升水利社会管理等公共服务水平,对修河流域的治理、开发和保护进行战略性、全局性、前瞻性的规划和部署,以水安全和水资源的可持续利用支撑流域内经济社会又好又快地发展。

3.1.2　规划原则

(1)以人为本的原则。保障防洪安全是流域规划中的重要任务,在流域防洪体系规划中,要按照以人为本、人水和谐的原则安排好流域防洪工程措施和非工程措施;优先安排城市生活、农村人畜供水;按照不断提高人民生活水平和质量的要求,着力解决好与人民切身利益密切相关的水问题。

(2)人与自然和谐、建立资源节约环境友好型社会的原则。在开发中落实保护,在保护中促进开发,处理好经济社会发展与水生态和环境保护的关系,合理分析水环境对经济社会发展的承载能力,统筹考虑流域、区域、城乡水利的协调发展,协调涉水部门规划(交通、电力、环保、卫生、城建、旅游、农业、林业、民政、农业开发、扶贫、少数民族),适应国民经济和社会发展规划(省、市、县)要求,保障流域社会、经济、环境的可持续发展。

(3)水资源综合利用、合理开发的原则。规划修编应以防洪减灾为重点,统筹考虑供水、灌溉、水力发电、航运等部门的需要,优先安排城乡生活用水,努力满足人民群众对生活、生产、生态用水安全的需求,充分发挥水资源的综合效益(经济、社会、生态),并注意协调水资源开发与生态环境保护的关系。

(4)统一规划、全面发展、合理分工、分期实施的原则。在规划中正确处理干支流的关系,注意协调区域(上下游、左右岸)、各专业规划、保护与开发之间的关系,处理好当前利益与长期利益的关系,应为长远发展留有余地和创造条件。

(5)因地制宜、突出重点、兼顾一般、统筹发展的原则。规划修编中针对各河流、各区域的不同特点和发展要求,分清轻重缓急,解决好与人民利益密切相关的突出问题。按照统筹城乡发展、统筹区域发展的要求,对中小河流开发规划研究、现状防洪工程联合调度、解决农村人口饮水安全、山洪灾害防御、病险水库除险加固等,制订具有针对性和切实可行的规划方案。统筹考虑城乡水利发展,既要大力加强农村水利基础设施建设,也要认真研究城市化进程中对水利的要求,加强城市防洪、排涝和供水等水利建设的研究,构建城

乡协调、重点突出、各具特色的流域水利发展体系。

(6)新建工程与已建工程配套挖潜、加固改造并重的原则。几十年来,修河流域水利事业发展虽然取得长足进步,但仍存在工程建设不够、已建工程不完善及老化失修等现象。在流域规划修编中,既要注重水利工程建设体系的研究,推荐新的水利工程建设项目,更应重视对已建工程的配套完善、挖潜、加固改造工作的研究,使已建工程发挥应有的作用。

(7)工程措施与非工程措施相结合的原则。工程措施在水资源利用及防御水旱灾害过程中有着重要作用,但受多方面因素影响,工程措施有一定的局限性,为弥补工程措施不足,采取非工程措施是非常必要的,尤其是在防御洪涝灾害时更为重要。

3.1.3　规划编制依据

(1)中央一系列水利方针、政策,治水新思路;

(2)国家相关的法律法规;

(3)江西省制定颁发的相关实施办法和条例;

(4)相关规程、规范;

(5)有关流域及专业规划;

(6)流域内各设区市、县(市、区)相关发展规划及设计文件;

(7)国务院办公厅转发水利部关于开展流域综合规划修编工作意见的通知(国办发〔2007〕44号);

(8)水利部《关于开展长江和西南诸河流域综合规划修编的通知》(水规计函〔2005〕174号;

(9)《江西省江河流域规划修编任务书》《江西省江河流域综合规划修编工作大纲》;

(10)其他已批复的相关设计文件。

3.2　规划范围、规划水平年

本次规划范围为修河永修县城以上区域,涉及南昌、九江、宜春3个设区市,南昌市市辖区、新建区、安义县、武宁县、修水县、永修县、瑞昌市、高安市、奉新县、靖安县、铜鼓县11个县(市、区),规划范围面积14 539 km^2,见表3-1。

表3-1　修河流域行政区划情况

设区市	县(市、区)	流域内面积/km^2	占全流域面积比/%	县行政区面积/km^2	流域内面积占全县总面积比/%
南昌市	小计	825	5.7	3 611	22.8
	市辖区	69	0.5	617	11.2
	新建区	100	0.7	2 338	4.3
	安义县	656	4.5	656	100.0

续表 3-1

设区市	县(市、区)	流域内面积/km²	占全流域面积比/%	县行政区面积/km²	流域内面积占全县总面积比/%
九江市	小计	9 050	62.3	11 469	78.9
	武宁县	3 369	23.2	3 507	96.1
	修水县	4 229	29.1	4 504	93.9
	永修县	1 237	8.5	2 035	60.8
	瑞昌市	215	1.5	1 423	15.1
宜春市	小计	4 664	32.1	7 007	66.6
	高安市	96	0.7	2 439	3.9
	奉新县	1 642	11.3	1 642	100.0
	靖安县	1 378	9.5	1 378	100.0
	铜鼓县	1 548	10.6	1 548	100.0
合计		14 539	100.0	22 087	65.8

规划水平年:根据《江西省江河流域规划修编工作大纲》的要求,本次规划现状基准年为 2007 年,近期规划水平年为 2020 年,远期规划水平年为 2030 年,重点为近期规划水平年。

3.3　经济社会发展预测及对流域开发治理与保护的要求分析

3.3.1　经济社会发展预测

3.3.1.1　经济社会发展基础

修河流域地处江西省西北部,在行政区划上涉及南昌、九江、宜春 3 个设区市的 11 个县(市、区),规划面积 14 539 km²,耕地面积 283 万亩,2007 年末总人口 231.56 万人,2007 年地区生产总值 212.96 亿元,规划区面积占全省总面积的 8.71%,耕地面积占全省的 7.92%,人口占全省的 5.3%,地区生产总值占全省的 3.87%。

修河流域地处昌九工业走廊,工业发展区域性优势明显。而湾里区、安义县、永修县、武宁县、瑞昌市、高安市等 6 个县(市、区)已被列入鄱阳湖生态经济区,为修河流域未来的发展提供了良好的发展机遇与平台。根据鄱阳湖生态经济规划以及江西省"十二五"规划,未来一段时期是修河区域工业化、城镇化加速推进的重要时期;国内外产业转移步伐加快,国内需求进一步扩大,消费结构升级加快,为区域经济持续快速发展提供了强大动力和广阔空间;良好的环境资源条件与基础设施为区域科学发展和绿色崛起奠定了坚实基础。在规划期内,区域经济将走上科学、健康、快速、可持续的发展道路。

3.3.1.2　主要产业发展布局

修河流域产业发展布局主要依据有关规划,按照全省区域主体功能定位安排,综合能源资源、环境容量、市场空间等因素进行产业生产力布局,构建分工合理、主业突出、比较优势充分发挥的产业区域布局。

1. 农业

修河流域内农业以粮食生产为主,经济作物有茶叶、蚕桑、棉花、香菇等。农业发展以加强粮食生产基地建设为重点,大力发展高产、优质、高效、生态、安全的现代农业,用现代手段装备农业,用现代科技改造农业,用现代经营形式发展农业。加快农业结构调整,积极推进农业产业化经营,加强农业农村基础设施建设,不断提高农业综合生产能力。进一步强化国家粮食主产区地位,执行最严格的耕地保护制度,稳定提高粮食播种面积;重点发挥区域比较优势,培育特色支柱产业,实现农业生产专业化、现代化。依托耕地与山水资源条件和生态环境优势,大力推进新增优质稻谷生产能力工程、生态茶园工程、优质油菜基地工程、无公害蔬菜基地和优质蔬菜基地工程以及水产品生产能力工程等的建设,建立现代化的区域大农业基地,实现农业生产专业化、现代化。

2. 工业

修河流域内主要工业有水电、矿产、有机硅、化工等,地处昌九工业走廊,区域发展优势明显。未来发展将大力推进新型工业化、新型城镇化建设,促进人口向城镇集中、产业向园区集中、资源向优势区域与优势产业集中,加快形成并壮大产业集聚区和特色块状经济;以产业链条为纽带,以产业园区为载体,培育一批专业特色鲜明、品牌形象突出、服务平台完备的产业集群。

3. 服务业

加快发展现代服务业,改造提升传统服务业。发挥地区生态资源优势和交通区位优势,依托中心城市,重点发展节能环保、生态旅游、特色文化、商贸物流、金融保险等服务业,不断提高服务业的比重,充分发挥服务业的配套、支撑和引领作用。

3.3.1.3 经济社会发展指标预测

按照全面建设小康社会和构建社会主义和谐社会的总体要求,参考《江西省国民经济发展“十二五”规划纲要》《鄱阳湖生态经济规划》以及江西省水资源综合规划工作中水利部水规总院下发的国民经济主要指标发展速度测算等资料,结合江西省及修河流域区域经济现状和全省近期与中期经济发展的重大布局,考虑行业发展不平衡的差异,采用“相关法”“趋势外延法”“弹性系数”等方法,以国家宏观调控和产业结构调整为导向,以2007年为基准年,分析预测修河流域规划范围内不同规划水平年经济社会发展目标。

1. 人口发展指标

根据有关材料及其他有关全省人口发展预测结果,2007~2020年,流域人口年均增长率按约5‰考虑,2021~2030年人口年均增长率按约4‰考虑,据此预测各规划水平年总人口数。同时,根据城市化发展要求,使流域城市化率2020年、2030年分别达到48%和54%左右。

经统计,修河流域2007年总人口231.56万人,其中城镇人口77.83万人,乡村人口153.73万人。参照全省年均人口增长率,预测流域2020年总人口为248.05万人,至2030年将达258.48万人,其中城镇人口分别为117.90万人和140.44万人,农村人口分别为130.15万人和118.04万人,见表3-2和表3-3。

2. 国民经济发展指标

江西省最近几年来的发展速度高于全国平均发展水平,年均增长率大于10%。根据江西省国民经济和社会发展"十二五"规划基本思路提纲等相关资料，并结合全省近年来的发展速度和中长期规划，确定流域各规划水平发展目标。

1)第一产业

随着产业结构的调整，农村劳动力在逐年向非农转移，第一产业从业人员在不断减少，加之某些种植业将趋于平衡，增长潜力逐渐降低；养殖业的增长一般随居民生活水平的提高而平稳缓慢增长，产品外销量不稳定且增长有限，故第一产业的增长趋势将逐年放缓。经预测，2007～2020 年及 2021～2030 年第一产业年均增长率分别约为 5.12%和 4.96%，全流域第一产业增加值由现状的 54.70 亿元增长到 2020 年的约 104.66 亿元和 2030 年的 169.86 亿元，见表 3-2 和表 3-3。

2)第二产业

第二产业包括加工与制造工业、建筑业等。据资料统计，流域最近几年的工业增加值年均增长率在 10%以上。根据发展预测，2020 年前，流域内第二产业年均增长率约为 12.77%，至 2021～2030 年增长率为 7.99%，第二产业增加值由 2007 年的 104.99 亿元，增长到 2020 年的约 500.90 亿元和 2030 年的 1 080.88 亿元，见表 3-2 和表 3-3。

3)第三产业

随着城镇化建设的不断发展和农村剩余劳动力的大量转移，在今后相当长的一段时间内，第三产业从业人数发展迅速，第三产业产值也将随之得到迅猛发展。2007 年本流域第三产业增加值为 53.27 亿元，根据发展预测，2020 年前，流域内第三产业年均增长率约为 14.82%，2021～2030 年增长率为 10.22%，2020 年和 2030 年分别增长到约 321.29 亿元和 850.54 亿元，见表 3-2 和表 3-3。

3.3.2　经济社会发展对修河流域治理开发与保护的要求

水利是现代农业建设不可或缺的首要条件，是经济社会发展不可替代的基础支撑，是生态环境改善不可分割的保障系统，具有很强的公益性、基础性与战略性。水利发展不仅关系到防洪安全、供水安全、粮食安全，而且关系到经济安全、生态安全、国家安全，关系到经济社会发展全局。这些给修河流域治理、开发、保护与管理提出了更高的要求，修河流域规划面临着新的形势和任务。

(1)完善防洪体系，保障防洪安全。

修河流域历年来洪水灾害频发，修、潦尾闾地区洪涝灾害尤为严重，制约了区域经济社会的发展。经过历年的防洪工程建设，修河流域已初步建成了以圩堤为主、结合水库的防洪工程体系，但现状防洪体系仍不完善，干支流沿岸堤防防洪标准普遍偏低，大多城镇只有部分堤防达标，且绝大部分没有形成完整的防洪保护圈；同时，随着城市的快速发展，城区范围的不断扩大，原有防洪工程建设明显滞后于城市发展进程，部分新城区防洪标准偏低，甚至处于无设防状态；流域整体防洪能力低下。随着经济社会的发展、人民生活水平的提高以及财富的积聚，流域防洪压力越来越大，对防洪减灾的要求也越来越高。此外，极端天气引起的流域上游山洪、泥石流灾害频发，给当地人民生命财产带来极大威胁；山洪灾害防治与中小河流治理的要求也越来越高。因此，进一步完善防洪体系，保障防洪安全是今后修河流域治理开发与保护的首要任务。

表 3-2　修河流域各行政区经济指标预测值(规划水平年 2020 年)

地级市	县级行政区名称	行政区面积/km²	所在三级区面积/km²	人口/万人			地区生产总值(当年价)/万元			
				总人口	城镇人口	乡村人口	第一产业	第二产业	第三产业	总值
南昌市	市辖区	617	69	2. 24	1. 32	0. 92	9 052			9 052
	新建区	2 338	100	4. 33	2. 16	2. 17	41 068			41 068
	安义县	656	656	26. 96	14. 29	12. 67	193 119	759 575	726 718	1 879 412
九江市	瑞昌市	1 423	215	6. 98	3. 75	3. 23	52 257			52 257
	武宁县	3 507	3 369	36. 09	17. 98	18. 11	122 725	833 500	452 800	1 199 025
	修水县	4 504	4 229	77. 70	33. 88	43. 82	169 159	822 800	822 600	1 594 559
	永修县	2 035	1 237	29. 85	16. 51	13. 34	127 174	899 870	452 190	1 349 234
宜春市	高安市	2 439	96	4. 16	2. 37	1. 79	20 055			20 055
	奉新县	1 642	1 642	31. 25	14. 31	16. 94	125 200	1 081 300	355 100	1 201 600
	靖安县	1 378	1 378	14. 82	5. 55	9. 27	101 510	357 940	200 150	999 600
	铜鼓县	1 548	1 548	13. 67	5. 78	7. 89	85 270	254 000	203 330	922 600
合计		22 087	14 539	248. 05	117. 90	130. 15	1 046 589	5 008 985	3 212 888	9 268 462

表 3-3　修河流域各行政区经济指标预测值(规划水平年 2030 年)

地级市	县级行政区名称	行政区面积/km²	所在三级区面积/km²	人口/万人			地区生产总值(当年价)/万元			
				总人口	城镇人口	乡村人口	第一产业	第二产业	第三产业	总值
南昌市	市辖区	617	69	2.26	1.50	0.76	25 355			25 355
	新建区	2 338	100	4.96	2.70	2.26	77 973			77 973
	安义县	656	656	28.67	17.57	11.10	205 410	1 765 606	1 973 775	2 694 791
九江市	瑞昌市	1 423	215	8.26	4.80	3.46	80 166			80 166
	武宁县	3 507	3 369	37.07	20.30	16.77	244 410	1 844 500	1 104 800	3 483 710
	修水县	4 504	4 229	78.65	41.35	37.30	314 561	1 900 990	2 235 000	4 430 461
	永修县	2 035	1 237	31.21	18.56	12.65	279 536	1 823 740	1 223 805	3 857 171
宜春市	高安市	2 439	96	4.46	2.70	1.76	31 938			31 938
	奉新县	1 642	1 642	33.35	18.18	15.17	190 900	2 190 500	950 200	2 761 600
	靖安县	1 378	1 378	15.01	6.33	8.68	121 800	732 610	501 800	1 826 210
	铜鼓县	1 548	1 548	14.58	6.45	8.13	126 600	550 900	516 000	1 743 500
合计		22 087	14 539	258.48	140.44	118.04	1 698 649	10 808 846	8 505 380	21 012 875

(2)保障粮食生产安全与供水安全。

随着流域经济的快速发展、人民生活水平的不断提高,粮食安全和供水安全已是水利发展不可回避的现实问题,社会的稳定和发展离不开清洁的水源、充足的水量和充裕的粮食,而这一切均需要水利的支撑。

修河流域水资源时空分布不均,已建水源工程径流调节能力差,农田水利基础设施薄弱,抗旱能力不足,水资源开发利用程度与利用效率低下,加上现有设施老化失修,工程性缺水、季节性缺水普遍存在。至 2007 年底,流域内约有 128 万亩农田没有灌溉设施或配套设施不全,占耕地面积的 45.2%,且现有灌溉面积中大多灌溉保证率不高,城市供水水源单一、应急保障机制有待加强,部分农村的人畜饮水安全问题尚未得到解决,不安全饮水人口达 70.2 万人。流域粮食生产安全与供水安全面临严峻挑战,保障粮食生产安全与供水安全是流域治理开发与保护的又一个重要任务。

在修河治理开发与保护中,应注重流域水资源的优化配置,统筹流域上、中、下游地区用水,合理安排生产、生活和生态用水,保障城镇供水和农村供水,加快农村饮用水安全工程建设。在强化土地管理的基础上,大力发展灌溉工程,确保粮食稳产、高产,保障粮食生产安全。

(3)加强水资源与生态环境保护。

现状修河水质状况总体较好,基本能满足水功能区划中的水质保护的目标要求,主要由于流域内无较大城市(设区市级城市)分布,经济规模相对而言较小,排污少,加之水量丰富,自净能力较强。但随着经济社会的进一步发展,工业化、城镇化进程的加快,沿河城镇排污量呈递增趋势,部分河段生态环境受到影响,农村面源污染未得到有效控制,加剧了污染治理的难度。与此同时,人民生活水平的提高和经济社会的发展对生态环境提出了更高的要求。为实现河流健康、人水和谐,建设环境友好型社会,持续利用水资源,应加强水资源保护,严格控制入河排污量。同时,应按照生态系统完整性的要求,在治理与开发中,从流域、河段的不同层次,落实生态环境保护措施,并对现状生态环境已破坏的水域积极修复,以实现河流生态系统服务功能的可持续发挥。

(4)提高水运综合运输能力。

修河流域历史上以航运为主要运输方式,现状修水—吴城干流河段可通航,是区域综合运输体系的重要组成部分,对区域经济发展具有积极作用和影响。根据《江西省内河航运规划》,结合修河干流的实际情况,规划期内要使修河干流永修—吴城达到Ⅳ级航道标准,修水—永修达到Ⅵ级航道标准。因此,在修河流域治理开发与保护中,要切实贯彻水资源综合利用的方针,妥善处理防洪、发电、供水与航运的关系,结合水利建设及航道整治改善航道条件,提高区域综合运输能力。

(5)合理开发水能资源,加快流域水电建设。

修河流域水力资源较为丰富,流域水能理论蕴藏量为 688.7 MW。经过历年的开发,目前修河干流水能资源开发利用程度较高,但部分支流受移民淹没补偿、生态环境保护等因素制约,原规划的高坝开发方案难以得到全面实施,部分支流水力发展缓慢,水电开发程度还不高,仍有较大的开发空间。因此,在保护生态环境的前提下,注重科学规划、综合治理,在进一步开发修河干流的基础上,带动支流梯级开发,加快流域水电开发建设,为提供清洁能源、保障区域能源供应发挥作用。

(6)完善流域管理协调机制。

随着流域经济社会的发展、环境条件的改变以及认知水平的提高,流域管理面临新的任务和挑战,迫切需要实行最严格的水资源管理制度,建立水资源管理“三条红线”,严格实行用水总量控制,坚决遏制用水浪费,严格控制入河排污总量;加强水库群的统一调度与管理,充分发挥干支流梯级水库的综合效益;加强对因极端天气引发的洪、涝、旱灾及突发性水污染事件的应急处置能力,提高社会服务水平。面对新挑战,应综合运用法律、行政、市场和技术等手段,加强流域管理,进一步做好统筹规划、行政审批、科学调度、执法监督、指导协调等工作,保障流域治理开发与保护活动的顺利进行,并充分发挥工程的综合效益,为促进经济社会的持续发展和生态环境的有效保护提供有力支撑。

3.4　流域治理开发与保护的目标和任务

3.4.1　规划目标

总体目标:建立和完善流域防洪减灾、水资源供给和保障、水资源保护与生态环境修复、流域综合管理四大体系,加强工程措施和非工程措施建设,不断提高流域的防洪减灾能力,合理开发利用水资源,有效遏制水生态环境恶化的趋势,全面强化流域综合管理,保障防洪安全、供水安全和生态安全,以水资源的可持续利用支撑流域经济社会的可持续发展。

3.4.1.1　2020 年以前

完善流域综合防洪减灾体系,基本建成以堤防工程为主、结合防洪水库等综合措施组成的防洪工程体系。加高加固堤防工程,考虑柘林水库等防洪水库的补偿调节或错峰调节,整治疏浚河道,使流域内修水县、武宁县等 7 座县城的防洪标准达到 20 年一遇,沿河重要乡镇防洪标准达到 10 年一遇,修、潦尾闾地区 1 万~5 万亩圩堤防洪标准达到 10 年一遇标准。全面开展病险水库、水闸除险加固,进行中小河流治理,提高山洪灾害防御能力。通过新建和扩(改)建排涝泵站,完善沟渠配套工程,提高重要城镇和圩区的排涝能力,使县城的排涝能力达到 10 年一遇最大 1 日暴雨 1 日排至不淹重要建筑物,万亩以上圩区达 10 年一遇 3 日暴雨 3 日末排至农作物耐淹水深。通过防洪治涝工程建设,使重要防洪保护区在标准洪水下基本不发生灾害,遇超标准洪水,有对策措施;通过河道整治,维持干支流河势和河岸基本稳定。

基本实现水资源合理开发利用,不断提高流域水资源利用效率和效益,水资源开发利用率控制在 25%左右,基本建成流域水资源配置体系。加强节水型社会建设,保证城乡人民生产生活用水的数量和质量,初步建立城市应急水源保障机制,解决农村饮水不安全问题,使农村自来水普及率达到 60%。完成大型灌区及重点中型灌区的配套更新改造,推进其他中型灌区的配套更新改造,新建一批灌区和水源工程,农田灌溉保证率达 80%~90%,积极发展节水灌溉,满足农业生产和生态用水需求,灌溉水利用系数从现状的 0.43 提高至 0.58。加快农村水电建设,合理开发流域水力资源,实现水能资源开发科学有序,增加清洁能源供给,提高农村水电电气化水平,为社会主义新农村建设提供能源支撑。以江西长江干线、赣江等高等级航道为骨架,按Ⅳ级航道标准,建设修河干流永修—吴城段为重要航道,将永修县城和赣江、长江联系起来,成为腹地经济发展的重要运输通道。

改善水生态环境,基本控制污染物的排放,有效遏制水资源及水生态环境恶化的趋势。修河流域水功能区水质全部达标,水域实现良性发展;水生生物、自然保护区、风景名胜区等得到有效保护;流域水土流失得到有效遏制。

全面加强以统筹规划、科学调度、行政审批、执法监督、指导协调为主要特征的流域涉水事务管理,初步实现涉水管理现代化,初步实现控制性水利水电工程的统一调度,全面提高科技支撑能力与水利信息化水平。

3.4.1.2　2021~2030 年

治理开发与保护并重,更加侧重保护。通过完善工程措施和非工程措施,进一步提高流域的防洪减灾能力,有效开发利用水资源,维系优良水生态环境,健全流域生态功能与服务功能。

进一步完善综合防洪减灾体系。发挥已建水库的削峰滞峰作用,通过柘林、鹅婆岭等控制性水利枢纽工程的调度,进一步提高修河下游永修、奉新县城的防洪标准。继续实施圩堤加高加固建设,完善以新城区为主要防护对象的城市防洪体系,进一步提高重要城镇的防洪能力。进一步完善山洪灾害防治体系建设,显著提高山丘区的防洪能力。继续实施河道整治建设,有效控制河势和岸线的稳定,稳固河岸堤防。

基本实现水资源的高效利用。初步建成节水型社会,水资源开发利用率控制在 25%以内,基本建成流域和区域水资源合理配置和高效利用保障体系。继续完善已建灌区的续建配套与节水改造,新建一批小型灌区(片),增加有效灌溉面积,使灌溉水利用系数提高至 0.52~0.71,灌溉率达到 78%左右;进一步提高城市的供水保证率,提高应急水源储备,改善农村用水条件,使农村自来水普及率达到 85%;进一步合理开发水能资源,完善航道、港口建设,延伸水运服务范围。

初步实现水资源与水生态环境健康发展。流域内第一类污染物实现零排放,第二类污染物按功能区要求,实行总量控制,保障水功能的持续利用,实现水环境良性循环;建立完善的水土保持和水环境监测网络,水土流失得到全面治理。

基本形成完善的流域涉水管理法律法规体系;基本建成流域水量、水质、水生态环境的综合监测系统;水利管理全面走上法制化、规范化的轨道。

3.4.2　规划任务

原规划确定修河流域治理开发任务为防洪、水力发电、灌溉、航运、治涝、水土保持、工业及城乡生活供水等。在该规划的指导下,修河流域开发治理取得了较大成就,建成了一大批水库、圩堤、泵站等各类水利工程,初步形成了一定规模(较为完善)的防洪、治涝、灌溉、供水、发电、水土保持等水利工程体系,对解决流域水旱灾害、水资源供给、水土保持与水环境保护等问题起到了重要的作用,为区域经济社会发展做出了重要贡献。然而,流域内目前仍然存在防洪减灾体系薄弱、农村水利基础设施薄弱、水资源短缺问题突出、水环境与水生态变差趋势明显、水土流失依然严重等诸多问题,严重影响流域服务功能的发挥并制约区域经济社会的发展。

随着经济社会的发展、环保意识的增强以及“以人为本,人水和谐”治水思想的提出,本次规划需对流域经济社会发展现状与发展趋势、现状防洪能力与防洪需求、水资源特性与供需状况、生态环境保护需求等进行全面的分析,处理好需要与可能的关系,在注重保护生态环境的基础上,合理配置水资源,充分发挥河流的服务功能,既要保障和支撑区域经济社会发展,又要维护河流健康,促进其生态功能和服务功能的可持续发挥。

根据流域治理开发与保护现状、存在问题和经济社会发展需要,按照维护健康河流、促进人水和谐的基本规划宗旨,拟定修河流域治理开发与保护的主要任务是防洪、灌溉、供水、治涝、水资源和水生态环境保护、岸线利用、航运、水力发电、水土保持等。

3.4.2.1 防洪减灾

修河流域为洪灾多发区,防洪减灾是流域规划的首要任务。现状流域防洪体系尚不完善,实际抗洪能力偏低。本次规划以现状防洪工程为基础,通过堤防与防洪水库建设,病险水库、水闸除险加固,中小河流治理,山洪灾害防治,河道整治以及防洪非工程措施等,健全与完善流域防洪减灾体系。规划重点研究新的经济社会发展形势与生产力布局条件下的区域防洪形势和对策,研究水情特点与河道演变规律,研究重要城镇、重要防护区域与保护对象的防洪形势和需求,研究山洪灾害的成因及其分布,分析、复核和调整现有防洪工程体系布局与防洪能力,研究防洪工程体系的总体构架与布局;采用综合措施提高区域治涝能力;进一步完善防洪非工程措施。

3.4.2.2 水资源综合利用

研究区域经济社会发展对水资源的需求,分析流域水资源及其开发利用状况与特点,研究区域水资源与水环境的承载能力,统筹协调灌溉、供水、水力发电、航运等涉水部门的利益和矛盾,合理配置、高效利用与节约保护水资源;分析水资源短缺的成因与地区分布,研究已建水源工程挖潜增效的途径与措施,规划新建水源工程,着重研究农村水利基础设施的规划与完善,为保障供水安全、粮食安全,全面建设小康社会,区域经济社会协调可持续发展提供可靠的水资源支撑和保障。

3.4.2.3 水资源保护与水土保持

进一步调查、分析水土流失成因、规律和发展趋势,划分水土流失类型分区,完善重点预防保护区、重点监督区和重点治理区的划分,针对不同水土流失类型区的特点,进行水土流失综合防治规划,提出工程分期实施意见。

在江西省水环境功能区划的基础上,进一步完善修河流域水功能区划,分析研究规划河段、湖泊水域水体纳污能力及污染物限制排污总量,确立水功能区限制纳污红线,提出水质保护要求与河道基流等控制性指标;同时,结合入河排污口的监测调查成果,提出限制排污的意见;分析研究水生态与环境的主要制约因素、开发利用限定条件及控制因素,拟订水生态与环境保护方案。

3.4.2.4 流域水利管理

根据流域治理开发和保护的规划方案,从维护河流健康、实现人水和谐、保障水资源的可持续利用、发挥政府对涉水涉河事务社会管理的职能和提高公共服务水平的要求出发,研究提出制定水管理法规、政策要求和建议;研究建立用水总量控制、用水效率控制和水功能区限制纳污水资源管理“三项制度”的政策和措施,划定用水总量、用水效率和水功能区限制纳污“三条红线”;研究提高水利社会管理和公共服务能力的措施,研究水利管理信息采集、传输、分析、处理方案,提出水利现代化管理规划方案与对策。

3.5 主要控制性指标

从修河流域经济社会发展需求来看,当前和今后一个时期,开发利用水资源的要求仍然较高。从维护河流健康、保障水资源可持续利用的角度出发,一方面水资源开发利用应严格控制在水资源承载能力、水环境承载能力和水生态系统承受能力所允许的范围内;另一方面已开发的工程,应当按照规划的服务功能以及维持河流生态功能要求运行。为正确处理好治理开发和保护的关系,满足流域经济社会发展及建设健康河流的要求,围绕防洪、灌溉、供水、水资源保护等主要任务,拟定流域治理、开发与保护的控制指标,以规范各项水事活动,将水资源的开发利用活动置于可控状态。

3.5.1 防洪安全控制指标

根据防洪规划成果,修河流域主要控制断面安全泄量及安全水位成果见表3-4。

表 3-4 修河流域主要控制断面安全泄量计算成果

断面名称	所在河流	控制流域面积/km^2	安全泄量/(m^3/s)		备注
			$P=2\%$	$P=5\%$	
修水县城	修河干流	4 520		6 290	县城原水文站
武宁县城	修河干流	7 400		8 050	县城原水位站
永修县城	修河干流	14 600	8 070		吴城(二)站 19.50 m(吴淞)
			7 710		吴城(二)站 20.32 m(吴淞)
			7 270		吴城(二)站 20.80 m(吴淞)
			6 600		吴城(二)站 21.30 m(吴淞)
铜鼓县城	潦河	320		1 440	石桥水河口下
安义县城	潦河	1 485		3 050	安义大桥
奉新县城	潦河	1 207		2 660	奉新水位站
靖安县城	潦河	534		1 240	马脑背水文站
万家埠	潦河	3 548		5 450	万家埠水文站

3.5.2 主要河段最小生态流量

河道最小生态流量是指维持河床基本形态、保障河道输水能力、防止河道断流、保持水体一定自净能力的最小流量,是维系河流的最基本环境功能不受破坏,必须在河道中常年流动着的最小水量。按照 Tennant 法,河道最小生态流量取多年平均流量的10%进行确定。

本次选取流域面积在200 km^2 以上的支流的河口断面与主要水文测站作为控制节点。

测站控制节点生态流量采用实测水文资料计算,其他断面采用水文比拟法计算。修河流域各控制断面最小生态流量计算成果见表3-5。

表 3-5　修河流域各控制断面最小生态流量成果

河流	流域面积/km²	多年平均流量/(m³/s)	最小生态流量占多年平均流量比例/%	最小生态流量/(m³/s)
高沙	5 303	156	10	15.6
虬津	9 914	291	10	29.1
万家埠	3 548	110	10	11.0
先锋	1 764	50.8	10	5.08
杨树坪	342	10.8	10	1.08
晋坪	304	12.7	10	1.27
潦河	4 380	136	10	13.6
山口水	1 735	50.0	10	5.00
北潦河	1 518	47.1	10	4.71
渣津水	952	27.4	10	2.74
北潦北支河	736	22.8	10	2.28
巾口河	592	17.4	10	1.74
安溪水	516	14.9	10	1.49
北岸水	478	15.1	10	1.51
奉乡水	450	13.0	10	1.30
船滩河	442	13.0	10	1.30
罗溪河	327	9.6	10	0.96
龙安河	305	9.5	10	0.95
大桥河	285	9.00	10	0.90
东港水	274	8.65	10	0.87
洋湖港水	273	8.03	10	0.80
石鼻河	241	7.47	10	0.75
杭口水	228	7.20	10	0.72
黄沙港	210	6.51	10	0.65
杨津水	209	6.60	10	0.66

3.5.3　水功能区污染物入河总量控制指标

根据《江西省水(环境)功能区划》和修河流域的实际情况,划分范围河段总长 905.9 km,共 31 个一级水功能区,其中保护区 5 个,河长 207 km,占总区划河长的 22.85%;开发利用区 10 个,河长 160.9 km,占总区划河长的 17.76%;保留区 16 个,河长 538 km,占总区划河长的 59.39%。

在 10 个开发利用区中，共划分二级功能区 20 个，其中饮用水源区 8 个，河长 36 km，水库面积 6.47 km^2；工业用水区 8 个，河长 70.9 km，景观娱乐用水区 2 个，河长 47.5 km，水库面积 244.09 km^2；过渡区 2 个，河长 6.5 km，水库面积 3.29 km^2。

水功能区纳污能力是指在满足水域功能要求的前提下，按划定的水功能区水质目标值、设计水量、排污口位置及排污方式下的功能区水体所能容纳的最大污染物量。现状纳污能力计算的设计水量，一般采用最近 10 年最枯月平均流量（水量）或 90%保证率最枯月平均流量（水量）；集中式饮用水水源地采用 95%保证率最枯月平均流量（水量）。

修河流域水功能区划水域纳污能力为 COD 34 533 t/a、氨氮 2 920 t/a。流域水功能区 2020 年污染物入河控制量为 COD 19 279 t/a、氨氮 1 552 t/a，分别占纳污能力的 55.83%和 53.13%；2030 年污染物入河控制量为 COD 19 846 t/a、氨氮 1 560 t/a，分别占纳污能力的 57.47%和 53.41%。具体见表 3-6。

表 3-6　修河流域水功能区污染物入河总量控制规划成果　　单位：t

设区市	水功能区		水平年	年 COD 量		年氨氮量	
	一级	二级		纳污能力	入河控制量	纳污能力	入河控制量
宜春市	修水源头水保护区		2020	0	0	0	0
			2030	0	0	0	0
九江市	修水修水县保留区		2020	233.37	233.37	58.34	0
			2030	233.37	233.37	58.34	0
	修水修水县开发利用区	修水修水县工业用水区	2020	5 657.85	904.30	380.74	0
			2030	5 657.85	1 048.23	380.74	0
	修水修水县—武宁保留区		2020	388.94	0	97.24	0
			2030	388.94	0	97.24	0
	修水柘林水库武宁开发利用区	修水柘林水库武宁工业用水区	2020	740.00	98.33	36.99	36.99
			2030	740.00	113.72	36.99	36.99
		修水柘林水库武宁过渡区	2020	0	0	0	0
			2030	0	0	0	0
		修水柘林水库武宁饮用水源区	2020	0	0	0	0
			2030	0	0	0	0
		修水柘林水库景观娱乐用水区	2020	740.00	46.51	36.99	3.88
			2030	740.00	53.61	36.99	4.49
	修水武宁—永修保留区		2020	291.84	218.02	72.93	0
			2030	291.84	252.72	72.93	0

续表 3-6

单位:t

设区市	水功能区		水平年	年 COD 量		年氨氮量	
	一级	二级		纳污能力	入河控制量	纳污能力	入河控制量
九江市	修水永修开发利用区	修水永修工业用水区	2020	6 281.06	6 281.06	527.67	527.67
			2030	6 281.06	6 281.06	527.67	527.67
		修水永修过渡区	2020	0	0	0	0
			2030	0	0	0	0
		修水永修饮用水源区	2020	0	0	0	0
			2030	0	0	0	0
		修水永修景观娱乐用水区	2020	2 008.63	265.74	139.85	0
			2030	2 008.63	308.04	139.85	0
	修水永修保留区		2020	137.64	137.64	14.59	0
			2030	137.64	137.64	14.59	0
	修水吴城自然保护区		2020	0	0	0	0
			2030	0	0	0	0
	修水渣津水源头水保护区		2020	0	0	0	0
			2030	0	0	0	0
	修水渣津水修水县保留区		2020	116.68	0	29.17	0
			2030	116.68	0	29.17	0
宜春市	修水武宁水铜鼓上保留区		2020	58.45	0	14.59	0
			2030	58.45	0	14.59	0
	修水武宁水铜鼓开发利用区	修水武宁水铜鼓饮用水源区	2020	0	0	0	0
			2030	0	0	0	0
		修水武宁水铜鼓工业用水区	2020	396.27	396.27	27.96	27.96
			2030	396.27	396.27	27.96	27.96
	修水武宁水铜鼓下保留区		2020	313.57	313.57	58.34	16.74
			2030	313.57	313.57	58.34	19.40

续表 3-6

单位:t

设区市	水功能区		水平年	年 COD 量		年氨氮量	
	一级	二级		纳污能力	入河控制量	纳污能力	入河控制量
九江市	修水武宁水修水县保留区		2020	175.02	0	43.76	0
			2030	175.02	0	43.76	0
	修水安平水修水县保留区		2020	116.68	0	29.17	0
			2030	116.68	0	29.17	0
	修水安平水修水县开发利用区	修水安平水修水县饮用水源区	2020	0	0	0	0
			2030	0	0	0	0
宜春市	潦河源头水保护区		2020	0	0	0	0
			2030	0	0	0	0
	潦河奉新上保留区		2020	233.37	233.37	58.34	30.68
			2030	233.37	233.37	58.34	35.41
	潦河奉新开发利用区	潦河奉新饮用水源区	2020	0	0	0	0
			2030	0	0	0	0
		潦河奉新工业用水区	2020	3 276.64	1 932.14	223.25	223.25
			2030	3 276.64	2 211.58	223.25	223.25
	潦河奉新下保留区		2020	0	0	0	0
			2030	0	0	0	0
南昌市	潦河安义上保留区		2020	311.16	0	77.79	0
			2030	311.16	0	77.79	0
	潦河安义万埠开发利用区	潦河安义万埠工业用水区	2020	6 527.16	6 527.16	451.91	451.91
			2030	6 527.16	6 527.16	451.91	451.91
	潦河安义下保留区		2020	0	0	0	0
			2030	0	0	0	0
九江市	潦河永修保留区		2020	291.71	0	72.93	0
			2030	291.71	0	72.93	0
	潦河永修开发利用区	潦河永修饮用水源区	2020	0	0	0	0
			2030	0	0	0	0

续表 3-6　单位:t

设区市	水功能区		水平年	年 COD 量		年氨氮量	
	一级	二级		纳污能力	入河控制量	纳污能力	入河控制量
宜春市	北潦河源头水保护区		2020	0	0	0	0
			2030	0	0	0	0
	北潦河靖安上保留区		2020	116.68	0	29.17	0
			2030	116.68	0	29.17	0
	北潦河靖安开发利用区	北潦河靖安饮用水源区	2020	0	0	0	0
			2030	0	0	0	0
		北潦河靖安工业用水区	2020	1 678.34	277.32	115.74	115.74
			2030	1 678.34	321.46	115.74	115.74
	北潦河靖安下保留区		2020	116.68	116.68	29.17	29.17
			2030	116.68	116.68	29.17	29.17
南昌市	北潦河安义开发利用区	北潦河安义饮用水源区	2020	0	0	0	0
			2030	0	0	0	0
		北潦河安义工业用水区	2020	4 325.24	1 297.52	293.37	88.01
			2030	4 325.24	1 297.52	293.37	88.01
合计			2020	34 533	19 279	2 920	1 552
			2030	34 533	19 846	2 920	1 560

3.5.4　控制断面水资源开发利用率

水资源开发利用率既反映流域或区域内水资源开发利用程度,也反映经济社会发展与水资源开发利用的协调程度。水资源开发利用率是维护河流健康的重要控制性指标,应控制在合理范围内,既要满足经济社会发展的需要,维持健全的供水、灌溉等诸多为人类服务的功能,又应在水资源承载能力范围内。从规划阶段供需分析和产生的影响看,水资源开发利用率(多年平均供水量占水资源总量的比例)控制在25%以内较为适宜。

3.5.5　水量分配指标

2008年江西省水利科学研究院编制了《修河流域水量分配方案研究报告》,该报告提出的修河水量分配方案得到了江西省人民政府的批准。依据《修河流域水量分配方案研究报告》,修河分水区域面积共计14 539 km^2,涉及全省3个设区市(南昌市、九江市、宜春市)中的11个县级行政区域,具体包括南昌市的2县1区(湾里区、新建区、安义县)、九江市的 3 县 1 市(武宁县、修水县、永修县、瑞昌市)、宜春市的 3 县 1 市(铜鼓县、奉新县、靖安县、高安市);水量分配至设区市区域和跨市级的灌区;考虑各用水区域的经济社会发展需求和水资源权属管理相对稳定性的需要,2030 水平年 50%频率的水量分配成果详见表 3-7。

表 3-7 修河流域 2030 年 50%频率各设区市水量分配方案

用水区域名称	分水方案	
	水量/亿 m^3	比重/%
南昌市	2.39	11.45
九江市	10.71	51.29
宜春市	7.78	37.26
合计	20.88	100

3.5.6 用水效率指标

按照实施最严格的水资源管理制度的要求,以及用水总量控制与定额管理相结合的原则,选择规划期末的用水总量、万元 GDP 用水量、万元工业增加值用水量、农田灌溉亩均用水量和灌溉水利用系数等作为控制指标。提高用水效率,是确立水资源开发利用控制红线、建立取用水总量控制指标体系,全面推进节水型社会建设和促进经济增长方式转变的有效手段。至 2030 规划水平年,修河流域人均用水量为 780.44 m^3(平水年,下同),万元 GDP 用水量为 86.37 m^3,万元工业增加值用水量为 65 m^3,农田灌溉亩均用水量为 524 m^3,灌溉水利用系数为 0.65。

3.6 流域治理开发与保护总体布局

3.6.1 防洪减灾体系总体布局

修河流域防洪减灾体系由堤防、水库、河道整治以及防洪非工程措施组成。修河流域洪水灾害范围广,灾害损失严重,对经济社会可持续发展的危害极大,防洪减灾依然是修河流域治理的首要任务。防洪减灾体系建设贯彻以人为本、人与自然和谐共处的理念,按照“堤库结合、以泄为主、蓄泄兼筹”的治理方针,在深入研究流域洪水特性与洪灾特点的基础上,以沿河两岸重要城镇与成片农田以及重要基础设施等防护对象作为防洪重点,结合防洪保护对象的现状抗洪能力与防洪需求,统筹安排防洪工程措施与布局,坚持工程措施和非工程措施相结合,做到确保重点,兼顾一般,既要解决干流上重要城镇的防洪安全问题,也要重视解决中小河流治理和山洪灾害的防治问题。

(1)加强城市防洪建设。城市是区域政治、经济、文化中心,人口集中,经济发达,财富聚集,是区域防洪的重点。流域内除永修县城外,基本形成封闭的保护圈(但尚未完全达标)，其余 6 座县城防洪工程均普遍存在防洪缺口，未建成完整的防护圈。规划急需加强城市(特别是新城区)的防洪工程建设，完善城市防洪治涝工程体系，使重要城区基本形成完整、独立、安全的防洪保护圈。

(2)加强堤防工程建设。堤防是修河流域最普遍、最有效的防洪工程措施。修河干支流沿河两岸筑有千亩以上圩堤 91 座(不含城防堤)，但仅有个别规模较大的堤防完成部分堤段的除险加固工作，其他圩堤大多规模小、标准低，堤防建设投入严重不足。规划通过加高加固不同规模的堤防，提高流域整体防洪能力。

(3)防洪水库建设与病险水库除险加固。在修河中下游防洪工程体系规划中，通过修河干流上已建的柘林水库与潦河干流上规划建设的鹅婆岭等防洪水库的补偿式或错峰式调度，可适当提高修、潦河中下游两岸防护对象的防洪能力。规划全面完成水库除险加固工作，消除水库安全隐患，充分发挥已建大中型水库的削峰滞峰作用。

(4)整治干支流河道。控制河道平面形态与岸线稳定，维护岸坡稳定。在全面控制河势稳定的基础上，通过护岸、疏浚、清障等措施对局部河势不稳定河段进行治理，以利于行洪通畅，保障堤防等防洪设施和岸线利用设施的安全。

(5)开展中小河流治理和山洪灾害防治。修河流域中小河流众多，山洪灾害频发。中小河流治理以河道整治、清淤疏浚、加固堤岸等工程措施为主，因地制宜、经济合理地采取工程措施和非工程措施；山洪灾害防治以非工程措施为主，非工程措施与工程措施相结合。

(6)强化涝区治理。修河涝区主要分布在修潦尾闾地区，坚持以排为主，滞、蓄、截相结合，形成“自排、调蓄、电排”相结合的治涝工程体系，重点处理好蓄涝与排涝、排涝与防洪的关系。

(7)完善防洪非工程措施。进一步完善流域防洪的法律法规建设，建立流域洪水预报及洪水灾害监测系统，加强对流域内重要堤防的管理，开展洪水保险，保障流域内人民群众的生命财产安全。

3.6.2　水资源综合利用体系总体布局

水资源综合利用体系，包括供水、灌溉、水力发电和航运等。修河流域水资源开发利用应按照用水总量与效率控制、“三生”用水兼顾和综合利用的原则，在全面加强节约与保护的基础上，对现有设施充分挖掘其潜能，安排灌溉、供水等骨干水源工程建设，合理开发水能资源，大力发展内河航运，不断提高流域水资源的综合利用效率，合理配置生活、生产及生态用水。应加强节水型社会建设，实行用水总量和用水效率控制，将水资源开发利用率严格限制在控制指标范围内。在枯水年应实行干流及主要支流控制性水利水电工程水资源的统一调度，增加中下游干流枯期流量，提高中下游干流供水和灌溉保证率，改善航道通航条件。

(1)做好水资源的合理配置。在保障河道内生态环境用水和强化节水的基础上，合理配置生活、生产和河道外生态环境用水，满足区域经济社会发展对水资源的需求。修河流域水资源供需矛盾主要出现在干旱季节，缺水类型多为工程型缺水，重点加强枯水年和枯水季的水资源配置与工程调度，合理协调各部门、各行业、上下游及左右岸的用水需求；

加强水源工程建设,增强水资源的调控能力。

(2)加强城乡供水体系建设。加快城市供水水源建设,按安全、可靠的原则,改扩建与新建一批蓄、引、提供水水源工程,提高城市供水能力。加快城市备用水源建设,以正常水源与备用水源相结合的原则,建立多水源供水体系,健全应急供水机制,大力提高应急供水能力。解决农村安全饮水问题,建立乡村安全、方便、可靠的生活供水体系;平原丘陵区依托丰富水源建设集中供水工程,山区建设分散供水工程,普及自来水供应,保障人畜饮水安全,完善农村供水应急保障措施。

(3)强化灌溉基础设施工程建设。大力开展农田水利基本建设,加快对现有灌溉区的续建配套与节水改造,实施灌区末级渠系与田间工程建设,发展节水灌溉,推广渠道防渗和喷灌、滴灌等节水技术,提高灌溉用水效率与灌溉保证率;结合耕地与水源条件新建一批灌区,增加农田有效灌溉面积。加强灌溉水源工程建设,结合当地地形与水源条件,因地制宜地兴建小水窖、小塘坝、小泵站、小水渠、小水池等五小水利设施,建设鹅婆岭、吊钟、东坑、南茶、九龙、大屋等大中型水库及部分小型灌溉水源水库、陂坝、泵站,提高径流调控能力与供水能力,扭转农田灌溉"靠天吃饭"的被动局面,满足国家粮食生产安全需求。

(4)合理开发水能资源。在高度重视水库淹没及生态环境保护、合理承担其他开发任务的基础上,积极推进水能资源合理有序开发;对淹没损失过大、技术经济指标较差而难以开发的高湖等梯级,规划优化、调整为低水头开发方案,促使河段水能资源尽早得到开发利用。加强控制性水利水电工程的统一调度,统筹兼顾经济效益、社会效益和生态环境效益;加快小水电开发与农村电气化建设、小水电代燃料生态保护工程建设,促进社会主义新农村建设。

(5)加快航运发展。建设田浦航运梯级,渠化干流修水—武宁及主要支流航道,逐步建成以修河干流为主轴、干支流衔接和江河直达的航道网,全面提高修河航运的现代化水平。

3.6.3　水资源与水生态环境保护体系总体布局

水资源与水生态环境保护体系包括水资源保护、水生态环境保护与修复、水土保持等。修河流域水生态环境总体良好,但有逐步变差的趋势。为贯彻水资源可持续利用的方针,按照"在保护中促进开发,在开发中落实保护"的原则,开发与保护并重,正确处理好治理、开发与保护的关系,以水资源承载能力、水环境承载能力和水生态系统承受能力为基础,合理把握开发利用的红线和水生态环境保护的底线,加强水资源保护,强化水生态环境保护及修复,加强水土保持,维护优良的水生态环境。

(1)强化水资源保护。以水功能区划为基础,以入河排污控制量为控制目标,加快点源和面源污染治理;加强干流主要河段和主要支流的综合治理,强化重要水源地保护,严格沿江城镇污水达标排放,控制点源污染,严禁污水直接排放。强化湖泊和水库富营养化治理,逐步使水功能区入河污染物控制在纳污能力范围内,促使水环境呈良性发展。以河道生态需水为控制目标,合理控制水资源开发利用程度,加强水利水电工程调度运行管理,严格执行生态基流控制标准,防止河道断流,发挥水体天然自净能力,保护河流水体生物群落,维护河流水生态系统功能正常。

(2)加强水生态环境的保护及修复。以生态环境优先保护区域与保护对象为基础，合理规划流域治理开发方案；强化生境、湿地保护与修复，加强自然保护区建设，保护好河流水体生物群落，确保水生生物的多样性和完整性。

(3)推进水土保持。大力开展生态屏障建设、坡耕地改造，增强蓄水保土能力；强化预防保护区的预防保护，维护优良生态；加强重点监督区的监督管理，有效遏制人为水土流失；实施水土流失重点治理区的综合治理，加快生态建设步伐。

(4)加强水环境监测。重点加强水源地水质监测、水土流失监测和重要生态敏感区生态监测，建立完善的信息系统及监控机制，掌握水生态环境发展演变趋势。

3.6.4　流域综合管理体系规划布局

流域综合管理体系主要包括水行政事务管理、防灾减灾、信息化建设、政策法规及科技与人才队伍建设等，根据流域经济社会的发展，逐步建立起协调、权威、高效的现代化流域综合管理体系。

(1)强化水行政事务管理。完善规划管理、防洪抗旱减灾管理、水资源综合利用管理、水资源保护管理、水土保持管理、河道管理、水利工程建设与运行管理、控制性水利水电工程统一调度管理、控制断面监督管理和应急管理等制度；有效实施水工程建设规划同意书签署、河道内建设项目建设方案审批、取水许可、水土保持方案审批、入河排污口设置审批、采砂许可等管理制度，使区域水行政事务管理工作逐步走上正规化、制度化。

(2)加强防灾减灾管理。建立以风险管理为核心的洪水管理制度，完善防洪减灾应急管理制度。

(3)加快流域信息化建设。以应用需求为导向，开发信息资源，将现代信息技术与水利科技有机融合，形成工程措施与非工程措施共同支撑的修河流域现代化综合水利工程信息技术体系。

(4)完善政策法规建设。在对现有法律法规修订调整的基础上，建立健全有效的法律法规体系，促进法律法规的运用，建立和完善司法与执法程序，提高司法服务与执法水平。

(5)强化科技发展与人才队伍建设。建立水利科技的创新机制，广泛采用先进的生产方式，构建人才队伍的合理结构，优化人才队伍结构，完善人才队伍的素质培养机制，加强人才队伍的科学管理。

3.7　干、支流梯级开发方案

中华人民共和国成立以来，水利部及江西省有关部门对修河干流及主要支流梯级开发进行了多次规划设计和相应的勘测工作。1958 年 5 月原水电部武汉水力发电设计院编制了《修河流域规划报告》，对修河干流及山口水等主要支流开发进行了研究；1963 年 4 月原水电部长沙勘测设计院提出了《修河梯级开发方案及第一期工程复核报告》，重点对柘林枢纽开发进行了研究；1965 年，原江西省水电厅规划队对修河上游水电开发进行过规划，对干流上的抱子石枢纽开发进行了重点研究；1970 年底，江西省水电科研所对虬津枢纽进行了规划工作,随后1986年,九江市水电设计院对虬津枢纽进行了初步设计;1971年宜春地区潦河规划队对潦河开展了全面的规划选点工作;1980年,宜春地区潦河规划办公室进行了潦河流域规划,提出了潦河干流梯级开发方案;1988年,江西省水利规划设计院组织有关人员对修河干流及主要支流进行了综合查勘,并结合已建枢纽情况,在已有勘测设计工作的基础上,于1993年编制了《江西省修河流域规划报告》,提出了修河干流及主要支流梯级开发方案。

本次规划修河干支流梯级开发方案的拟订,是在1993年编制的《江西省修河流域规划报告》和有关河段开发方案论证报告以及河道梯级开发现状基础上,根据区域经济社会发展和流域综合治理对河道梯级开发的需要,遵循人水和谐、合理开发利用水资源和水力资源以及梯级综合利用效益最优的原则,在满足工程技术经济指标可行、水库淹没可控,不存在制约工程实施的环境不利因素等条件下,进行河段梯级开发方案的拟订。

3.7.1 干流梯级开发方案

1993年编制的《江西省修河流域规划报告》推荐修河干流梯级规划方案Ⅳ,具体如下:

坑口$_{220}$—东津$_{190}$—黄溪$_{121}$+引水渠—港口(扩建)$_{114}$+引水渠—郭家滩(扩建)$_{103}$+引水渠—抱子石$_{95}$+通航渠—三都$_{78.5}$—下坊$_{73}$—石渡(航运)$_{65.2}$—柘林(已建)$_{63}$—虬津$_{19.5}$。

修河干流梯级水库淹没主要实物指标见表3-8。

表3-8 修河干流梯级水库淹没主要实物指标

项目		单位	坑口	东津	黄溪	抱子石	三都	下坊	虬津
			220 m	190 m	121 m	95 m	78.5 m	73 m	19.5 m
乡		个	2	2	1	4	2	5	4
村委会		个	5	16	1	11	3	12	16
圩镇		座	1	2	0	1	0	0	0
人数		人	1 858	8 570	119	4 920	1 968	6 229	2 602
耕地		亩	1 275	10 300	122	3 376	3 019	6 722	14 282
房屋	农村	m^2	78 054	406 630	5 224	178 234	86 395	259 113	15 120
	城镇	m^2	5 800	24 190	0	16 900	0	0	0

在上述开发方案中,根据航运部门的要求,在柘林水库消落区规划石渡航运梯级,设计水位为65.2 m,衔接下坊梯级。

原江西省计委等有关部门对原规划干流梯级开发方案的相关审批意见为:原则同意《规划报告》所推荐的干流梯级开发方案(修河干流:方案Ⅳ)。对干流抱子石梯级的正常蓄水位,下阶段可在93~95 m间进行优化。

上述规划方案中,有调蓄性能的枢纽主要为坑口、东津和柘林3座,其他梯级均为以发电、航运为主的径流式梯级，坑口和东津枢纽均以发电为主要开发任务。截至2007年，修河干流已按上述规划方案建成投产的梯级有东津、郭家滩、抱子石、塘港(原港口梯级)等。坑口梯级由于淹没补偿投资较大，改为3级开发并已建成投产。经分析，坑口梯级主要开发任务为发电，由于其下游东津梯级为具有多年调节的大型枢纽，坑口梯级改为3级开发，虽降低了坑口以上河段的径流调蓄作用，但不影响中下游水资源综合利用。在铜鼓县境内，当地政府组织相关设计部门对修河干流坑口以上河段进行勘测和设计，经充分论证，在坑口上游增加开发中寨、赤洲2个发电梯级。另外，根据梯级开发及水力资源情况，结合修水县当地实际情况，本次规划拟在抱子石和郭家滩梯级间增设夜合山梯级。修河干流梯级规划方案如下：

中寨$_{248}$(已建)—赤洲$_{225}$(已建)—乌石滩$_{214.8}$(已建)—湖洲$_{207.4}$(已建)—坑口$_{197.3}$(已建)—东津$_{190}$(已建)—黄溪$_{122.3}$—塘港$_{114.3}$(已建)—郭家滩$_{107.5}$(已建)—夜合山$_{98.2}$—抱子石$_{93.5}$(已建)—三都$_{78.5}$(在建)—下坊$_{73}$(已建)—柘林$_{63}$(已建)—虬津$_{19.5}$。

受已实施梯级的控制以及水库淹没的制约，本次规划修河干流梯级开发方案基本不存在方案比较。修河干流梯级技术经济指标情况见表3-9。

3.7.2　主要支流梯级开发方案

修河各主要支流梯级开发方案的拟订，主要根据所在支流的地形地貌、水资源与水力资源等自然和资源条件，在河段开发利用现状以及原有规划和有关工程前期工作成果的基础上，依据河段开发任务与经济社会对河段开发治理的总体需求，充分考虑规划梯级的水库淹没和技术经济指标、工程的可实施性等因素，进行支流开发方案的拟订。鉴于现状多数支流已得到一定程度的开发，未开发梯级进行方案比选的余地较小，同时部分河段已开展了梯级开发方案调整的论证工作，论证成果已得到上级部门的审批，因此本规划仅提出梯级开发的推荐方案，不再进行相应的方案比选。

3.7.2.1　潦河

潦河为修河最大的支流，位于江西省西北部，发源于铜鼓、宜丰、奉新交界的九岭山，自西向东流经奉新上富、会埠，过奉新县城，于赤岸乡山背纳黄沙港，进入安义县境内，于万埠雷家纳北潦河后，至永修县山下渡汇入修河。流域面积4 380 km^2，主河道长166.0 km，流域多年平均降水量1 778.0 mm，鹅婆岭以上为山区，河道蜿蜒曲折，穿行于丘陵、山岗之间，河谷狭窄，有甘坊、晋坪等山间盆地，鹅婆岭以下为丘陵和冲积平原，河道宽浅弯曲，水流较为平缓，沿岸耕地较多。

原规划中，推荐潦河干流梯级开发方案Ⅱ：甘坊$_{183}$—马埠里$_{132}$—鹅婆岭$_{93}$+引渠—厚田$_{80}$+灌溉引水渠。

根据开发情况，规划拟订的开发方案为：鹅婆岭—九天阁$_{40.6}$(已建)。

3.7.2.2　山口水

山口水又称武宁水，系修河一级支流，发源于湖南省浏阳县与江西省铜鼓县两县交界的九岭山脉之大围山东麓龙须洞，自南向北流经铜鼓县的排埠、丰田，过铜鼓县城，在修水县宁洲乡良塘村注入修河。流域面积1 735 km^2，主河道长130 km，主河道纵比降1.60‰，流域多年平均降水量1 628.0 mm，上游内沟壑纵横，坡陡谷深，峰峦叠嶂，河道弯

表 3-9 修河干流梯级技术经济指标

项目	单位	中寨	赤洲	乌石滩	湖洲	坑口	东津	黄溪	塘港	郭家滩	夜合山	抱子石	三都	下坊	虬津
坝址控制流域面积	km^2	423.5	447.6	680	750	820	1 080	1 084	1 126	2 581	2 813	5 343	5 716	6 512	9 780
多年平均流量	m^3/s	14.4	15.1	19.4	21.58	23.39	30.4	30.8	31.03	77.4	82.8	151	163.1	191	391
正常蓄水位	黄海·m	248	225	212.9	207.4	197.3	190	122.3	114.3	107.5	98.2	93.5	78.5	73	19.5
总库容	万 m^3	186	142.6	69	90	298	79 500	130	110	2 620		5 400	626	8 250	156
正常蓄水位以下库容	万 m^3	127		56	56	155	60 600	106		912		4 402		3 988	
调节库容	万 m^3	59		36	34	37.6	38 600	76	68	119		3 200	150	475	
调节性能		日	日	日	日	日	多年	径流式	日	日	日	日	日	日	径流式
最大水头	m	7.9	8	6.6	9.1	7.7	69.12	7	6.1	8.9	4.8	16.12	5.2	10.85	3
最小水头	m	5.6	7.5	5.8	5.2	6.7	42.42	5.8	4.8	5.27	3.6	7.87	2.1	4	2.8
主坝型		砌石重力坝	砌石重力坝	重力坝	重力坝	重力坝	混凝土面板堆石坝	混凝土面板堆石坝	砌石重力坝	闸(坝)		重力坝		重力坝	重力坝
最大坝高	m	8.8	14	8	8.5	12	85.5	7.7	6.8	18	6.4	24.9	20	27	8.5
装机容量	MW	0.96	1.26	0.6	1.89	1.5	60	3.2	3.14	10	6	40	16.5	36	25
保证出力	MW	0.11	0.34	0.14	0.34	0.34	10.5	0.6	0.62	2.4	0.92	5.7	1.72	4.66	22.5
年发电量	万kW·h	365	524.5	300	755	640	11 640	980	831	4 043	3 527	12 800	4 967	11 277	12 500
水库淹没耕地	亩	10	26		12	51	7 840	60	310	112	385	1 276	60	1 449	3 450
水库淹没林地	亩	2				35	2 658					395	215	43	
迁移人口	人					45	9 850	112				794		107	
静态总投资	万元	477	578	366	834	822	45 205	2 368	1 098	5 736	9 300	34 260	9 244	28 754	21 000
其中:水库淹没处理补偿投资	万元	2				61	8 624	50	95	214	126	2 300	220	2 622	1 000
勘测设计建设情况		已建	已建	已建	已建	已建	已建	规划	已建	已建	可研	已建	在建	已建	规划

曲；中下游（大塅电站以下）河面宽 120~150 m，出龙潭峡后，河道宽浅顺直，河面宽 150~200 m，河谷两岸为砂质冲积土，多耕地稻田。

原规划中，推荐山口水干流梯级开发方案Ⅱ：大塅$_{212}$—金鸡桥$_{174}$—山口$_{150.6}$+引水渠（已建）—龙潭峡$_{125}$。

山口水干流已建成投产的梯级有：大塅、人渡、塔下、金鸡桥、山口、茶子岗和龙潭峡。根据梯级开发及水力资源情况，结合流域当地实际情况，本次山口水干流梯级基本维持现状，具体如下：

大塅$_{212}$（已建）—人渡$_{174}$（已建）—塔下$_{168.9}$（已建）—金鸡桥$_{164}$（已建）—山口$_{150.6}$（已建）—茶子岗$_{108}$（已建）—龙潭峡$_{101.5}$（在建）。

第4章 流域水资源评价与配置

4.1 流域水资源评价

本次修河流域规划范围为修河永修县城以上流域,集水面积14 539 km²。规划范围涉及九江市的修水县、武宁县、永修县、瑞昌市,宜春市的铜鼓县、奉新县、靖安县、高安市,南昌市的安义县、新建区、市辖区(湾里区),共涉及11个县(市、区)。修河流域所在三级区为修河,修河流域水资源分区与行政区划对照见表4-1。

表4-1 修河流域水资源分区与行政区划对照

水资源综合规划分区		行政区划				面积/km²
四级区	四级区编码	地(市)级	行政编码	县级	行政编码	
潦河	F090110	南昌市	360100	南昌市区	360101	69
潦河	F090110	南昌市	360100	新建	360122	100
潦河	F090110	南昌市	360100	安义	360123	656
潦河	F090110	九江市	360400	永修	360425	439
潦河	F090110	宜春市	360900	奉新	360921	1 642
潦河	F090110	宜春市	360900	靖安	360925	1 378
潦河	F090110	宜春市	360900	高安	360983	96
修水干流	F090120	九江市	360400	武宁	360423	3 369
修水干流	F090120	九江市	360400	修水	360424	4 229
修水干流	F090120	九江市	360400	永修	360425	798
修水干流	F090120	九江市	360400	瑞昌	360481	215
修水干流	F090120	宜春市	360900	铜鼓县	360926	1 548
合计						14 539

修河流域多年平均气温16.4~17.4 ℃。流域多年平均水面蒸发量为1 116.3~1 535.5 mm,多年平均年降水量1 500~1 900 mm,流域内降水年内分配极不均匀,4~6月降水量占全年总降水量的50%左右。

流域下游区水道经人为改造已成水网状,流域内径流随降雨的变化而变化,年内分配不均,连续最大3个月径流主要集中在汛期4~6月,约占全年径流量的50%。

4.1.1　流域水资源数量评价

4.1.1.1　地表水资源量

修河流域目前建有虬津、万家埠等8处水文站,108处配套雨量站。观测项目包括水位、降雨、蒸发、流量、泥沙等。

结合《江西省水资源及其开发利用调查评价报告》成果,修河流域(永修县城以上)多年平均地表水资源量为135.16亿 m^3,不同保证率地表水资源平水年($P=50\%$)为130.57亿 m^3,偏枯年($P=75\%$)为104.06亿 m^3。

4.1.1.2　地下水资源量

本规划所指的"地下水资源量"仅限于与大气降水和地表水体有直接水力联系的浅层地下水,即埋藏相对较浅、由潜水及与当地潜水具有较密切水力联系的弱承压水组成的地下水。

根据《江西省水资源及其开发利用调查评价报告》,修河流域(永修站以上)地下水类型区为一般山丘区,按照河川基流量还原水量的方法,计算出修河流域的多年平均地下水资源量为33.4亿 m^3。

地下水动态的影响因素主要有气象、水文、地质、人为等因素,地下水资源是一种可恢复的资源,具有较大的调蓄能力,且更新周期长,资源量比较稳定。本次规划修河流域地下水资源量采用《江西省水资源及其开发利用调查评价报告》最终成果,为33.4亿 m^3。

4.1.1.3　水资源总量

修河流域地下水类型区为山丘区,山丘区河床切割较深,水文站测得的逐日平均流量过程线既包括地表径流,又包括河川基流,所以山丘区地表水与地下水资源量的重复计算量与地下水资源量相等。流域水资源总量为135.16亿 m^3。

4.1.2　流域水资源质量评价

2007年度,根据修河干流布设的高沙、虬津、王家河等7个水质监测断面监测资料,采用《地表水环境质量标准》(GB 3838—2002),对修河280 km的河流水质进行评价。评价结果表明,全年、非汛期、汛期水质均为Ⅱ类水。

4.2　水资源开发利用及其影响评价

4.2.1　水资源开发利用现状

4.2.1.1　现有水利设施

供水设施以水源分类包括地表水源工程、地下水源工程和其他水源工程等供水工程。

由于目前在调查的基准年间,修河流域集雨工程建设及污水处理再利用水平较低,因此本次规划暂不考虑其他水源工程。本次规划供水设施包括地表水源工程和地下水源工程。

全流域现有各类大、中、小型供水设施共 17 478 座。其中，蓄水工程 8 492 座，其中大型水库 1 座、中型水库 11 座（仅为发电没有其他供水任务的水库未计）、小型水库 529 座、塘坝 7 951 座；引水工程 6 486 座，其中大型 1 座、小型 6 485 座；提水工程 695 座，全部为小型；地下水生产井 1 805 眼，其中配套机电井 586 眼。

4.2.1.2　供水能力

供水能力是指现状条件下相应供水保证率的可供水量，与取水水源的来水状况、取水水源和供水对象的相对位置关系、供水对象的需水特性（用水结构、用水时间和用水量）、供水工程的规模和运行调度方式等因素有关。供水工程的现状供水能力用近期实际年最大供水量代替；供水工程的设计供水能力主要按有关设计资料和统计资料确定，对于无资料的小(1)型以下工程，一般用经验参数、库容系数或水量利用系数等进行估算，塘坝工程一般采用复蓄指数法进行估算。

全流域现有各类大、中、小型供水设施 17 478 座，现状供水能力 17.48 亿 m^3。蓄水工程现状供水能力 7.97 亿 m^3，占全流域水利设施现状供水能力的 45.6%，其中大中型水库总库容约 83.31 亿 m^3，兴利库容约 37.19 亿 m^3，现状供水能力约 3.68 亿 m^3；小型水库、塘坝总库容约 5.37 亿 m^3，现状供水能力约 4.29 亿 m^3。引水工程总的引水流量 70.9 m^3/s，现状供水能力约 6.36 亿 m^3，占全流域水利设施现状供水能力的 36.38%。提水工程总的提水流量 35.3 m^3/s，现状供水能力约 2.37 亿 m^3，占全流域水利设施现状供水能力的 13.58%。地下水生产井现状供水能力约 0.78 亿 m^3，占全流域水利设施现状供水能力的 4.44%。各类水利设施情况见表 4-2。

4.2.1.3　供水量

供水量是指各种水源工程为用户提供的包括输水损失在内的毛供水量，按取水水源分为地表水源供水量、地下水源供水量和其他水源供水量。地表水源供水量包括蓄水工程供水量、引水工程供水量和提水工程供水量（为避免重复统计，凡从水库、塘坝中引水或提水的，均属蓄水工程供水量；凡从河道或湖泊中自流引水的，无论有闸或无闸，均属引水工程供水量；凡利用扬水泵从河道或湖泊中直接取水的，均属提水工程供水量）；地下水源供水量为水井工程的开采水量；其他水源供水量为污水处理再利用水量和集雨工程的集水量。修河流域集雨工程建设及污水处理再利用水平较低，本次规划不考虑其他水源工程的供水情况。

流域内除部分大型水利工程有实测供水资料外，绝大部分工程没有实测资料。本次供水量调查，对无实测资料的供水量主要根据灌溉面积、工业产值，参照其他条件相近的实际毛灌溉定额或毛取水定额等资料进行估算。

可供水量是指不同水平年不同来水情况下，考虑来水和用水条件，通过各项工程设施，在合理开发利用的前提下，能满足一定的水质要求，可供各部门使用的水量。

流域内可供水量计算按照以下原则：引、提水工程（含地下水井）供水能力中的供水量为可供水量，即不含余水；大中型水库取供水能力即供水量加余水量之和，即可供水量，其中余水量指年末或调节期末水库的存蓄水量；小型水库及塘坝主要根据其有效库容和复蓄指数来估算其可供水量；工业和城镇生活、农村人畜供水量，按“总量控制，定额管理”的原则确定其供水量。

表4-2 修河流域2007年供水基础设施情况

设区市	工程规模	蓄水工程				引水工程			提水工程			水井工程			总计	
		数量/座	总库容/万 m^3	兴利库容/万 m^3	现状供水能力/万 m^3	数量/处	引水规模/(m^3/s)	现状供水能力/万 m^3	数量/处	提水规模/(m^3/s)	现状供水能力/万 m^3	水井数/眼	其中:配套机电井数/眼	现状供水能力/万 m^3	工程数量/处	现状供水能力/万 m^3
南昌市	大型															
	中型															
	小型	127	8 778		6 938	47	13.5	2 566	89	7.2	1 947				263	11 451
	塘坝	667	1 180		1 051										667	1 051
	小计	794	9 958		7 989	47	13.5	2 566	89	7.2	1 947	120	48	855	1 050	13 357
九江市	大型	1	792 000	344 000	14 135										1	14 135
	中型	5	21 671	12 568	11 819										5	11 819
	小型	253	20 413		17 893	2 834	9	19 481	434	8.2	10 384				3 521	47 758
	塘坝	6 129	9 554		7 961										6 129	7 961
	小计	6 388	843 638	356 568	51 808	2 834	9	19 481	434	8.2	10 384	1 400	449	5 329	11 056	87 002
宜春市	大型					1	40.0	16 623							1	16 623
	中型	6	19 440	15 380	10 893										6	10 893
	小型	149	11 965		7 687	3 604	8.4	24 909	172	19.9	11 405				3 925	44 001
	塘坝	1 155	1 838		1 323										1 155	1 323
	小计	1 310	33 243	15 380	19 903	3 605	48.4	41 532	172	19.9	11 405	285	89	1 578	5 372	74 418
总计	大型	1	792 000	344 000	14 135	1	40.0	16 623							2	30 758
	中型	11	41 111	27 948	22 712										11	22 712
	小型	529	41 156		32 518	6 485	30.9	46 96	695	35.3	23 736				7 709	103 210
	塘坝	7 951	12 572		10 335										7 951	10 335
	小计	8 492	886 839	371 948	79 700	6 486	70.9	63 579	695	35.3	23 736	1 805	586	7 761	17 478	174 777

修河流域 2007 年供水量 16.99 亿 m^3，其中蓄水工程供水 7.75 亿 m^3，引水工程供水 6.18 亿 m^3，提水工程供水 2.31 亿 m^3，地下水井提水 0.75 亿 m^3。

4.2.1.4 用水量

1. 农业灌溉用水量

现状流域农业灌溉用水量根据有效灌溉面积、综合亩净灌溉定额，并考虑灌溉水利用系数进行计算。流域现状有效灌溉面积 155.00 亩，灌溉水利用系数约为 0.43。据虬津等主要测站的径流资料分析，修河流域 2007 年来水量略低于现状平水年来水量，并且年内分布不均，灌溉主用水期降水较少，来水偏枯。全流域 2007 年综合亩净灌溉定额为 380 m^3/亩，现状平水年（$P=50\%$）为 345 m^3/亩、偏枯年（$P=75\%$）为 402 m^3/亩、枯水年（$P=90\%$）为 447 m^3/亩。

经分析计算，修河流域 2007 年农业灌溉用水量 136 976 万 m^3，现状不同保证率农业灌溉用水量分别为：平水年 124 359 万 m^3、偏枯年 144 906 万 m^3、枯水年 161 131 万 m^3。

2. 工业用水量

修河流域现有水电、物流、机电、电子、水电、化工、食品、建材等为支柱的工业产业，2007 年工业增加值 94.80 亿元。

工业用水计算涉及工业发展、布局、工业结构、技术水平及节水等技术经济问题，由于流域内无火电厂，工业用水只计算一般工业。经分析计算，2007 年修河流域工业用水量为 20 857 万 m^3。

3. 第三产业用水量

第三产业用水量计算方法与一般工业用水量计算方法相同，通过工业增加值用水定额法计算。修河流域 2007 年第三产业增加值为 53.27 亿元。经分析计算，修河流域 2007 年第三产业用水量为 1 598 万 m^3。

4. 生活用水量

修河流域 2007 年城市供水人口 47.5 万人，根据流域内各城市居民生活用水情况，确定现状城市居民生活用水定额，计算城市生活用水量。经分析计算，修河流域 2007 年城市居民生活用水量（包括建筑业）为 3 293 万 m^3。

农村用水量包括农村居民生活用水和牲畜饮水，通过农村人口和牲畜头数，结合居民生活用水定额和牲畜用水定额，计算农村用水量。修河流域 2007 年农村人口 184.06 万人，牲畜 101.11 万头。经分析计算，流域农村生活用水量为 6 999 万 m^3。

5. 城市生态环境用水量

城市生态用水量包括公园绿地用水和城区内的河湖补水，生态用水参照城市供水人口及城市生活用水进行估算。经分析计算，修河流域 2007 年城市生态环境用水量为 259 万 m^3。

6. 总用水量

经分析计算，修河流域 2007 年总用水量为 169 982 万 m^3，见表 4-3。

表 4-3　修河流域 2007 年用水量调查统计成果

序号	用水分类			用水量/万 m^3
1	生产用水	第一产业	农田灌溉用水	136 976
2		第二产业	一般工业用水	20 857
3		第三产业	第三产业用水	1 598
4		小计		159 431
5	生活用水	城市居民生活用水		3 293
6		农村居民生活用水		5 143
7		牲畜用水		1 856
8		小计		10 292
9	生态用水	城市生态环境用水		259
	合计			169 982

4.2.2　水资源开发、利用现状对环境的影响

从修河流域整体来看,现状流域水资源开发利用程度较低,河道外用水量占天然径流量的比例相对较小,河道外用水对河流生态环境的影响有限。目前,修河流域水资源开发、利用对环境的影响主要有以下几个方面:

(1)对枯水期生态环境产生不利影响。流域内以农业用水为主,用水高峰期为 7~10 月,其间农业用水量占全年农业用水总量的 60%以上,而同期的来水量仅占全年来水总量的 30%左右,用水量大而来水量小,河道外用水常常挤占河道生态用水,对河流水生态环境产生影响,水生物量减少,不能有效净化水质,部分水生物无法生存。

(2)根据《江西省水资源质量公报》,修河流域总体水质较好,河流水质以Ⅱ类为主,主要污染源为沿途县城、乡镇工业生活污水及农业面源污染,流经县城、乡镇河段的污染有恶化的趋势。流域内农药、化肥的大量施用,向河内倾倒垃圾,以及废污水乱排放造成部分河段水质变差,主要超标项目为氨氮和总磷等。

4.2.3　水资源综合评价

修河流域地表水资源量为 135.16 亿 m^3,地下水资源量为 33.4 亿 m^3,地表水和地下水重复计算量 33.4 亿 m^3,水资源总量为 135.16 亿 m^3。

流域内现建有各类蓄、引、提工程及地下水生产井等各类水利设施 17 478 座,现状供水能力 174 777 万 m^3。平水年($P=50\%$)可供水量 172 164 万 m^3,偏枯年($P=75\%$)可供水量 176 181 万 m^3,枯水年($P=90\%$)可供水量 156 145 万 m^3。

2007 年全流域供水量 169 982 万 m^3。流域内现状总用水量 169 982 万 m^3,其中农业灌溉用水量 136 976 万 m^3、工业用水量 20 857 万 m^3、第三产业用水量 1 598 万 m^3、城市居

民生活(含建筑业)用水量 3 293 万 m^3、农村人畜用水量 6 999 万 m^3、城市生态环境用水量 259 万 m^3。现状条件下,平水年($P=50\%$)需水量 157 365 万 m^3,偏枯年($P=75\%$)需水量 177 912 万 m^3,枯水年($P=90\%$)需水量 194 137 万 m^3,详见表 4-4。

表 4-4　修河流域现状不同保证率供需水情况　单位:万 m^3

保证率	50%	75%	90%
需水量	157 365	177 912	194 137
可供水量	164 966	177 976	174 680
余缺水量	7 601	64	19 457

修河流域现状水资源开发利用程度较低,利用率为 12.58%。从整个流域来看,现状出现平水年($P=50\%$)和偏枯年($P=75\%$)时,流域内现有水利设施可满足流域总体的用水要求;出现枯水年($P=90\%$)时,现有的水利设施供水不足。

4.3　需水预测

需水总量的大小,不仅与各用水对象规模大小以及水文气象条件有关,同时也与用水户所采用的不同节水方式有关。根据不同的节水力度,本规划对经济社会需水量提出两套预测成果,即"基本方案"及"推荐方案"成果。"基本方案"为在现状节水水平和相应节水措施基础上,基本保持现有的节水投入力度,并考虑用水定额和用水量的变化趋势所确定的需水方案。"基本方案"在节水资金的投入上较为经济。在"基本方案"基础上,进一步加大节水投入力度,强化需水管理,抑制需水过快增长,进一步提高用水效率和节水水平等各种措施后,所确定的需水方案(强化节水方案)为本规划的"推荐方案"。在"推荐方案"条件下,节水投入要明显加大,节水效果也有明显体现,对经济社会的可持续发展和自然环境的保护更为有利。

本规划主要对生产、生活各部门在"推荐方案"条件下的需水量预测过程及预测成果进行阐述,而对于"基本方案"的预测成果,主要用于与"推荐方案"成果作对比分析。

经济社会需水量的预测,即首先分析预测经济社会用水各部门用水对象不同水平年的发展规模,同时分析该用水对象相应水平年的用水定额,依此求得该用水对象各水平年的需水量,最后求得全流域各水平年的需水总量。

4.3.1　节水潜力分析

节约用水是解决水资源供需矛盾的重要举措,是建设资源节约型、环境友好型社会的迫切要求。应以节水促减排为重点,逐步建成制度完备、设施完善、用水高效、生态良好、发展科学的节水型社会。

通过采用节水灌溉措施,减少蒸发与渗漏损失,提高农业用水效率,减轻面源污染;通过循环用水,提高工业用水的重复利用率,降低用水定额和减少排污量;通过推广节水器具,减小管网漏损率,减少城市生活用水浪费。加强宣传,提高全民节水意识,倡导节水生活方式，利用市场价格杠杆引导生产与生活节水，推动产业结构调整和发展方式转变；强化管理，建立最严格的水资源管理制度，保证节水目标的实现。

通过采取上述节水措施，按照实行最严格的水资源管理制度的要求，建立覆盖全流域的取用水总量控制指标体系，强化用水定额管理。预计到 2020 年，多年平均情况下，修河流域万元工业增加值用水量控制在 55~74 m^3，工业用水重复利用率达到 80%，农业灌溉用水有效利用系数达到 0.55，城镇供水管网漏损率控制在 10%以内，节水器具普及率达到 65%；到 2030 年，水资源利用效率进一步提高，万元工业增加值用水控制在 30~39 m^3，工业用水重复利用率达到 85%，农业灌溉用水有效利用系数达到 0.60，城镇供水管网漏损率控制在 5%，节水器具普及率达 80%。

由此可初步估算修河流域规划 2020 年节水潜力为 42 881 万 m^3，其中农业节水 40 706 万 m^3，工业节水 1 359 万 m^3，城镇居民生活、建筑业和第三产业节水 816 万 m^3；规划 2030 年节水潜力为 21 775 万 m^3，其中农业节水 18 711 万 m^3，工业节水 1 361 万 m^3，城镇居民生活、建筑业和第三产业节水 1 703 万 m^3。

4.3.2　农村需水量

4.3.2.1　农业需水量

参照《江西省农田灌溉规划》中修河流域内各县灌溉规划成果，预测 2020 年流域内有效灌溉面积 196.07 万亩；2030 年流域内有效灌溉面积 220.16 万亩。灌溉水利用系数 2020 年为 0.55，2030 年为 0.60。

流域以种植水稻为主，但也有个别区域的主要作物为其他作物，由于流域内各种地形条件错综复杂，降水量在年内、年际和不同地域上的分配不均匀，所以在同一年内，各地各类作物的灌溉定额有明显差异。根据修河流域各地降雨和水文蒸发资料，并结合当地实际，确定修河流域综合灌溉净定额，具体见表 4-5。

表 4-5　修河流域综合净灌溉定额成果　　单位：m^3/亩

频率	综合净灌溉定额		
	基准年(2007 年)	近期(2020 年)	远期(2030 年)
50%	345	342	341
75%	402	400	399
90%	447	444	442

经分析计算，修河流域农业灌溉需水量：2020 年平水年为 121 920 万 m^3、偏枯年为 142 595 万 m^3、枯水年为 158 284 万 m^3；2030 年平水年为 125 127 万 m^3、偏枯年为 146 403 万 m^3、枯水年为 162 184 万 m^3，见表 4-6。

修河流域灌溉主用水期为 7~10 月，其间灌溉用水达到全年的高峰。结合 7~10 月间流域来水条件，分析其间农业灌溉用水情况，计算流域 7~10 月的灌溉需水量。经分析计算，全流域 7~10 月农业灌溉需水量：2020 年平水年为 84 281 万 m^3、偏枯年为 91 490 万

m^3、枯水年为 100 968 万 m^3；2030 年平水年为 86 682 万 m^3、偏枯年为 91 733 万 m^3、枯水年为 102 216 万 m^3，见表 4-6。

表 4-6　修河流域灌溉需水量预测成果　单位：万 m^3

年份	全年灌溉需水量			7~10 月灌溉需水量		
	$P=50\%$	$P=75\%$	$P=90\%$	$P=50\%$	$P=75\%$	$P=90\%$
2007	124 359	144 906	161 131	87 490	94 435	104 395
2020	121 920	142 595	158 284	84 281	91 490	100 968
2030	125 127	146 403	162 184	86 682	91 733	102 216

4.3.2.2　农村生活需水量

农村生活需水预测分居民生活需水预测和牲畜需水预测。根据预测，修河流域 2020 年和 2030 年农村总人口分别为 175.05 万人和 161.48 万人，2020 年和 2030 年流域牲畜总数分别为 131.56 万头和 155.31 万头。用水定额采用《村镇供水工程技术规范》（SL 310—2004）为分析基础资料，根据供水条件进行预测。2020 年农村居民生活用水定额为 120 L/（头・d），牲畜用水定额为 45 L/（头・d）；2030 年农村居民生活用水定额为 135 L/（人・d），牲畜用水定额为 45 L/（头・d）。

经分析计算，修河流域农村生活需水量（含牲畜用水）2020 年为 9 837 万 m^3、2030 年为 10 507 万 m^3。

4.3.3　城市需水量

城市需水预测分生活、工业、第三产业、生态四部分进行。

（1）城市生活需水量根据流域内各城市不同水平年调查和预测的用水人口以及相应水平年的综合生活用水定额，预测城市生活需水量。不同水平年各地城镇生活用水量，不仅需考虑现状情况的差异，还需考虑地区发展不平衡的差异，并需考虑器具节水的普及情况。经分析，预计到 2020 年，城镇居民生活用水综合毛定额为 210 L，城镇供水管网漏失率为 12%；到 2030 年，城镇生活用水综合毛定额为 220 L，城镇供水管网漏失率为 10%。

经分析计算，修河流域城市 2020 年、2030 年生活总毛需水量（含建筑业等公共用水）分别为 5 597 万 m^3、7 790 万 m^3。

（2）工业需水根据修河流域实际情况按定额法预测。一般工业需水量按其产值与一般工业用水定额乘积计算。经分析计算，2020 年流域工业毛需水量 24 263 万 m^3，2030 年工业毛需水量 26 153 万 m^3。

（3）第三产业需水量采用定额法预测。经分析计算，2020 年流域第三产业毛需水量 8 170 万 m^3，2030 年第三产业毛需水量 15 310 万 m^3。

（4）城市生态需水包括公园绿地用水和城区内的河湖补水，生态用水参照城市供水人口及城市居民生活用水进行估算。经分析计算，流域农村生活需水量 2020 年为 810 万 m^3，2030 年为 1 124 万 m^3。

综上所述,修河流域城市总需水量 2020 年为 38 840 万 m^3、2030 年为 50 377 万 m^3。

4.3.4　需水总量

经分析计算,修河流域 2020 年需水总量平水年为 170 597 万 m^3、偏枯年为 191 272 万 m^3、枯水年为 206 961 万 m^3;2030 年平水年为 186 011 万 m^3、偏枯年为 207 287 万 m^3、枯水年为 223 068 万 m^3,见表 4-7。

表 4-7　修河流域需水预测成果　　单位:万 m^3

代表年	2020 年			2030 年		
频率	$P=50\%$	$P=75\%$	$P=90\%$	$P=50\%$	$P=75\%$	$P=90\%$
农业灌溉用水	121 920	142 595	158 284	125 127	146 403	162 184
工业用水	24 263	24 263	24 263	26 153	26 153	26 153
第三产业用水	8 170	8 170	8 170	15 310	15 310	15 310
城市居民生活用水	5 597	5 597	5 597	7 790	7 790	7 790
城市生态用水量	9 837	9 837	9 837	10 507	10 507	10 507
农村生活用水量	810	810	810	1 124	1 124	1 124
合计	170 597	191 272	206 961	186 011	207 287	223 068

4.4　可供水量分析

4.4.1　可供水量分析计算方法

可供水量预测是在对现有供水设施的工程布局、供水能力、运行状况,以及水资源开发利用程度与存在问题等综合调查分析的基础上,考虑供需水发展水平,预测供水设施的可供水量。

可供水量的预测主要包括蓄、引、提等水利工程的可供水量预测,供给工业、城乡生活、人畜等供水工程的可供水量按照“以需定供”的原则确定,农业灌溉供水工程的可供水量预测则需根据水平年来水情况、农业发展水平,结合有效灌溉面积进行确定。

4.4.1.1　蓄水工程

对大中型水库工程采用长系列径流调算的成果。本次长系列调算的大中型水库共有 12 座(仅为发电没有其他供水任务的水库未计)。大中型水库工程长系列径流调节计算,以月为时段进行操作。径流资料系列为 1956~2007 年共 52 年,用水主要为农业灌溉和城镇工业及生活。根据江西省病险水库除险加固规划及除险加固建设情况,计划 2020 年可全部完成病险水库除险加固建设,因此规划水平年各水库调节库容考虑病险水库的全部调节库容。

径流调节计算时,当水库可调水量大于灌溉和城镇工业及生活需水量时,灌溉和城镇工业及生活需水量即为水库可供水量,当水库可调水量小于灌溉和城镇工业及生活需水量时,水库可调水量即为水库可供水量。水库来水量与水库弃水量之差即为水库可调水量。径流调节计算方法及步骤如下。

1. 各水库坝址径流

江西省各水库坝址年、月径流资料采用水资源综合规划径流系列,统一为1956~2007年共52年。径流调节时段以月为单位进行。

2. 各水库灌溉需水过程

各水库灌溉需水量,根据灌溉规划提供的各分区单位亩灌溉定额与水库灌溉面积乘积计算,系列长度与径流相同。本次暂定:现状年灌溉面积采用现状有效灌溉面积,2020年及2030年规划水平年水库灌溉面积采用水库设计灌溉面积。

3. 供水量预测调节计算方法

水库供水量预测调节计算采用时历法以月为单位进行。水库径流调节计算原则为:当水库蓄水量大于灌溉用水量,则灌溉用水量即为供水量,否则灌溉用水量减水库蓄水量为缺水量。当年初水库蓄水量大于水库调节库容的1/2时,按1/2调节库容作为年初水库蓄水量。

小型水库、塘堰工程,采用兴利库容乘复蓄系数法估算。通过对修河流域有关中小型、塘堰工程的分类调查,对复蓄系数进行分析。拟定小型水库在$P=50\%$、$P=75\%$、$P=90\%$的来水情况下的复蓄系数为1.2~1.6,塘堰工程在$P=50\%$、$P=75\%$、$P=90\%$的来水情况下的复蓄系数为1.5~2.0,具体采用成果见表4-8。

表4-8　修河流域小型水库、山塘堰蓄水工程复蓄系数成果

工程	频率		
	$P=50\%$	$P=75\%$	$P=90\%$
小型水库	1.6	1.3	1.2
山塘堰	2.0	1.7	1.5

4.4.1.2　引水工程

修河流域万亩以上引水工程共1座,万亩以上引水工程可供水量亦采用长系列资料进行调算,当水源来水量大于需水量时,以需水量作为可供水量;当水源来水量小于需水量时,以来水量作为可供水量。万亩以下引水工程可供水量根据调查供水量进行估算。修河流域全部引水工程可供水量根据调查供水量进行估算,同时考虑城镇供水新增的引水工程引用水量。

4.4.1.3　提水工程

同引水工程一样,提水工程的可供水量,根据调查供水量进行估算,提水工程中的地下水可供水量在基准年不同保证率的供水预测中采用同一数值。

4.4.2　基准年供水能力分析

基准年(2007 年)可供水量的计算,是在现状调查评价的基础上,分析现有供水基础设施的工程布局、供水能力、运行状况及水资源开发程度,按照供需节点计算地表水、地下水工程在 $P=50\%$、$P=75\%$、$P=90\%$ 3 个不同保证率条件下的可供水量。

修河流域基准年不同保证率可供水量平水年($P=50\%$)为 164 966 万 m^3,偏枯年($P=75\%$)为 177 976 万 m^3,枯水年($P=90\%$)为 174 680 万 m^3。具体详见表 4-9。

表 4-9　修河流域零方案供水量预测　　单位:万 m^3

年份	可供水量		
	$P=50\%$	$P=75\%$	$P=90\%$
2007	164 966	177 976	174 680
2020	173 611	185 470	182 826
2030	175 827	187 578	184 676

4.4.3　规划水平年供水预测

以现状工程的供水能力(不增加新工程和新供水措施)与各水平年正常增长的需水要求(不考虑新增节水措施需水预测基本方案),组成不同水平年的一组方案,称为零方案。对于供水预测的零方案,是以 2007 年现状基准年具有的供水工程为基础,考虑对病险水库进行除险加固(至 2020 年前全部完成),对部分灌区续建配套后,在不同水平年不同保证率所能提供的供水量。

4.4.3.1　零方案供水预测

零方案供水预测共包括基准年(2007 年)、2020 年、2030 年 3 个水平年,保证率分别为 $P=50\%$、$P=75\%$、$P=90\%$的多个零方案。受条件限制,在零方案中未考虑水库老化、泥沙淤积等影响工程供水能力的问题。

经分析计算,不考虑新建工程,仅考虑对现有病险水库进行除险加固,对现有灌区工程进行续建配套与更新改造。在不考虑新建工程的情况下,修河供水能力预测结果见表 4-9。修河流域不同水平年不同保证率全年可供水量 2020 年平水年($P=50\%$)为 173 611 万 m^3、偏枯年($P=75\%$)为 185 470 万 m^3、枯水年($P=90\%$)为 182 826 万 m^3;2030 年平水年($P=50\%$)为 175 827 万 m^3、偏枯年($P=75\%$)为 187 578 万 m^3、枯水年($P=90\%$)为 184 676 万 m^3。

4.4.3.2　基本方案供水预测

基本方案可供水量的计算,是在现状水资源开发利用状况的基础上,在妥善处理开发与保护的关系、加强水环境保护的前提下,对现有灌区工程进行续建配套与节水改造,调整农业种植结构,推广科学的农业灌溉方式,提高水的利用率和渠道水利用系数,加强用水定额管理,达到农业节水增产。同时,依据城乡居民生活的发展水平,对现有供水工程进行改扩建,新建部分集中式供水工程,加大供水工程的供水能力,加强城市和工业节水工作,通过循环用水,提高用水的重复利用率;注重生产生活环境的改善,合理安排生态环境用水,保持河道外生态环境用水的增长;强化水资源统一管理,改革水资源管理体制,实现城市与农村、水量与水质、地表水和地下水、供水与需水的水资源统一管理。

为适应经济社会发展对水资源利用的需求,在规划期内,对现有灌溉面积进行节水改造,农业用水量有较大的降低。同时,规划兴建灌溉、供水等地表水水源工程。根据灌溉、供水工程规划,规划新建(包括在建)的大中型蓄水工程共 9 座,其中大型水库 1 座(鹅婆岭),中型水库 5 座(吊钟、东坑、南茶、九龙、大屋)。对上述规划的大中型水库逐座进行调节计算,按各水库的控制流域面积与相应的径流系列、供水对象与需水过程,求出各水库的可供水量及对应的技术经济指标。规划小型蓄、引、提水工程分区打捆计算。根据水资源情况,规划新增的城镇供水提水工程,仍按以需定供确定供水量;小型农村地表水与地下水提水工程,也采用以需定供确定可供水量。修河流域基本方案供水能力预测结果见表 4-10。

表 4-10　修河流域基本方案供水量预测　　单位:万 m^3

年份	可供水量		
	$P=50\%$	$P=75\%$	$P=90\%$
2007	164 966	177 976	174 680
2020	182 997	202 737	201 345
2030	197 579	217 900	216 041

由预测成果可知,修河流域不同水平年基本方案不同保证率全年可供水量 2020 年平水年($P=50\%$)为 182 997 万 m^3、偏枯年($P=75\%$)为 202 737 万 m^3、枯水年($P=90\%$)为 201 345 万 m^3;2030 年平水年($P=50\%$)为 197 579 万 m^3、偏枯年($P=75\%$)为 217 900 万 m^3、枯水年($P=90\%$)为 216 041 万 m^3。

4.5　水资源供需平衡分析与配置

水资源配置在多次供需反馈并协调平衡的基础上,一般进行 2~3 次水资源供需平衡分析。水资源供需平衡分析是以各项工程设施供水量与各项需水量(农业灌溉、工业、城乡生活等)进行水量平衡分析。一次供需平衡分析是考虑人口的自然增长、经济的发展、城市化程度和人民生活水平的提高,按供水预测的“无新建水源工程的方案”,即在现状水资源开发利用格局和发挥现有供水工程潜力的情况下,进行水资源供需平衡分析。若一次供需平衡分析有缺口,则在此基础上进行二次供需平衡分析,即考虑强化节水、污水处理再利用、挖潜配套以及合理提高水价、调整产业结构、合理抑制需求和保护生态环境等措施进行水资源供需平衡分析。若二次供需平衡分析仍有较大缺口,应进一步加大调整经济布局和产业结构及节水的力度,具有跨流域调水可能的,应考虑实施跨流域调水,并进行三次供需平衡分析。

随着修河流域经济的持续增长、人口的不断增加、城镇化和工业化进程的加快，对水资源的需求将不断增长，水资源开发利用与环境保护的矛盾将日益突出。在进行水资源供需配置时，须遵循如下基本原则：全面节约、有效保护、合理开源，实现水资源的可持续利用；推行节水减污政策，促进经济增长方式的转变。

4.5.1 基准年水资源供需分析

在水资源开发利用现状调查评价的基础上，扣除现状供水中不合理开发的水量部分，并按不同频率的来水和需水进行供需分析。利用基准年的可供水量、现状经济社会发展和工农业产业结构条件下的需水量，根据供需平衡计算原则，基准年供需平衡计算结果见表 4-11。

表 4-11 基准年供需平衡计算结果

保证率	$P=50\%$	$P=75\%$	$P=90\%$
可供水量/万 m^3	164 966	177 976	174 680
需水量/万 m^3	157 365	177 912	194 137
余水量/万 m^3	7 601	64	
缺水量/万 m^3			19 457
缺水率/%			10.02

由基准年供需平衡分析可知，平水年（$P=50\%$）和偏枯年（$P=75\%$）需水能得到满足；全流域枯水年（$P=90\%$）各行业毛需水量为 194 137 万 m^3，工程供水总量为 174 680 万 m^3，缺水量 19 457 万 m^3，缺水率为 10.02%。

根据基准年的供需平衡分析结果，在现状供水工程和经济社会发展正常需水状况与枯水年来水条件下，存在缺水现象，供水满足程度不高。分析原因主要有以下几个方面：供水工程不足，缺乏大型调控工程，而且工程布局不合理，枯季缺水尤为严重；流域水资源量时空分布不均，特别是广大丘陵地区，水资源量缺乏较为严重；社会节水意识淡薄，用水浪费现象较普遍，城市自来水管网漏失率高，工业用水重复率不高，这些也是缺水问题严重的原因之一。

4.5.2 规划水平年供需分析

按照水资源一次平衡思想，在现状供水条件与各规划水平年正常需水增长的情况下，进行修河流域水资源系统的水资源配置计算，得出现状水资源开发利用格局和发挥现有供水工程潜力情况下的水资源供需平衡结果。表 4-12 反映了修河流域用水的一次供需平衡分析结果。

表 4-12　修河流域用水一次供需平衡分析结果

水平年	2020 年			2030 年		
频率	$P=50\%$	$P=75\%$	$P=90\%$	$P=50\%$	$P=75\%$	$P=90\%$
可供水量/万 m^3	173 611	185 470	182 826	175 827	187 578	184 676
需水量/万 m^3	170 597	191 272	206 961	186 011	207 287	223 068
缺水量/万 m^3		5 802	24 135	10 184	19 709	38 392
缺水率/%		3. 03	11. 66	5. 47	9. 51	17. 21

根据供需水平衡分析结果，在现状供水能力的情况下，2020 年和 2030 年流域在不同保证率来水情况下都存在缺水情况，且缺水较多，尤其是在枯水年缺水程度比较严重。2020 年枯水年($P=90\%$)流域各用水部门总需水 206 961 万 m^3，各水利工程可供水量 182 826 万 m^3，缺水 24 135 万 m^3，缺水率为 11. 66%；2030 年枯水年($P=90\%$)流域各用水部门总需水 223 068 万 m^3，各水利工程可供水量 184 676 万 m^3，缺水 38 392 万 m^3，缺水率为 17. 21%。

流域缺水主要集中体现在流域的主供水期 7~10 月，对于工业、生活、河道外生态等用水行业来说，该时段用水与全年用水水平基本持平，但对于农业而言，该时期为农业灌溉用水高峰期，而流域降水量相对较少，供需水矛盾比较突出。

2020 年枯水年($P=90\%$)7~10 月流域各用水部门总需水量 119 690 万 m^3，各水利工程可供水量 106 039 万 m^3，缺水 13 651 万 m^3，缺水率为 11. 41%；2030 年枯水年 7~10 月流域各用水部门总需水量 123 210 万 m^3，各水利工程可供水量 108 035 万 m^3，缺水 15 175 万 m^3，缺水率为 12. 32%，见表 4-13。

2020 年枯水年全年缺水量为 24 135 万 m^3，其中 7~10 月缺水量为 13 651 万 m^3，占全年缺水量的 56. 56%；2030 年枯水年全年缺水量为 38 392 万 m^3，其中 7~10 月缺水量为 15 175 万 m^3，占全年缺水量的 39. 53%。

表 4-13　修河流域一次平衡 7~10 月水资源供需平衡分析结果

水平年	2020 年			2030 年		
频率	$P=50\%$	$P=75\%$	$P=90\%$	$P=50\%$	$P=75\%$	$P=90\%$
可供水量/万 m^3	102 430	111 282	106 039	105 496	112 547	108 035
需水量/万 m^3	103 752	115 570	119 690	106 977	118 204	123 210
缺水量/万 m^3	1 322	4 288	13 651	1 481	5 657	15 175
缺水率/%	1. 27	3. 71	11. 41	1. 38	4. 79	12. 32

修河流域水资源总量较丰富，但水资源时空分布不均匀，枯水期普遍存在缺水情况，其中流域中下游地区农业灌溉缺水情况相对较突出，修河枯水期的引水流量得不到保证，

枯水期灌溉用水比较紧张。因此,需要新建工程来解决用水矛盾。

为适应经济社会发展对水资源利用的需求,在规划期内,对现有灌溉面积进行节水改造,农业用水有较大的降低。同时,规划兴建灌溉、供水等地表水水源工程,规划在 2020 年以前规划完成 427 座(包括 2 座大型灌区、21 座中型灌区、404 座小型灌区及部分 200 亩以下灌溉片)现有灌区续建配套节水改造及 2 座新建中型灌区建设,建成鹅婆岭、吊钟等 6 座大中型水利枢纽工程,同时对潦河灌区等大型灌区进行续建配套改造;规划 2021~2030 年期间完成 740 座现有小型灌区及 200 亩以下现有灌溉片续建配套节水改造及新建 40 座小型灌区建设,至 2030 年完成修河流域灌区及 200 亩以下灌溉片骨干工程、末级渠系、田间工程的加固配套及节水改造。规划实施后,可以大大提高供水能力。修河流域规划实施后的供水能力见表 4-14。

表 4-14 修河流域用水二次供需平衡分析结果 单位:万 m^3

供用水量	2020 年			2030 年		
	$P=50\%$	$P=75\%$	$P=90\%$	$P=50\%$	$P=75\%$	$P=90\%$
供水量	182 997	202 737	201 345	197 579	217 900	216 041
需水量	170 597	191 272	206 961	186 011	207 287	223 068
余水量	12 400	11 465		11 568	10 613	
缺水量			5 616			7 027
缺水率/%			2. 71			3. 25

表 4-14 反映了修河流域用水的第二次供需平衡分析结果。从供需平衡分析结果来看,2020 年和 2030 年在丰水年和偏枯水年用水量均能够满足,在枯水年分别缺水 5 616 万 m^3、7 027 万 m^3,缺水率分别为 2. 71%和 3. 25%,缺水量不大,通过加大调整经济布局和产业结构及节水的力度进行解决,同时通过兴建抗旱水源工程加以解决。

二次平衡后,2020 年枯水年($P=90\%$)7~10 月流域各用水部门总需水 119 690 万 m^3,各水利工程可供水量 116 780 万 m^3,缺水 2 910 万 m^3,占全年缺水量的 51. 81%,缺水率为 2. 43%;2030 年枯水年 7~10 月流域各用水部门总需水 123 210 万 m^3,各水利工程可供水量 118 823 万 m^3,缺水 4 387 万 m^3,占全年缺水量的 62. 44%,缺水率为 3. 56%,见表 4-15。

表 4-15 修河流域二次平衡 7~10 月水资源供需平衡分析结果

水平年	2020 年			2030 年		
频率	$P=50\%$	$P=75\%$	$P=90\%$	$P=50\%$	$P=75\%$	$P=90\%$
可供水量/万 m^3	104 308	117 587	116 780	108 668	119 845	118 823
需水量/万 m^3	103 752	115 570	119 690	106 977	118 204	123 210
缺水量/万 m^3			2 910			4 387
缺水率/%			2. 43			3. 56

4.5.3 水资源配置

水资源配置是指在流域或特定的区域范围内，遵循高效、公平和可持续的原则，通过各种工程措施与非工程措施，考虑市场经济的规律和资源配置准则，通过合理抑制需求、有效增加供水、积极保护生态环境等手段和措施，对多种可利用的水源在区域间和各用水部门间进行的调配。

4.5.3.1 水资源总体配置

修河流域水量比较充沛，多年平均水资源总量为135.16亿m^3。本流域水资源总体配置将在可持续性、有效性、公平性、系统性等原则的指导下，在现状供需分析和对各种合理抑制需求、有效增加供水、积极保护生态环境的可能措施进行组合及分析的基础上，按照实行最严格水资源管理制度的要求，进行面向区域经济社会可持续发展和流域水资源可持续利用的水资源合理配置，以达到人与自然的和谐共存。总体思路是：实行用水总量控制，科学调整用水结构，缓慢压减农业用水量，适度增加生活和工业用水量，合理提高建筑业、第三产业以及生态环境用水；同时对多种水源进行合理调配，增加特殊干旱情况下的供水量，提高供水保证率。

国务院于2013年1月2日印发了《实行最严格水资源管理制度考核办法》，提出了各省、自治区、直辖市用水总量控制目标，江西省用水总量2020年和2030年分别控制在260.00亿m^3和264.63亿m^3。结合《全国水资源综合规划》、长江流域综合规划报告(2009年修订)，确定修河流域在多年平均情况下，2020年用水总量控制在15.3亿m^3以内，2030年用水总量控制在15.57亿m^3以内。

4.5.3.2 不同行业水源配置

在水资源配置中，既要考虑水资源的有效供给保障经济社会的发展，同时经济社会发展也要适应水资源条件，根据水资源的承载能力确定产业结构与经济布局，通过水资源的高效利用促进经济增长方式的转变，合理配置“三生”用水，保障居民生活水平提高、经济发展和环境改善的用水要求。

根据本流域水资源利用分析计算成果，2020年，多年平均情况下，修河流域工业、农业、生活(含建筑业和第三产业，下同)、河道外生态供水量分别为24 263万m^3、104 323万m^3、23 604万m^3、810万m^3，供水的比例将由现状的13.40∶87.97∶7.64∶0.17调整为15.86∶68.18∶15.43∶0.53。2030年，多年平均情况下，修河流域工业、农业、生活、河道外生态供水量分别为26 153万m^3、94 816万m^3、33 607万m^3、1 124万m^3，供水的比例进一步调整为16.8∶60.9∶21.58∶0.72，与水资源配置总体思路相符，详见表4-16。

表4-16 修河流域规划水平年不同行业水量配置

水平年	供水量及供水比例	工业	农业	生活	生态	合计
2020年	供水量/万m^3	24 263	104 323	23 604	810	153 000
	供水比例/%	15.86	68.18	15.43	0.53	100

续表 4-16

水平年	供水量及供水比例	工业	农业	生活	生态	合计
2030 年	供水量/万 m^3	26 153	94 816	33 607	1 124	155 700
	供水比例/%	16.80	60.90	21.58	0.72	100

此外,根据水资源配置成果,本流域 2020 年和 2030 年的水资源开发利用率分别为 11.3%和 11.5%,均低于现状基准年开发利用水平,落实了最严格水资源管理制度,节水潜力得到了充分发挥,水资源利用效率有了很大提高。

4.5.3.3 城乡供水量配置

随着经济的可持续发展,本流域的城镇化率将不断提高,城镇工业也将以较高的速度增长,对城镇供水的数量和质量都将提出更高的要求。同时,流域内农业灌溉面积也将维持一定的增长速度,农田灌溉的保证率需要提高。因此,根据建设资源节约型和环境友好型社会的要求,合理配置水资源在城镇与农村用水之间的组成,保证城乡协调发展。

2020 年,多年平均情况下,规划修河流域总供水量 11 400 万 m^3,其中城镇供水量 2 216 万 m^3,农村供水量 9 184 万 m^3,其比例由现状的 11.92∶88.08 调整为 19.44∶80.56;2030 年修河流域总供水量 11 600 万 m^3,其中城镇用水量 3 012 万 m^3,农村用水量 8 588 万 m^3,比例进一步调整为 25.97∶74.03。总的趋势是城镇用水所占比例逐年增加,农村用水所占比例逐年减少。

4.5.3.4 供水水源配置

根据供需平衡分析结果及流域各区域的水资源条件和开发利用水平,合理调配地表水、地下水,以保障流域经济社会的可持续发展。到 2020 年,多年平均情况下,修河流域总供水量 153 000 万 m^3,其中地表水 145 239 万 m^3、地下水 7 761 万 m^3。2030 年,多年平均情况下,修河流域总供水量 155 700 万 m^3,其中地表水 147 939 万 m^3、地下水 7 761 万 m^3。供水以地表水为主,其供水能力占总供水量的 94%以上。因此,为保证地表水供水量的增长,应加快控制性骨干工程建设,尤其是大中型蓄水、引水工程,一些规模小、保证率低、渗漏严重的小型引水工程应被淘汰,从而有效提高供水保障能力和供水保证率,增强流域的抗旱能力,见表 4-17。

表 4-17 修河流域规划水平年城乡供水量配置和供水配置成果

水平年	供水量及供水比例	城镇	农村	地表水	地下水	合计
2020	供水量/万 m^3	38 840	114 160	145 239	7 761	153 000
	供水比例/%	25.39	74.61	94.93	5.07	100
2030	供水量/万 m^3	50 377	105 323	147 939	7 761	155 700
	供水比例/%	32.36	67.64	95.02	4.98	100

4.6　特殊干旱期应急对策

为保障特殊干旱期的供水安全,修河流域内县级以上城镇应制订应急供水方案,建立分工明确、责任到位、统一调度的应急处理机制,提高干旱缺水的应对能力,确保生产、生活和生态用水安全,避免对流域内经济、生活造成较大影响。

特殊干旱缺水应急措施主要包括:建立和完善监测预报系统;建立应急期指挥机构,统一协调指挥应急供水方案的实施;推行抗旱预案工作制度,在发生不同频次的干旱时,依据相应的预案科学调配水资源,采取相应的措施;建立应急供水秩序,统一调度供水水源;全面推进节水型社会建设等。

第 5 章　防洪减灾

5.1　防洪规划

5.1.1　洪水灾害

修河流域具有典型的南方山区性河流特性,多暴雨且强度大,易发生连续降水,洪水起涨较快,洪峰持续时间短,但也经常出现复峰现象。主要暴雨洪水多发生在 4~6 月,特殊年份受台风影响,7~9 月局部地区也会发生暴雨洪水。另外,鄱阳湖洪水除受五河(指赣江、抚河、信河、饶河、修水,下同)来水影响外,还受长江洪水影响,鄱阳湖高水位一般出现在 7~9 月。因此,修河洪水与鄱阳湖洪水也有遭遇的可能,如 1954 年和 1983 年两次大洪水就是典型。

修河流域历年来洪水灾害频发,自唐元和二年(807 年)至 1949 年流域发生水灾 183 次,中华人民共和国成立后至 2004 年又发生较大水灾 9 次,大水年平均洪灾面积达 3.3 万 hm^2。流域发生较为典型的洪水年份有 1954 年、1955 年、1973 年、1998 年和 2010 年。

1954 年长江发生全流域洪水,长江和鄱阳湖水位急剧上涨,7 月 16 日,九江、湖口水位分别达 22.08 m(吴淞)和 21.68 m(吴淞),同日,安义、奉新、靖安县城浸水,安义县万家埠大桥被冲断,17 日永修永兴、三角、九合诸圩相继溃决,南浔铁路中断。

1955 年 6 月下旬,修、潦河全流域普降暴雨,柘林断面洪峰流量达 12 100 m^3/s。23 日永修县水位超记录,达 22.81 m(吴淞),堤防全溃,灾情最为严重。

1973 年 6 月 20~25 日,赣北连降大到暴雨。20 日暴雨中心在修河中下游,以后几天或东或西,呈带状分布。25 日修河高沙水文站水位达 99 m(吴淞),洪峰流量 9 200 m^3/s,为历史有实测资料以来最大值。洪水造成铜鼓、靖安、奉新、安义等县城普遍浸水,电信中断,公路被毁,柘林水库汛情紧张,已做好炸副坝准备,幸亏预报及时,库水位止于 60.35 m(吴淞)后开始下降,避免了破坝损失。

1998 年流域下游大洪水,永修水位站出现了有记录以来历史最高水位 23.48 m(吴淞),永修县溃决圩堤 19 座,受灾人口 27.2 万人,因灾死亡 10 人,农作物绝收面积 3.8 万 hm^2,倒塌民房 49 637 间,直接经济损失 14.9 亿元。

2010 年 6 月中旬开始,流域内各地连日普降大到暴雨,局部出现特大暴雨,修水、靖安、奉新、武宁等县降雨量均超过 100 mm,其中修水县 24 h 平均降雨量 118 mm。受其影响,修河及其主要支流河流水位暴涨,出现自 1998 年以来首次超警戒洪水,铜鼓县大塅水库、修水县东津水库相继泄洪。6 月 20 日,修水县城段洪峰流量达 4 980 m^3/s,比 1998 年最大洪峰流量 4 500 m^3/s 还要多 480 m^3/s,全县 36 个乡(镇)受灾,河堤决口 219 处,13 座小型水库、山塘受损,受灾人口 46 万人,倒塌房屋 1 738 间,农作物受灾面积 38.2 万亩,直接经济损失 5.4 亿元。除修水县外,武宁县部分乡村公路因塌方、水淹而受阻,低洼处多处民房被淹,全县 2.2 万户电力中断。

5.1.2 防洪现状及存在的问题

5.1.2.1 流域防洪现状

修河流域防洪工程设施有堤防和水库,但目前除柘林水库外,其他水库集水面积和库容都较小,开发目标多以发电、灌溉为主,一般没有设置防洪库容,且距主要防洪保护对象较远,仅对水库下游局部河段有滞洪作用,对流域整体防洪作用甚微,流域内防洪工程主要还是由堤防工程承担。

柘林水库自 1971 年蓄水以来,为下游防洪发挥了重要作用,1973 年、1975 年、1977 年、1981 年、1983 年、1993 年和 1995 年流域均发生了较大洪水,由于修河干流洪水经柘林水库调蓄后基本得到控制,修河尾闾地区洪灾大大减轻。但是柘林水库在设计阶段拟订的防洪规划方案由于边界条件和水文情势的改变,未能完全实施。随着下游地区国民经济的发展,原规划拟订的一些围堵方案已无法实现,以现有条件为基础的柘林水库调度设计尚未进行。

修河流域内大多县城、乡(镇)都沿河兴建,人口比较密集,一直以来都是流域防洪工程建设的重点地区。目前,流域内 7 座县城沿岸都不同程度地兴建了防洪堤(墙),永修等县城已初步形成了封闭的防洪保护圈;沿河乡(镇)也大多因地制宜地兴建了堤防工程(大多为土堤),挡御外河洪水。流域内县城沿岸已兴建堤防(墙)101.65 km,为当地工农业发展、人民生命财产安全发挥了重要的保障作用。

5.1.2.2 存在的主要问题

经过历年防洪工程建设,修河流域已建成大量堤防和水库(柘林水库)等防洪工程设施,为保护流域内人民的生命财产和工农业生产的安全发挥了积极作用。但随着国民经济发展对防洪要求的不断提高,现有防洪工程建设仍难以满足经济社会发展的需求,修河流域防洪方面还存在很多问题亟待解决。

1. 县城整体防洪能力低

修河流域内县城防洪设施以堤防工程为主,但堤防防洪能力普遍不高,未达规划防洪标准要求。

流域内永修县城通过建设永北圩和三角圩,基本形成封闭的保护圈,永北圩虽经除险加固后基本达到 20 年一遇防洪标准,但三角圩目前防洪能力只有 15 年一遇左右,县城整体防洪能力仍不足 20 年一遇。流域内铜鼓、修水、武宁、安义等其余 6 座县城防洪工程均普遍存在防洪缺口,未建成完整的防护圈,整体防洪能力大多为 10 年一遇。

2. 农田防护工程建设滞后,后续工作亟待进行

修河流域已建成千亩以上圩堤 91 座(不含城防堤),堤线总长 549.38 km。已建圩堤中仅有个别规模较大的堤防完成部分堤段的除险加固工作,大多尚处于规划设计阶段。流域农田防护工程建设严重滞后,整体防洪能力仍不满足要求,亟待进行全堤段或剩余堤段的除险加固工作,以发挥其应有的防洪作用。

3. 防洪水库作用有限

修河流域防洪工程设施主要为水库和堤防。修河流域内现有大小水库数十座,但除柘林水库外,其他水库由于集水面积和库容都较小,开发的目标大多以发电、灌溉为主,一般没有设置防洪库容,且水库距离主要防护对象较远,仅对水库下游局部河段有滞洪作用,总的来说,水库(除柘林水库外)对主要防护对象的防洪作用较小。

4. 病险水库和病险水闸除险加固任务依然繁重

随着近些年水库除险加固工程的逐步实施,流域内大中型病库及部分重点小型病险水库基本上进行了除险加固,但已经完成或正在进行除险加固的水库仅占流域内全部病险水库的很小一部分,仍有大量水库待除险,特别是小(2)型水库。根据统计,修河流域现有各类病险水库391座,由于不同程度地存在诸如设计标准低、大坝坝基渗漏严重、建筑物裂缝漏水、溢洪道冲损严重以及蚁害等问题,其应有的各种效益无法发挥,且常常成为防汛的心腹之患。

流域内水闸大多数建于20世纪50~70年代。据2008年水闸安全状况普查数据统计,截至2008年底,修河流域共有小(1)型及以上规模的水闸35座,其中中型9座,小(1)型26座。已建水闸工程施工质量较差。

5. 中小河流治理相对滞后

修河流域内流域面积200 km^{2}以上的河流(含修河、潦河)有20条,沿岸分布着众多乡(镇)。但由于一直以来缺少相应的投入,乡(镇)防洪工程建设严重滞后,流域内沿岸乡(镇)88个,但仅有56个乡(镇)有断续简易的防洪设施,且绝大多数尚未进行系统的治理,防洪标准偏低,基本没有形成独立的防洪体系;仍有32个乡(镇)还处于无设防状态,乡(镇)未设防率达36%。

另外,一些中小河流水土流失严重,加之不合理的采砂以及拦河设障、向河道倾倒垃圾、违章建筑侵占河道等,致使部分河道萎缩严重,行洪能力逐步降低,对所在地区城乡的防洪安全构成严重威胁。

6. 山洪灾害总体防御体系不健全,防御能力较差

修河中上游为山区和丘陵地区,洪水涨落迅速,水量集中,集中连片的农田及村镇常受山洪暴发的短历时洪水冲击威胁。由于治理投入不足、管理薄弱等,流域内山洪灾害治理工程措施几乎空白,山洪灾害监测、预警、预报系统还不完善,山洪灾害总体防御能力较差,仍需进一步完善。

7. 防洪非工程措施还需进一步加强

防洪非工程措施是流域防洪体系的重要组成部分。经过多年来尤其是1998年后全省防汛指挥网络系统等工程的建设,流域内防洪非工程措施得到了相应的加强,但在完善水文监测系统相关政策法规、提高洪水预警预报水平、水库联合防洪调度系统建立,以及超标准洪水防御对策和调度运用方案等方面还需进一步加强。

5.1.3　防洪标准及防洪控制断面安全泄量

5.1.3.1　防洪保护对象

修河流域防洪保护对象主要有城镇、农田和铁路。流域内共有 7 座县城,各县城均为当地的政治、经济、文化、交通、信息中心,人口较为密集,县城一般坐落在修河干、支流旁,常受到修河、潦河洪水的侵袭。流域中上游的铜鼓、修水、武宁、靖安四县城,由于当地河段洪水涨落较快,洪水侵袭历时较短,洪灾相对较轻。下游的永修县城,地处修河、潦河汇合口附近,常遭受修河、潦河洪水及鄱阳湖高水位顶托的双重威胁,汛期历时长,历年防汛形势严峻。安义、奉新 2 座县城位于潦河中游,主要受潦河洪水的威胁。修河流域集中连片的农田主要分布在修河尾闾地区和潦河中下游,目前主要依靠圩堤保护。

修河、潦河尾闾地区交通发达,公路网络纵横,主要有昌九高速公路、县乡级公路等。纵贯我国南北的京九铁路,从尾闾地区南北向穿过,流域内线路长约 8.5 km,主要靠永北圩和郭东圩保护。

5.1.3.2　防洪标准

《防洪标准》(GB 50201—1994)规定,按流域内各县城规模等级及规划水平年各县城非农业人口数量,拟定本流域内各县城近期防洪标准为 20 年一遇,远期随中上游防洪水库的建成,进一步提高其防洪标准。

保护农田 5 万亩以上的圩区,近期防洪标准为 20 年一遇,远期防洪标准适当提高;保护农田 1 万~5 万亩的圩区,近期防洪标准为 10 年一遇,远期防洪标准适当提高;保护农田 0.1 万~1 万亩的圩区,近期防洪标准为 10 年一遇,远期防洪标准适当提高;保护京九铁路的永北、郭东两圩堤,近期防洪标准为 20 年一遇,远期防洪标准适当提高。

鉴于柘林水库修建时,拟定尾闾地区防洪标准为 50 年一遇,柘林水库防洪调度采用与区间洪水补偿调节方式,10 年一遇和 20 年一遇洪水最大下泄流量比较接近。因此,修河干流柘林以下各圩堤防洪标准均采用 20 年一遇。

5.1.3.3　防洪控制断面安全泄量

针对修河流域重点防洪保护对象的重要性及洪水特性,本次规划选择修河干流上的修水县、武宁县、永修县和支流潦河上的铜鼓县、奉新县、靖安县、安义县城区所在河道断面作为流域主要防洪控制断面。其中,永修县城断面安全泄量采用原规划成果,即在蚂蚁河全堵及尾闾现状情况下,结合柘林水库目前的防洪调度原则,同时考虑吴城(二)站不同顶托水位所分析计算的安全泄量(包括杨柳津河泄量),其他控制断面采用相近水文站所计算的 20 年一遇洪峰流量,通过水文比拟法求得。各防洪控制断面安全泄量见表 5-1。

表 5-1　修河流域主要防洪控制断面安全泄量计算成果

断面名称	所在河流	控制流域面积/km^2	安全泄量/(m^3/s)		备注
			$P=2\%$	$P=5\%$	
修水县城	修河干流	4 520		6 290	县城原水文站
武宁县城	修河干流	7 400		8 050	县城原水位站

续表 5-1

断面名称	所在河流	控制流域面积/km²	安全泄量/(m³/s)		备注
			P=2%	*P*=5%	
永修县城	修河干流	14 600	8 070		吴城(二)站 19.50 m(吴淞)
			7 710		吴城(二)站 20.32 m(吴淞)
			7 270		吴城(二)站 20.80 m(吴淞)
			6 600		吴城(二)站 21.30 m(吴淞)
铜鼓县城	潦河	320		1 440	石桥水河口下
安义县城	潦河	1 485		3 050	安义大桥
奉新县城	潦河	1 207		2 660	奉新水位站
靖安县城	潦河	534		1 240	马脑背水文站
万家埠	潦河	3 548		5 450	万家埠水文站

5.1.4　流域防洪方案及总体布局

5.1.4.1　修河干流

修河干流防洪保护对象主要有修水县、武宁县和永修县 3 座县城，以及干流沿岸主要乡(镇)和大片农田。根据流域的实际情况，本次规划修河干流防洪仍以堤防工程建设为主，同时通过柘林水库的调度运行，提高下游主要防护对象的防洪标准。

修河中上游为山区和丘陵地区，洪水涨落迅速，洪灾相对下游较轻。流域中上游集中连片的农田及村镇主要受到山洪暴发的短历时洪水冲击威胁，减轻此类洪水灾害的工程措施最好是水库，由于修河流域规划阶段，拟定流域中上游水利工程开发目标是以开发水能为主，因此中上游水库均未设置防洪库容。本次规划据流域中上游洪灾损失资料分析，结合流域梯级规划推荐方案，初步选择黄沙水上的彭桥、渣津水上的淹家滩、溪口水上的布甲等已建或在建的大中型水库设置一定的防洪库容，扩建杭口水上的南茶水库，同时规划新建修河干流上的夜合山、竹坪河上的沈坊、溪口水上的上庄、洋湖港水上的九龙、杨津水上的杨津和陈家渡水的大屋等具有一定防洪库容的中型水库，进而适当提高修河中上游地区的整体防洪保安能力。

修河下游地区集中了大片农田和京九铁路等重要交通设施，通过加高加固万亩以上圩堤，同时以现状条件为基础，对柘林水库的调度运行方式进行复核，依靠柘林水库有计划地拦蓄洪水，使水库下游永修县的防洪标准达到 50 年一遇，保护农田及铁路等重要堤防标准相应提高。

5.1.4.2 潦河流域

潦河流域防洪保护对象主要有奉新、靖安和安义 3 座县城及沿河两岸的村庄和大片农田。按照“上下游统筹兼顾”和“蓄泄兼筹、以泄为主”的原则，在立足加强堤防抗洪能力的同时，结合水资源的综合开发利用，在上游兴建控制性水库，逐步形成堤库结合的防洪工程体系。

在原潦河流域规划报告（1990 年宜春地区水电局编制的《修河流域潦河规划报告》）中研究了高湖、丁坑口、小湾、甘坊和鹅婆岭 5 座水库作为解决下游防洪问题的控制枢纽工程。其中，高湖水库主要承担靖安县城的防洪任务；丁坑口水库作为高湖水库的防洪补偿水库，为安义县城和北潦河北支沿江两岸的村镇及农田承担防洪任务；小湾水库由于防洪库容较小，对下游防洪作用不大；甘坊水库为南潦河上的龙头蓄水枢纽，由于距防洪控制点奉新县城较远，且控制面积小（仅占防洪代表断面以上面积的 17%），采用错峰、削峰的方式调度，对奉新县及下游有一定防洪作用；鹅婆岭水库是甘坊下游的衔接梯级，集水面积较甘坊大，对洪水的控制条件较甘坊好，主要解决奉新县城及其下游的防洪问题。

2004 年，宜春市水电勘测设计院编制了《江西省潦河流域北潦河南支规划修编报告》，基于当时流域内开发状况、沿河两岸圩堤及县城防洪设施的建设情况，对原梯级开发方案进行了一定调整，取消原规划具有灌溉、发电和防洪效益的高湖水库高坝方案，改为两级以发电为主、兼顾一定防洪灌溉的低坝方案。调整后的两级水库基本没有防洪库容，对大洪水也基本没有调节作用。2004 年 3 月，江西省水利厅主持评审了北潦河南支的规划报告，并以赣水计字〔2004〕26 号文件下发了《〈江西省潦河流域北潦河南支规划修编报告〉评审会议纪要的通知》，奉新和安义两县基本上同意北潦河南支流域规划调整。由于前述原因，本次规划近期暂不考虑高湖枢纽的防洪作用。目前丁坑口水库已作为洪屏抽水蓄能电站的下库，采用开敞式溢洪道泄洪，未设置防洪库容，暂不具备防洪作用，本阶段近期也暂不研究丁坑口水库增加防洪库容为下游安义县城防洪的问题。小湾水库已建成运行，但未设置防洪库容，对下游基本无防洪作用。甘坊水库由于淹没较大，且控制流域面积较小，对中下游防洪作用较鹅婆岭水库差。

综上所述，潦河流域防洪问题近期主要依靠堤防解决；远期通过对北潦河北支上的丁坑口水库设置一定防洪库容，同时规划兴建鹅婆岭、龙溪、高湖等水库，逐步形成“堤库结合”的防洪工程体系，将奉新、安义、靖安 3 座县城的防洪标准由 20 年一遇提高至 50 年一遇。

5.1.5 县城防洪

5.1.5.1 安义县

1. 城市概况

安义县地处江西省西北，属省会南昌市郊县，东邻湾里区，南接高安市，西南与奉新县相连，西北与靖安县接壤，东北与永修县毗邻。县政府驻龙津镇，已建城区面积 2.5 km^2，人口 6.5 万人。县城城区位于北潦河下游，北潦河从安义县城城区横穿而过，龙津镇位于北潦河左（北）岸，鼎湖镇位于北潦河右（南）岸，两镇隔河相望。

根据《安义县城总体规划（2002~2020）》，安义县龙津镇和鼎湖镇为中心城区，万埠、石鼻为中心镇,增设黄洲、新民2个建制镇,形成一个空间布局合理的县域城镇体系。以北潦河、郭家沙排洪港为界将县城城区分为3个功能区,即老城区、城南区、凤山区。北潦河以北设2个功能区,郭家沙排洪港以西为老城区,规划用地面积约3 km^2,人口4.0万人;郭家沙排洪港以东为凤山区(新城区),规划用地面积约5 km^2,人口3.5万人。北潦河以南为城南区(鼎湖镇政府所在地),规划面积约2 km^2,人口3万人。

2. 防洪治涝现状

安义县城区的河堤有安义县城(右岸)防洪堤和安义县城(左岸)防洪墙。右岸防洪堤为中洲堤和戴坊堤,堤防长6.997 km。其中中洲堤堤线长为5.259 km,现状防洪标准为5~10年一遇;戴坊堤堤线长1.738 km,现状防洪标准为5~10年一遇。安义县城(左岸)防洪墙(堤)为武举联圩,城区防洪墙段长2.9 km,现状防洪标准为20年一遇;城区防洪堤段长2.18 km,现状防洪标准为5~10年一遇。

目前,县城(左岸)已建电排站2座,分别为郭家沙港电排站(建于2007年10月),排涝面积11.8 km^2,装机容量1 400 kW,排涝流量23 m^3/s;凤山电排站(建于2006年10月),排涝面积7.67 km^2,装机容量780 kW,排涝流量11.5 m^3/s。

3. 存在的主要问题

现有圩堤尚未连接成一个整体,不能形成防洪保护圈;防洪堤防洪标准偏低,圩堤断面土质差,堤身整体性弱,出现渗漏,迎流顶冲、深泓逼岸等造成的险段较多;工程管理滞后,无管理配套设施及设备;河道淤积严重,穿堤建筑物混凝土老化、剥蚀严重,影响堤身安全;县城(南岸)缺少治涝设施。

4. 防洪治涝工程规划

针对目前安义县城城区防洪治涝方面存在的问题,参照安义县城城区总体发展规划确定的保护范围,拟定县城防洪标准为20年一遇,治涝标准为10年一遇1日暴雨1日排至不淹重要建筑物。

1)防洪工程规划

(1)工程规模及措施:堤防加固9.177 km,新建堤防13.061 km,护岸加固2.2 km,新建护岸2.3 km,新建穿堤建筑物3座。

(2)工程布置:安义县城(南岸)防洪堤,位于北潦河县城河段右岸,西起兰塘张家,东止于戴坊堤(0+000~16+338),全长16.338 km。其中加高加固段长6.997 km(6+431~11+690、13+128~14+866),新建堤防长9.341 km(0+000~6+431、11+690~12+469、12+469~13+128、14+866~16+338);护岸加固总长度2.2 km;新建穿堤建筑物3座(余杨排涝闸、岗山排涝闸和戴坊自排闸)。安义县城(北岸)防洪堤,位于北潦河县城河段左岸,西起台山,东至凤凰山(0+000~8+800),全长8.8 km。其中,加高加固段长2.18 km(6+000~8+180),新建堤防长3.72 km(0+000~3+100、8+180~8+800);城区3+100~4+090段采用防浪墙处理;新建护岸长度2.3 km。

2)治涝工程规划

安义县城(右岸)新建电排站4座,总装机容量1 330 kW,其中张家电排站排涝面积0.48 km^2、装机容量30 kW、排涝流量0.39 m^3/s;真君山电排站排涝面积17.8 km^2、装机容量650 kW、排涝流量14.5 m^3/s;岗山电排站排涝面积2.61 km^2、装机容量130 kW、排涝流量 2.12 m^3/s;余杨电排站排涝面积 4.04 km^2、装机容量 520 kW、排涝流量 7.27 m^3/s。

主要工程量:土方开挖及回填 65.4 万 m^3、混凝土及钢筋混凝土 8.53 万 m^3、浆砌块石 1.22 万 m^3、干砌块石 1.58 万 m^3、砂卵石 0.51 万 m^3。工程总投资 6 315.91 万元,其中防洪工程 5 003.81 万元、县城(右岸)治涝工程 1 312.10 万元。

5.1.5.2 武宁县

1. 城市概况

武宁县位于江西省北部赣鄂两省交界处,东接瑞昌、德安、永修,南邻靖安,西连修水,北毗湖北的通山、阳新。因兴建柘林水库,县城于 1970 年搬迁至今南市岭,县城所在地为新宁镇,已建城区面积 11 km^2,人口 6.4 万人。武宁县城傍柘林水库库区而建,沙田水自南向北穿县城而过,汇入柘林水库库区。

根据武宁县城市总体规划,至 2020 年,城区人口将达 12 万人,2030 年达到 15.5 万人。现有城区河岸线长 16 km,远期城区河岸线将延长至 29 km。城区工业设在万福经济开发区。

2. 防洪治涝现状及存在问题

目前,保护武宁县城市区的河堤主要是湖滨路堤,全长 6.0 km。武宁县县城三面环水,柘林水库正常高水位 65.0 m(吴淞),水库投入正常运行后,需要承担下游防洪任务,经常出现超正常水位运行。由于原设计水库移民安置方案忽视了城区库岸防护等基础设施建设,经历 30 多年水库风浪淘刷,目前大部分城区库岸侵蚀严重,城区多地段库岸出现崩塌,严重影响了县城的安全和长远发展,成为制约武宁县经济社会发展的突出问题。

3. 防洪治涝工程规划

根据地形特点,本次规划将武宁县城区划分为城西区、城北区、城东区、新城区和朝阳湖区 5 个防洪片区,防洪标准为 20 年一遇。其中西城区:南岸从长水路至太婆堰,拟对该河岸采用浆砌块石贴坡护岸。西城区北岸防洪堤从太婆堰至货运码头,拟对本段河岸采用重力式挡墙。城北区:从货运码头至武宁大桥,采用重力式挡墙。城东区:北岸、南岸防洪堤从武宁大桥南端至旅游码头、旅游码头至万福工业园,采用浆砌块石贴坡护岸。朝阳湖区:采用干砌块石护坡和排涝站两种方案。新城区:河岸采用重力式挡墙。规划共加高加固堤防长度 6.0 km,新建护岸 23.0 km。

经初步估算,武宁县县城防洪工程总投资为 23 560.7 万元。

5.1.5.3 修水县

1. 城市概况

修水县地处江西省西北部,湘、鄂、赣三省交界处。东邻武宁、靖安、奉新,西毗湖北通城、湖南平江,南连铜鼓、宜丰,北接湖北崇阳和通山。县城所在地为义宁镇,城区由修河自西向东划分为南北两块,城北为老城区,城南为在建的新城区,城区建成面积 7.5 km^2,人口 12.42 万人,在建面积 6.8 km^2。

依据《修水县城区总体规划》,至 2020 年,城区人口将达 21.5 万人,城区面积达 28 km^2。

2. 防洪治涝现状及存在的问题

修水县县城防洪工程自修河福湾河段至高沙河段,主要分为城南防护区、城北防护区,共保护人口 13 万人。目前,城区修河两岸堤防防洪能力约为 10 年一遇,与 20 年一遇标准仍有差距。且受下游抱子石电站顶托影响,防洪压力增大。另外,城区内分布有 5 条内河,其中 4 条内河局部河段河岸高程较低,汛期防洪压力较大。

3. 防洪治涝工程规划

针对修水县城区目前防洪治涝方面所存在的问题,同时根据总体规划所确定的城市发展范围,本次规划对县城城区进行分区防护,即修河左岸区(老城区)、右岸区(新城区),防洪标准为 20 年一遇,治涝标准为 10 年一遇 1 日暴雨 1 日排至不淹重要建筑物。

规划左岸区(老城区)新建防洪堤 4.9 km,右岸区(新城区)新建防洪堤 6.5 km;新建排涝泵站 4 座(老城区 1 座、新城区 3 座),总装机容量 1 900 kW,设计排涝总流量 16 m^3/s。

经初步估算,修水县县城防洪工程总投资为 8 170 万元。

5.1.5.4　永修县

1. 城市概况

永修县位于江西省北部偏南,修河下游,濒临鄱阳湖。东与都昌县隔湖相望,南与安义县、湾里区、新建区交界,西与武宁县、靖安县接壤,北与星子县、德安县相连。永修县城所在地为涂埠镇,城区面积 16 km^2,总人口 8.4 万人。

根据《永修县城市总体规划》,中心城区呈组团式发展,即城北组团、湖西组团、湖东组团、城南组团,至 2020 年城区人口将达到 12 万人。

2. 防洪治涝现状及存在问题

永修县城市防洪治涝体系将城区划分为老城区和新城区两个片区。老城区现有防洪工程为永北圩(鄱阳湖区二期防洪工程第 4 个单项,已完成除险加固),防洪标准已达 20 年一遇,堤防长度为 16.58 km;治涝工程有杨柳津、仙洲、北岸、煤建等电排站,排涝总装机容量 630 kW。新城区现有防洪工程为三角联圩(鄱阳湖区二期防洪工程第 5 个单项,未全面完成除险加固),防洪能力已达 15 年一遇,堤防长度为 33.57 km;治涝工程有彭家、下闸、西湖、三大队、浪西、白水湖、建华等电排站,排涝总装机容量 2 585 kW。

1998 年以来,永修县防洪排涝工程虽然有了很大的提高,但仍然有部分堤段高程不够,堤身单薄,内部隐患多;部分河道变迁,迎流冲顶,需护石加固;现有一批闸站陈旧老化严重;老城区地势低平,排水管道为雨污合流制,管道陈旧落后,出现洪水灾害时,极易发生外洪内涝。

3. 防洪治涝工程规划

针对县城防洪治涝方面存在的问题,按照地形条件,将整个城区划分为城南新城区和城北老城区进行防护,防洪标准为 20 年一遇,治涝标准为 10 年一遇 1 日暴雨 1 日排至不淹重要建筑物。

规划城南新城区继续完成三角联圩除险加固,进行达标建设;新建 3 个电排站,装机容量 1 085 kW,疏通排涝渠 45 km。城北老城区防洪工程已达 20 年一遇,不须加固;新建 2 座电排站,装机容量 165 kW,疏通排涝渠 20 km。

经初步估算,永修县县城防洪工程总投资为 1 120 万元。

5.1.5.5　靖安县

1. 城市概况

靖安县位于江西省西北部,东接安义县,南邻奉新县,西连修水县,北抵武宁县,东北毗邻永修县,处于潦河支流北潦河中下游,北潦河自西向东穿城而过,将城区分为城北区和城南区。县城所在地为双溪镇,已建城区面积 6 km^2,人口 3.1 万人。

根据《靖安县城市总体发展规划(2006—2020)》,县城城区规划控制区范围为北至雷公尖、东坑岭、马尾山林场,南至香田乡、鸡公山以南,东至大塪岭、湾公尖一线,西至羊角尖、沙港电站一带,总面积为 55 km^2。规划到 2020 年县城城区人口 4.0 万人。

2. 防洪治涝现状及存在问题

目前,右岸老城区堤岸 4.80 km,建有堤防 3.00 km,其中满足 20 年一遇洪水设计标准的堤段 1.08 km(2010 年新建),其余堤防均只能满足 15~18 年洪水设计标准;左岸新城区河段长 6.5 km,仅建有长 1.37 km 的低矮土堤,防洪标准约 10 年一遇,其他河段均未设防。城区无机电排涝设备,仅在排涝区出口处设有闸门控制。县城沿河两岸,受北潦河洪水影响,易形成外洪内涝,县城两岸防洪堤的建设长期处于小修小补的状态,现状堤防防洪能力低于 20 年一遇洪水标准,且分散隔断,未形成完整的城市防洪体系;城区排涝系统建设几乎空白,排涝能力较低。

3. 防洪治涝工程规划

根据靖安城市总体规划要求,综合考虑两岸堤距、堤型、河岸现状走向、水流条件、地形地质,本次规划对靖安县老城区(右岸防洪堤)和新城区(左岸防洪堤)分别进行堤防保护,形成独立封闭圈。规划县城城市防洪标准为 20 年一遇,防洪主要建筑物为四级,次要建筑物和临时建筑物均为五级,治涝排水标准为 10 年一遇 1 日暴雨 1 日排至不淹重要建筑物。

参照城市总体发展规划确定的保护范围,右岸老城区拟加高堤防 2.00 km,拟新建堤防 1.80 km,拟新建排涝装机容量 200 kW;左岸新城区拟加固堤防 1.37 km,新建堤防 5.13 km,新建穿堤建筑物 5 座。

经初步估算,靖安县县城防洪工程总投资为 3 921.36 万元。

5.1.5.6 奉新县

1. 城市概况

奉新县位于江西省西北部,宜春市北部,东邻安义、新建两县,南部与高安市接壤,西南部与宜丰县交界,西北部与铜鼓、修水相接,北部与靖安县交界。县城所在地为冯川镇,建成区面积 12 km^2,人口 7.1 万人。规划至 2020 年县城人口将达到 9.0 万人,至 2030 年人口将达到 11.5 万人。

2. 防洪治涝现状及存在问题

潦河左岸从奉新老桥闸至下园头建有防洪墙 2.24 km,潦河右岸从奉新上桥闸至下园头对岸建有防洪墙 2.17 km,黄沙港出口建有防洪墙 0.84 km,潦河右岸建有上桥泄水闸。

县城城区防洪工程至今尚未形成一个完整的防护体系,大多堤段建设较早,设计标准偏低,堤身、堤基不同程度地存在各类险情,现状防洪能力仅为 10 年一遇左右,局部河段尚未设防,且排涝设施简单。城南新区泄水闸需拆除重建。

1)防洪工程规划

防洪体系规划:防护区保护范围分城北区、城南东区、城南西区,在潦河、黄沙港、中堡港两岸建立防洪墙(堤),防洪标准为 20 年一遇。拟新建防洪堤(墙)共 4.295 km,加高加固堤防 12.539 km。

工程布置:城北区从沙溪山沿潦河左岸经冯川大桥至郑家,新建防洪墙长2.13 km,加高加固现有堤防6.27 km,并对河道裁弯取直。城南东区自城南冯田山脚至郑家,新建防洪墙1.59 km,加高加固现有堤防1.94 km。城南西区中堡港入口至河口段采用土堤加高加固,长3.91 km;潦河右岸堤防从下湖村至华林桥段采用土堤加高加固,长1.00 km;从华林桥至上桥闸至郑家,新建防洪墙,长0.58 km;黄沙港出口沿黄沙港至南潦渠交汇处,采用土堤加高加固,长1.39 km,并裁弯取直、疏浚河道。

2)治涝工程规划

治涝体系规划:城南新区实施雨污分流制排水,老城区仍保留雨污合流抽排水形式,沿河地带低洼处设排涝站,按排涝标准10年一遇1日暴雨1日排干进行建设。新建、改造2座排涝站,总装机容量1 500 kW,6座防洪排水涵闸,4.12 km导洪渠。河道清障与疏浚总长4.80 km。

工程布置:城北区疏浚导洪渠4.12 km,疏通城区排水干管4.88 km,兴建江菱塘等城外护城河及东北角两处排水箱涵1.35 km,新建改建老桥闸、郑家闸、何家闸,新建何家电排站,装机容量660 kW;城南东区按城市规划道路布置排水管道;城南西区内新建高水高排工程,对不具备自排能力的区域,新建3条总长4 750 m的排洪暗渠,扩建河头排涝站,装机规模达840 kW。

主要工程量:清基土方开挖16.63万m^3,土方填筑59.76万m^3,河道清淤60.7万m^3,预制混凝土护坡1.67 m^3,混凝土及钢筋混凝土2.94 m^3,钢筋制安986.98 t,浆砌石22.9 m^3。工程总投资为10 714.45万元。

5.1.5.7 铜鼓县

1.城市概况

铜鼓县位于江西省西北部,东临宜丰县,西接湖南省浏阳市、平江县,南部与万载县交界,北与修水县毗邻。县城所在地为永宁镇,城区主要河流为修河支流山口水,山口水自西南向东北横穿县城,山口水主要支流石桥河也流经城区。城区现有人口3.0万人,建成区面积4.03 km^2。

根据铜鼓县城市整体规划(2010~2030),城市规划区范围为:东以麻石脑—万家坑—马鞍山为界,北至九长铁路,西至丰田坳,南至潭上—岭头—王家排—大洲坑一带。2020年中心城区人口将达到4.0万人,2030年达到5.5万人。

2.防洪治涝现状及存在问题

铜鼓县城防洪工程经过20世纪60年代、80年代前期及2000年后的几次建设,目前城区山口水、石桥河两岸建有浆砌石堤总长4.2 km,护堤护岸6.05 km,但现有堤防设计标准偏低,大部分堤防为10年一遇左右,且原堤防工程建设质量差,险段多;另外随着城区范围的扩展,现有堤防需进行延伸接长。县城城区目前尚未形成完善的治涝体系,城区内的涝水,仅凭少数几条下水道排入山口水,其排水能力无法满足要求。

3.防洪治涝工程规划

根据铜鼓县的地形条件,本次规划将划分为3个片区进行独立防护,即山口水以南片区,山口水以北、石桥河以西片区和山口水以北、石桥河以东片区,防洪标准为20年一遇、治涝标准为10年一遇1日暴雨1日排至不淹重要建筑物。

山口水以南片区(自永宁镇丰田村北湾至三都镇枫槎村枫槎桥)规划新建堤防护岸16.84 km,加高加固堤防1.70 km;山口水以北、石桥河以西片区(山口水自永宁镇丰田村北湾起,石桥河自温泉镇金星村村部起,终点至山口水与石桥河汇合口,即两江口)规划新建堤防护岸7.64 km,加高加固堤防2.60 km;山口水以北、石桥河以东片区(自温泉镇金星至枫槎桥)规划新建堤防护岸10.98 km,加高加固堤防0.50 km。另外,对山口水分三段进行疏浚:丰田北湾至城西大桥河段,清淤疏浚长度4.29 km;城西大桥至两江口河段,清淤疏浚长度3.98 km;两江口至枫槎村枫槎桥河段,清淤疏浚长度7.73 km。石桥河分二段进行疏浚:温泉镇金星至寨上桥河段,清淤疏浚长度4.43 km;寨上桥至两江口河段,清淤疏浚长度1.49 km。规划共新建堤防护岸35.46 km,加高加固堤防4.8 km,清淤疏浚河段长21.92 km。

规划城区排水形式为雨污分流,排水管道沿定江路、沿河路、城南路、城北路、西湖北路、温泉大道、剑石路的排洪渠,分别排入山口水、石桥河。规划新建及改造排洪渠全长23.34 km,其中新建19.24 km,完善和维修原排洪渠4.10 km。另外,规划新建电排站8处,装机容量775 kW,新建排洪闸16座、涵洞122处。

经初步估算,铜鼓县县城防洪工程总投资为24 355万元。

5.1.6 堤防工程规划

5.1.6.1 堤防工程现状及存在问题

经过多年的建设,修河流域已基本形成了以堤防为主的防洪工程体系。据统计,修河流域现有千亩以上圩堤91座(不含城防堤),堤线总长549.38 km,保护耕地47.98万亩,保护人口44.69万人。其中万亩以上圩堤15座,堤线长217.56 km,保护耕地25.16万亩,保护人口23.95万人;0.1万~1万亩圩堤76座,堤线总长331.82 km,保护耕地22.82万亩,保护人口20.74万人。具体详见表5-2、表5-3。

以上圩堤的修建对流域防洪起到了至关重要的作用,但由于建设年代较早、资金投入不足等,目前仍存在较多问题。主要表现在:圩堤堤身单薄,断面不足,堤顶高程偏低,堤顶宽度不够,边坡不达标,堤身堤基大多存在不同程度的渗漏险情或隐患,建筑物老化损坏严重或设计标准偏低,不能满足防洪要求。

5.1.6.2 设计洪水位

为分析确定修河干流各河段现有圩堤的防洪能力,并为堤防加高加固提供设计依据,本阶段分别对干流柘林水库坝址上游(柘林水库坝址以上河段、下坊坝址以上河段、三都坝址以上河段、抱子石坝址以上河段)及下游段(吴城水位站至柘林坝址)进行河道水面线分析计算。根据干流河段各防洪保护对象的位置及防护标准,本阶段对柘林水库坝址以上河段主要分析计算$P=5\%$、$P=10\%$两种洪水频率的天然设计水面线,对柘林水库坝址以下河段主要分析$P=10\%$洪水频率的天然设计水面线。

柘林水库坝址上游河段:该河段设计水面线根据江西省水利规划设计院1972年《柘林水利枢纽工程复工扩大初步设计报告》、湖南省娄底市水利水电勘测设计院2003年10月编制的《江西省修水县三都水电站工程初步设计报告》及中国水电顾问集团中南勘测设计研究院2007年4月编制的《江西省抱子石水电站技施设计报告》等报告中的水库回水计算成果分析确定,具体成果见表5-4~表5-7。

表 5-2 修河流域千亩以上圩堤现状情况汇总

县(市、区)	1万~5万亩					0.1万~1万亩				
	座数	保护面积/km^2	保护耕地/万亩	保护人口/万人	堤线长度/km	座数	保护面积/km^2	保护耕地/万亩	保护人口/万人	堤线长度/km
九江市	5	131.21	10.94	5.25	72.14	15	51.19	5.22	3.23	74.17
永修县	5	131.21	10.94	5.25	72.14	15	51.19	5.22	3.23	74.17
宜春市	5	70.63	7.78	12.21	69.72	42	176.55	12.52	11.70	188.81
铜鼓县						24	118.90	5.17	5.31	117.24
奉新县	5	70.63	7.78	12.21	69.72	15	49.55	6.31	5.22	53.69
靖安县						3	8.09	1.04	1.17	17.88
南昌市	5	62.17	6.44	6.49	75.70	19	43.65	5.08	5.81	68.84
安义县	5	62.17	6.44	6.49	75.70	19	43.65	5.08	5.81	68.84
流域合计	15	264.01	25.16	23.95	217.56	76	271.39	22.82	20.74	331.82

表 5-3　修河流域万亩以上圩堤现状基本情况

所在县（市、区）	圩堤名称	所在水系及岸别	堤线长度/km	保护面积/km^2	保护耕地面积/万亩	保护人口/万人	圩堤现状						现状防洪能力（年一遇）
							堤顶高程/m	堤顶宽度/m	内坡	外坡	马道高程/m	马道宽度/m	
合计			217.56	264.01	25.16	23.95							
南昌市			75.70	62.17	6.44	6.49							
安义县	黄洲堤	修河水系潦河	6.30	12.00	1.10	1.30	39.0~36.8	4	1:2	1:1.8			8
安义县、永修县	万青联圩	修河水系潦河	33.40	18.92	2.09	1.85	31.5~23.6	5~4	1:2~1:1.5	1:1.5~1:2.5			5~8
安义县	长石联圩	修河水系潦河	12.20	9.00	1.08	1.10	36.7~33.0	4	1:2.5	1:2.5			不足10年
安义县	武举堤	修河水系潦河	16.50	12.00	1.10	1.39	32.6~28.2	4	1:2.5	1:2.5			8
安义县	把口堤	修河水系潦河	7.30	10.25	1.07	0.85	27.8~25.5	4	1:2	1:2			5
九江市			72.14	131.21	10.94	5.25							
永修县	幸福圩	修河	3.60	18.54	1.07	0.73	25.3	3	1:2	1:8			8
永修县	高桥圩	修河	12.78	13.00	2.02	1.39	22.18~22.68	7	1:2	1:1.5~1:8			5
永修县	朝阳圩	修河	12.70	11.30	1.01	0.67	26.2~32.0	1.5~3.5	1:1.5	1:2			5
永修县	立新圩	修河、潦河	22.30	58.90	3.80		21.9~23.9	4~8	1.1.25	1.2	18	3~5	5
永修县	马口联圩	潦河右岸	20.76	29.47	3.04	2.46	24.48~22.18	5	1.2	1:1.5	19	3	5

续表 5-3

所在县(市、区)	圩堤名称	所在水系及岸别	堤线长度/km	保护面积/km^2	保护耕地面积/万亩	保护人口/万人	圩堤现状						现状防洪能力(年一遇)
							堤顶高程/m	堤顶宽度/m	内坡	外坡	马道高程/m	马道宽度/m	
宜春市			69.72	70.63	7.78	12.21							
奉新县	宋埠堤	南潦河右岸	18.40	31.04	3.02	5.76	52.06~38.7	4.5	1:1.76	1:1.6			5~8
奉新县	黄沙港圩堤	南潦河黄沙港左岸	13.34	7.70	1.01	1.91	55.2~42.8	3	1:2	1:2			5
奉新县	赤田港堤	南潦河赤田港	16.38	7.25	1.05	1.45	46.80~35.66	1.6~3.5	1:1.7	1:1.2			5
奉新县	香干左堤	南河左岸	12.00	10.04	1.06	1.17	56.38~38.500	2~3	1:1~1:2	1:1~1:1.5			5~8
奉新县	香干右堤	南河右岸	9.60	14.60	1.64	1.92	55.24~38.500	2~3	1:1~1:2	1:1~1:1.5			5~8

表 5-4　修河干流柘林水库坝址以上河段设计水面线成果

断面号	名称	间距/km	累积距/km	设计水位(黄海)/m	
				5%	10%
CS1	柘林坝址		0	64.93	64.33
CS2	王家河	21.1	21.1	64.93	64.33
CS3	上芦边	14.3	35.4	64.93	64.33
CS4	巾口	6.6	42.0	64.93	64.33
CS5	鹭鸶滩	11.4	53.4	64.93	64.33
CS6	杨布里(武宁县城)	13.1	66.5	64.93	64.33
CS7	渡头	12.2	78.7	64.98	64.38
CS8	白沙港	11.3	90.0	66.33	65.73
CS9	张家铺	3.2	93.2	67.03	66.43
CS10	梅家湾	4.3	97.5	68.56	67.96
CS11	仙人滩	5.0	102.5	70.20	69.60
CS12	澧溪	4.8	107.3	72.26	71.66

表 5-5　修河干流下坊坝址以上河段设计水面线成果

断面号	名称	间距/km	累积距/km	设计水位(黄海)/m	
				5%	10%
J1	下坝址		0	73.00	73.00
J2	岩泉	1.44	1.44	73.22	73.04
J3	北湾	1.58	3.02	73.43	73.06
J4	南边	1.08	4.10	73.80	73.10
J5	上北湾	0.90	5.00	74.00	73.12
J6	漳潭凹里	1.82	6.82	74.94	73.95
J7	上坝址	1.46	8.28	75.40	74.42
J8		1.44	9.72	75.68	74.68
J9	桐埠	1.49	11.21	76.13	75.05
J10		2.08	13.29	77.10	75.94
J11	清江乡	1.03	14.32	77.69	76.51
J12		1.56	15.87	78.32	77.27
J13	蒋家	1.04	16.91	78.93	78.00
J14		1.23	18.14	79.52	78.70
J15	河潭陈家	3.49	21.63	80.63	79.93

表 5-6　修河干流三都坝址以上河段设计水面线成果

断面号	名称	间距/km	累积距/km	设计水位(黄海)/m	
				5%	10%
CS1	三都坝址		0	80.78	79.97
CS2	三都镇原坝址	902	0.902	81.35	80.52
CS3		1 426	2.328	81.82	80.99
CS4		1 235	3.563	82.67	81.81
CS5		967	4.530	83.48	82.62
CS6		1 851	6.381	84.24	83.39
CS7		1 631	8.012	84.68	83.91
CS8		1 012	9.024	86.15	85.26
CS9	抱子石尾水河口	1 370	10.394	86.60	85.71

表 5-7　修河干流抱子石坝址以上河段设计水面线成果

断面号	名称	间距/km	累积距/km	设计水位(黄海)/m	
				5%	10%
CS1	抱子石坝址		0	93.50	93.50
CS2	下坝线	0.56	0.56	93.52	93.52
CS3	下坝线上游	0.36	0.92	93.55	93.54
CS4	欧岸下游	0.71	1.63	93.60	93.58
CS5	龙岸村一组	0.92	2.55	93.64	93.60
CS6	欧岸坝址	0.77	3.32	93.69	93.64
CS7	泉坑	1.54	4.86	93.79	93.71
CS8	龙家段	1.12	5.98	94.12	93.92
CS9	龙岸村梅山岭	0.48	6.46	94.52	94.17
CS10	民兵训练基地	2.47	8.93	95.74	94.92
CS11	安坪村	2.08	11.01	97.11	95.98
CS12	狮脑下	1.16	12.17	97.72	96.57
CS13	潭头	1.26	13.43	98.04	96.91
CS14	百汇街	0.38	13.81	98.37	97.21
CS15	修水大桥	1.28	15.09	98.41	97.27
CS16	县造纸厂	2.22	17.31	99.18	98.07
CS17	西摆街	0.72	18.03	99.31	98.19
CS18	三圣殿	1.43	19.46	99.89	98.87
CS19	大洋洲	1.39	20.85	100.48	99.56

柘林水库坝址下游河段(吴城水位站至柘林坝址):该河段计算采用的纵横断面资料为江西省水利规划设计院施测的纵横断面成果;河段综合糙率根据近期大水年 1901 年、1931 年、1940 年及 1953 年各水文(水位)站实测水位和流量分别反推河段糙率,取各年糙率的平均值作为河段综合糙率;水文(位)站设计洪水及设计水位采用本次规划成果,各断面相应频率设计流量根据水文(位)站设计流量及控制流域面积采用水文比拟法求得;推求天然水面线时,吻合各水文站(位)相应频率的设计水位,对糙率做适当调整。具体成果见表 5-8。

表 5-8　修河干流(柘林水库坝址以下)河段设计水位(10%)成果

断面号	地名	间距/km	累积距/km	设计水位(黄海)/m
ZU-26		0	0	21.49
ZU-25		1.962	1.962	21.66
ZU-24	艾城	0.563	2.525	21.71
ZU-23		1.000	3.525	21.75
ZU-22		2.926	6.451	21.91
ZU-21	中马湾	3.145	9.596	22.04
ZU-20		2.332	11.928	22.20
ZU-19		1.804	13.732	22.38
ZU-18		1.974	15.706	22.64
ZU-17	虬津水文站	1.357	17.063	22.83
ZU-16		2.192	19.255	23.07
ZU-15		1.917	21.172	23.24
ZU-14		1.550	22.722	23.43
ZU-13		1.505	24.227	23.59
ZU-12		1.387	25.614	23.81
ZU-11		1.201	26.815	24.04
ZU-10		1.009	27.824	24.20
ZU-09		1.823	29.647	24.41
ZU-08		1.195	30.842	24.55
ZU-07		2.118	32.960	24.90
ZU-06		1.266	34.226	25.09

续表 5-8

断面号	地名	间距/km	累积距/km	设计水位(黄海)/m
ZU-05		1.113	35.339	25.27
ZU-04		0.895	36.234	25.41
ZU-03		0.955	37.189	25.57
ZU-02		1.019	38.208	25.75
ZU-01	柘林	1.143	39.351	25.98

5.1.6.3 堤防工程规划

修河干流采用以堤防工程为主,辅以水库和河道整治相结合的防洪工程体系,堤防工程仍是当前修河流域防洪的主要措施。规划主要在现有防洪堤(墙)线基础上,针对现状存在的问题,根据“清隐整险、加高加固”的原则,对圩堤(墙)、险工险段及隐患,根据险情、地形地质条件等因地制宜采取堤身加高培厚、护坡固岸、堤身隐患处理、堤基渗流险情处理、建筑物接长加固维修和堤顶防汛公路等工程措施,以保证堤防和建筑物的安全。

本次规划加高加固干支流万亩以上圩堤共15座,堤线总长217.56 km。主要工程量为土方开挖159.71万m^3、土方填筑541.75万m^3、填塘固基土方107.74万m^3、干砌石2.04万m^3、浆砌石1.15万m^3、砂砾石垫层5.11万m^3、护坡混凝土6.41万m^3、草皮护坡298.36万m^2、混凝土及钢筋混凝土3.87万m^3、抛石固脚17.20万m^3、钢筋钢材1 818.80 t,房屋拆迁6.61万m^2,工程占地4 237.75亩,工程总投资43 749万元,全部安排在2020年前实施,见表5-9。

5.1.7 防洪水库工程

5.1.7.1 防洪水库工程规划

根据修河、潦河流域的防洪情势,为了提高修河干流及潦河中下游主要防洪保护对象的防洪标准,在原规划及《江西省防洪规划报告》中,选择了干流上的柘林水库、山口水上的龙潭峡水库、南潦河上的甘坊和鹅婆岭枢纽、北潦河南支上的高湖水库以及北支上的小湾和丁坑口等水库作为解决流域内防洪问题的控制枢纽工程。从目前的工程建设情况来看,柘林水库、龙潭峡水库、小湾电站均已完建。北潦河北支上规划的丁坑口水库由于现已作为正在建设的洪屏抽水蓄能电站的下库,近期未设置防洪库容。小湾水库已建成运行,未设置防洪库容,对下游沿河两岸防洪作用不大,剩余未开发的有高湖、甘坊和鹅婆岭3座水库。高湖梯级在北潦河南支规划修编内已由原高坝方案调整为两级低开发方案,近期不具备为下游防洪的作用。甘坊枢纽的移民淹迁量大,包括一个建制镇及镇政府,加之甘坊枢纽集水面积小,且枢纽离奉新县城较远,其防洪效果较小。此外,受土地淹没损失较大及开发建设难度较高等因素制约,鹅婆岭枢纽近期不具备建设条件,本次规划按远期考虑。

表 5-9　修河流域万亩以上圩堤规划

所在县（市、区）	圩堤名称	规划堤线长度/km	设计防洪标准（年一遇）	起止设计洪水位/m	建筑物新建或除险加固/座	堤身设计断面				土方开挖/万 m^3	土方填筑/万 m^3	填塘固基土方/万 m^3	干砌石/万 m^3	浆砌石/万 m^3
						起止堤顶高程/m	堤顶宽度/m	内坡	外坡					
合计		217.56			164					159.71	541.75	107.74	2.04	1.15
南昌市		75.70			38					52.17	197.89	49.25	1.34	0.34
安义县	黄洲堤	6.30	10	37.8~35.6	4	39.3~37.1	4	1:3	1:3	5.63	14.15	1.58	0.05	0.05
安义县	万青联堤	33.40	10	30.3~25.3	12	31.8~26.8	5	1:3	1:3	12.17	38.10	5.56	0.64	0.08
安义县	长石联堤	12.20	10	35.5~31.8	5	37.0~33.3	4	1:3	1:3	10.89	19.43	4.41	0.54	0.06
安义县	武举堤	16.50	10	31.4~27.0	11	32.9~28.5				17.60	86.46	37.42	0.11	0.11
安义县	把口堤	7.30	10	26.5~24.1	6	28.0~25.6	4	1:3	1:3	5.88	39.75	0.28		0.04
九江市		72.14			56		23.00			50.77	150.74	38.84	0.27	0.33
永修县	幸福圩	3.60	10	22.33~21.91	8	23.83~23.41	4	1:3	1:3	3.31	8.32	1.89	0.06	0.06
永修县	高桥圩	12.78	10	21.34~21.91	9	22.84~23.41	5	1:3	1:3	11.07	27.87	9.64	0.06	0.06
永修县	朝阳圩	12.70	10	24.55~23.24	9	26.55~25.24	4	1:2.5	1:3	4.39	20.98			0.05
永修县	立新圩 *	22.30	10	21.55~22.55	12	23.55~24.55	5	1:3	1:3	12.00	37.57	11.14	0.01	0.02
永修县	马口联圩	20.76	10	22.70~21.56	18	24.2~23.06	5	1:3	1:3	20.00	56.00	16.17	0.14	0.14
宜春市		69.72			70					56.77	193.12	19.65	0.43	0.48
奉新县	宋埠堤	18.40	10	51.06~38.2	10	52.16~39.7	4	1:2.5	1:2.5	18.30	46.07	15.94	0.11	0.11
奉新县	黄沙港堤	13.34	10	55.7~42.7	9	57.2~44.2	4	1:2.5	1:2.5	12.88	40.34	0.10		
奉新县	赤田港堤	16.38	10	46.10~35.76	37	47.60~37.26	4	1:2.5	1:2.5	2.47	49.53	3.10	0.19	0.19
奉新县	香干左堤	12.00	10	54.60~39.5	8	56.10~41.0	4	1:2.5	1:2.5	12.44	31.33	0.31	0.07	0.07
奉新县	香干右堤	9.60	10	52.68~39.35	6	54.18~40.85	4	1:2.5	1:2.5	10.68	25.85	0.20	0.06	0.11

续表 5-9

所在县（市、区）	圩堤名称	砂砾石垫层/万 m^3	护坡混凝土/万 m^3	草皮护坡/万 m^2	混凝土及钢筋混凝土/万 m^3	抛石固脚/万 m^3	钢筋、钢材/t	管理用房/m^2	堤顶公路/km	房屋拆迁/m^2	工程占地/亩	工程总投资/万元	备注
合计		5.11	6.41	298.36	3.87	17.20	1 818.80	5 040.00	175.48	66 062	4 237.75	43 749	
南昌市		2.36	2.89	98.15	1.22	4.41	526.39	1 590.00	34.80	1 082.00	1 135.50	12 984	
安义县	黄洲堤	0.11	0.11	8.60	0.06	0.73	25.8	140	5.90		93.5	951	
安义县	万青联堤	0.85	0.89	38.63	0.66	1.36	264.79	750	9.90		501	3 756	
安义县	长石联堤	0.91	0.80	16.66	0.07	1.16	58	270	12		183	2 038	
安义县	武举堤	0.38	0.99	32.18	0.33	1.16	120.8	270		1 082	248	4 738	
安义县	把口堤	0.11	0.10	2.08	0.10		57	160	7		110	1 501	
九江市		1.43	2.34	76.81	1.31	6.51	521.91	1 760.00	71.76	64 980	2 050.45	15 718	
永修县	幸福圩	0.06	0.06	3.95	0.17	0.30	30.3		3.8		53.45	735	
永修县	高桥圩	0.21	0.20	16.93	0.19	1.06	79.31	200	11.96	30 240	192	3 352	
永修县	朝阳圩	0.21	0.95	10.18	0.11	1.06	76.3	300	13	7 740	191	2 033	
永修县	立新圩	0.60	0.63	17.41	0.42	2.35	168	800	22		836	3 997	
永修县	马口联圩	0.35	0.50	28.34	0.42	1.74	168	460	21	27 000	778	5 601	
宜春市		1.32	1.18	123.41	1.34	6.28	770.50	1 690.00	68.92		1 051.80	15 047	
奉新县	宋埠堤	0.34	0.32	27.98	0.33	1.72	233.7	460	18.30		275.8	4 326	
奉新县	黄沙港堤	0.22	0.21	35.96	0.29	1.05	115.8	300	13.30		200	2 712	
奉新县	赤田港堤	0.27	0.25	25.31	0.39	1.37	163	360	16.32		246	3 056	
奉新县	香干左堤	0.23	0.22	19.03	0.18	1.17	123	300	11		180	2 680	
奉新县	香干右堤	0.26	0.18	15.13	0.15	0.97	135	270	10		150	2 273	

综合上述分析,原规划中提出的防洪水库工程,除柘林水库具备防洪能力外,其余已建或在建水库均未设置防洪库容。鉴于此,修河干流上游及潦河流域近期防洪问题主要依靠堤防解决。远期为进一步提高防洪保护对象的防洪标准,本次规划拟在修河干流上游规划建设夜合山、沈坊、南茶等8座中小型防洪水库(见表5-10);潦河流域拟通过对已建丁坑口水库设置防洪库容及规划兴建鹅婆岭、龙溪、高湖等防洪水库,使奉新、安义、靖安3座县城的防洪标准由20年一遇提高至50年一遇,同时提高坝址下游农田和村庄的防洪标准。其中:鹅婆岭与龙溪(本次新规划的防洪水库,位于龙溪河河口附近)共同为奉新县防洪;高湖除为靖安县防洪外,还与丁坑口共同为安义县防洪。

表5-10　修河干流上游防洪水库规划

水库名称	所在河流	所在地点	集水面积/km^2	总库容/万 m^3	防洪保护对象
夜合山水库	修河	杭口镇双井村	2 813	2 600	修水县城等
沈坊水库	竹坪河	竹坪乡沈坊村	31.9	1 200	修水县城
南茶水库	杭口水	新湾乡新湾村	54.1	2 800	新湾、上杭、杭口等乡镇
上庄水库	溪口水	溪口镇上庄河口	70	3 500	溪口、西港等乡镇
九龙水库	洋湖港水	黄坳乡九龙村	39	1 800	黄坳集镇等
杨津水库	杨津水	大椿乡杨津村	75	2 900	大椿、司前等乡镇
杨家坪	山口水奉乡支流	黄港镇杨家坪	37	800	何市集镇
靖林水库	修河东港水	东港乡岭下村	45	900	东港、渣津集镇

5.1.7.2　潦河流域水库防洪效果分析

潦河流域近期防洪主要依靠堤防解决,远期通过规划布置的鹅婆岭、龙溪、高湖、丁坑口4座防洪水库,逐步形成“堤库结合”的防洪工程体系,进一步提高奉新、安义、靖安县城等防洪保护对象的防洪能力。为确定鹅婆岭等4座防洪水库的规模,并评估其在潦河流域防洪工程体系中的作用,本次规划对鹅婆岭等4座防洪水库进行整体防洪效果分析。

鹅婆岭、龙溪、高湖、丁坑口4座水库均按“削平头”的调度方式为下游防洪,按区间50年一遇的洪峰流量加水库下泄流量不大于防洪控制断面20年一遇的安全泄量来确定控泄流量,并由此确定所需的防洪库容。

在各水库的防洪库容确定后,本次选取了1973年、1975年、1977年、2005年4个典型年来分析计算水库对万家埠站的整体防洪效果。将各水库相应万家埠站4个典型年50年一遇的设计洪水过程的出、入库之差演算至万家埠站,然后加上万家埠站50年一遇天然的设计洪水过程即可求出水库对万家埠站的防洪作用。根据计算成果,当万家埠站发生50年一遇洪水时,4座水库联合运用可将洪峰流量削减550~735 m^3/s。

各水库的控泄流量及防控库容和对万家埠站的整体防洪效果见表5-11。

表 5-11　潦河流域主要控制性水库对万家埠防洪效果

水库名称	控制面积/km²	防洪库容/万 m³	控泄流量/(m³/s)	不同典型年削减流量值/(m³/s)			
				1973 年	1975 年	1977 年	2005 年
丁坑口	418	4 420	260	550	570	735	576
高湖	279	1 230	380				
鹅婆岭	308	3 120	210				
龙溪	185	1 650	150				

5.1.8　病险水库及病险水闸除险加固规划

5.1.8.1　病险水库除险加固工程规划

1. 病险水库除险加固原则

本次规划贯彻“统筹规划、突出重点、因地制宜、分步实施、注重实效”的原则,在对病险水库进行全面鉴定的基础上,针对病险问题对症下药,制定合理的除险加固措施,使病险水库达到国家规定的防洪标准,按设计工况安全运行。对已完成除险加固工作或已下达除险加固资金的病险水库本次不再考虑,对未列入相关规划但经相关部门鉴定后确系存在病险的水库本次亦一并纳入。

2. 存在的主要病险问题

流域内病险水库工程存在的安全隐患主要表现为以下几个方面:水库防洪标准不够;大坝填筑质量差,清基不彻底;泄洪设施不可靠;引水涵管裂缝、渗漏;溢洪道、泄水涵(洞)闸门等金属结构和启闭设施机电设备老化失修,大部分超过使用年限,安全运用可靠性不高;库岸冲塌失稳,河床淤积;水文测报、大坝观测系统不完善;通信设施缺乏,防汛公路不满足要求;管理体制机制不顺。

3. 病险水库除险加固规划

随着近几年各级政府对农田水利工程的重视以及投资力度的加大,全省中型以上及部分重点小(1)型病险水库已基本完成除险加固工作,且已通过相关部门的验收。本次规划根据《江西省病险水库除险加固规划》(2003 年)、《江西省第二期病险水库除险加固专项规划》(2007 年)、《全国病险水库除险加固专项规划》(2006 年)、《全国小型病险水库除险加固规划》、《关于进一步加强灾后农田水利基本建设的决定》中涉及的 7 225 座小(2)型水库应急除险工程、《江西省水库分布图集》等相关资料,同时参照流域内各县(市、区)关于病险水库除险加固的规划意见,经统计汇总,修河流域现有各类病险水库 391 座。其中大型 1 座、小(2)型 390 座,规划安排在 2020 年以前对上述病险水库进行除险加固,工程投资约 5.58 亿元。修河流域病险水库除险加固规划汇总见表 5-12。

表 5-12　修河流域病险水库除险加固规划汇总

地级市	县(市、区)	大型/座	中型/座	小(1)型/座	小(2)型/座	投资/万元
宜春市	高安县				1	120
	奉新县				77	9 240
	靖安县				19	2 280
	铜鼓县	1			20	11 396
南昌市	市辖区				8	960
	新建区				4	480
	安义县				70	8 400
九江市	武宁县				49	5 880
	修水县				92	11 040
	永修县				45	5 400
	瑞昌市				5	600
流域合计		1			390	55 796

5.1.8.2　病险水闸除险加固工程规划

1. 病险水闸现状及存在问题

据 2008 年水闸安全状况普查数据统计，截至 2008 年底，修河流域共有小(1)型及以上规模的水闸 35 座，其中中型水闸 9 座，小(1)型水闸 26 座。流域内水闸大多数建于 20 世纪 50~70 年代。已建水闸中特别是一些中小型水闸工程，建设程序不规范，大多为“三边工程”，且工程施工质量较差。根据本次水闸安全状况普查情况来看，现有水闸主要存在以下几个方面的问题：水闸设计防洪标准偏低，不满足现行规范的要求；施工基础处理不到位；消能防冲设施缺乏或者不健全；控制闸门材质差，制作工艺水平低；启闭设施及电气设备简陋；资金投入不足，存在建设缺项。

2. 病险水闸除险加固原则

病险水闸的除险加固处理应针对不同功能、不同型式、不同病险情重点解决防洪及过流能力、结构及渗流稳定性、消能防冲设施结构安全，同时水闸机电及电气设备、监测设施和必要的管理设施配套也是重要内容。按照《水闸安全鉴定规定》(SL 214—1998)的规定，对三类闸，应尽快进行除险加固；对四类闸，应申请降低标准运用或报废重建。

3. 病险水闸除险加固工程规划

本次规划主要是针对流域内已完成安全鉴定的中型以上的病险水闸。根据流域内病险水闸的具体情况，依照突出重点、统筹兼顾、因地制宜、量力而行的原则，确定列入本次规划的病险水闸共 9 座，均为中型水闸，其中三类闸 7 座，四类闸 2 座，四类闸均报废重建，全部工程估算总投资 9 410 万元，均安排在近期实施。具体见表 5-13。

表 5-13 江西省修河流域病险水闸除险加固工程规划

序号	水闸名称	所在地	最大过闸流量/(m^3/s)	规模	安全鉴定类别	建成年份	主要病险问题	拟采取的主要措施	加固投资匡算/万元
1	上港闸	宜春市奉新县	291.33	中型	四类	1969	混凝土严重老化,剥落、露石、裂缝;下游无消能设施;钢闸门严重锈蚀;启闭机锈蚀磨损严重,启闭特别困难;水闸无管理、防汛、观测、监测、通信设施	拆除重建	1 334
2	潦河灌区北潦闸坝	宜春市奉新县	82.13	中型	三类	1969	无消能防冲措施,混凝土结构表层混凝土严重老化,剥落、露石、裂缝,钢闸门各构件有不同程度的锈蚀,启闭设备陈旧,供电系统无备用电源,电气设备老化,工程无水情观测及安全监测设施,管理设施简陋	地基增设铺盖,闸室、翼墙、护岸、两岸连接结构、消能设施等拆除重建,更换闸门、启闭机、电气设备,增加通信设施	703
3	潦河灌区奉新南潦闸坝	宜春市奉新县	87.39	中型	三类	1957	无消能防冲措施,混凝土结构表层混凝土严重老化,剥落、露石、裂缝,钢闸门各构件有不同程度的锈蚀,启闭设备陈旧,供电系统无备用电源,电气设备老化,工程无水情观测及安全监测设施,管理设施简陋	重建闸室、消能设施及闸上下游护岸;更换启闭设备、闸门,增加电气设备,增设安全监测设施,配套管理设施等	784

续表 5-13

序号	水闸名称	所在地	最大过闸流量/(m^3/s)	规模	安全鉴定类别	建成年份	主要病险问题	拟采取的主要措施	加固投资匡算/万元
4	沿里闸	宜春市奉新县	98.7	中型	四类	1976	混凝土严重老化,剥落、露石、裂缝,下游无消能设施;水闸未做防渗处理,水闸及溢流堰渗流稳定不满足要求;木叠梁门腐烂,闸门操作困难;工程无水情观测及安全监测设施,无管理、防汛、通信设施	拆除重建	1 297
5	五更脑闸	宜春市奉新县	380	中型	三类	1975	水闸左边墩翼墙倒塌,闸混凝土表面大面积蜂窝、露石、露筋;启闭机6台,已毁1台,其余经检修无法运行;6片混凝土闸门因断角少边,无法挡水;下游无消能设施,原有下游段冲毁;无监测设施	重建水闸翼墙、护坦及消能设施;更换闸门及启闭机,安装配电设备,建机房运行;对水闸上、下游的左右圩堤迅速加高加固	1 542
6	潦河灌区洋河闸坝	宜春市靖安县	143.55	中型	三类	1955	无消能防冲措施,混凝土结构表层混凝土严重老化,剥落、露石、裂缝,钢闸门各构件有不同程度的锈蚀,启闭设备陈旧,供电系统无备用电源,电气设备老化,工程无水情观测及安全监测设施,管理设施简陋	地基增设铺盖,闸室、翼墙、护岸、两岸连接结构、消能设施等拆除重建,更换闸门、启闭机、电气设备,增加通信设施	1 049

续表 5-13

序号	水闸名称	所在地	最大过闸流量/(m^3/s)	规模	安全鉴定类别	建成年份	主要病险问题	拟采取的主要措施	加固投资匡算/万元
7	潦河灌区西潦北干闸坝	宜春市靖安县	106.91	中型	三类	1953	无消能防冲措施，过水能力不满足要求，混凝土结构表层混凝土严重老化，剥落、露石、裂缝，钢闸门各构件有不同程度的锈蚀，启闭设备陈旧，供电系统无备用电源，电气设备老化，工程无水情观测及安全监测设施，管理设施简陋	增设泄洪闸，节制闸闸室加固，泄水闸闸室加固，增设消能设施，更换闸门、启闭机和电气设备，增设安全监测设施	917
8	潦河灌区西潦南干闸坝	宜春市靖安县	84.18	中型	三类	1953	无消能防冲措施，过水能力不满足要求，混凝土结构表层混凝土严重老化，剥落、露石、裂缝，钢闸门各构件有不同程度的锈蚀，启闭设备陈旧，供电系统无备用电源，电气设备老化，工程无水情观测及安全监测设施，管理设施简陋	增设泄洪闸，重建闸室、消能设施及闸上下游护岸；更换启闭设备、闸门，增加电气设备，增设安全监测设施，配套管理设施等	771
9	潦河灌区解放闸坝	宜春市靖安县	109.41	中型	三类	1952	无消能防冲措施，混凝土结构表层混凝土严重老化，剥落、露石、裂缝，钢闸门各构件有不同程度的锈蚀，启闭设备陈旧，供电系统无备用电源，电气设备老化，工程无水情观测及安全监测设施，管理设施简陋	地基增设铺盖，闸室、翼墙、护岸、两岸连接结构、消能设施等拆除重建，更换闸门、启闭机、电气设备，增加通信设施	1 013

5.1.9 中小河流治理规划

修河流域内面积为200~3 000 km^2 的中小河流共有18条。这些河流源短流急,洪水暴涨暴落。由于大多中小河流,特别是河流沿岸的县城、重要集镇和粮食生产基地防洪设施少、标准低,甚至很多仍处于不设防状态,遇到常遇洪水可能造成较大的洪涝灾害。另外,一些中小河流水土流失严重,加之不合理的采砂以及拦河设障、向河道倾倒垃圾、违章建筑侵占河道等,河道萎缩严重,行洪能力逐步降低,对所在地区城乡的防洪安全构成严重威胁。

中小河流治理的重点是保障河流沿岸易发洪涝灾害的县城、重要集镇及万亩以上基本农田等防洪保护对象的防洪安全。山丘区河流以县城、重要集镇河段为重点,浅丘区河流以沿河人口和农田较集中的河段为重点,平原盆地区河流以洪涝排泄出口河段和河道淤积卡口河段为重点。

中小河流治理以河道整治、河势治导、河道疏浚和清淤、堤防护岸、除涝等工程措施为主。根据不同河流的特点,因地制宜、经济合理地采取工程措施和非工程措施,提高治理标准。由于防洪规划章节中县城防洪规划和堤防工程[对于堤防工程已经保护乡(镇)的,中小河流涉及乡(镇)不再重复计列]规划前已述及,为避免重复,本次中小河流治理规划项目中不含县城和万亩以上堤防工程。

根据《江西省中小河流治理规划》及《江西省五河防洪治理专项规划》,经统计,本次修河流域中小河流治理规划共涉及中小河流20条(含修、潦河),治理工程项目共计58项,均为乡(镇)防洪工程。规划共治理河道总长度达484.66 km,护滩、清淤348.65 km,新建堤防186.02 km,加固堤防149.58 km,新建护岸117.19 km,加固护岸54.25 km,新建穿堤建筑物307座,其他防洪建筑物69处,工程总投资约14.471亿元。具体见表5-14。

5.1.9.1 山洪灾害现状

修河流域上游多高山,地面、河道、溪沟坡降大,水流汇集迅速,这些区域又是暴雨多发区。一旦山洪暴发,因洪水历时短、流速大、来势凶猛,往往造成毁灭性灾害,同时还伴随滑坡、泥石流,摧毁农田与村庄,损失严重。根据《江西省山洪灾害防治规划》等相关资料统计,自1954年以来,修河流域发生较大山洪灾害38次,其中溪河洪水已累计造成十多人死亡,近20万人受灾,1万多间房屋被损毁,直接经济损失6.24亿元;发生泥石流23次,累计损毁房屋221间,威胁人口103万人,直接经济损失2 258万元;滑坡已累计损毁房屋586间,威胁人口1.86万人,直接或间接经济损失0.88亿元。

5.1.9.2 山洪灾害防治规划

根据修河流域山洪灾害成灾原因及分布,以及山洪灾害特点、防治现状、防灾形势和重点防治区与一般防治区,以小流域为单位,因地制宜地制定以非工程措施为主、工程措施与非工程措施相结合的综合防治规划方案。

表 5-14　修河流域中小河流治理项目汇总

序号	项目名称	项目建设地点		项目分类	建设性质	主要建设内容								设计防洪标准	总投资/万元
		所在河流	所在县（市、区）			综合治理长度/km	护滩、清淤长度/km	新建堤防/km	加固堤防/km	新建护岸/km	加固护岸/km	新建穿堤建筑物/座	其他/处		
1	安义县长埠镇防洪工程	潦河	安义县	乡镇防洪	拟建	9.10	2.00	0.60	8.50	2.00	6.00	4	2	10 年一遇	2 363
2	安义县新民乡防洪工程	龙安河	安义县	乡镇防洪	拟建	17.14	14.70	4.40	9.80	2.24	0.70	6		10 年一遇	2 314
3	安义县石鼻镇防洪工程	石鼻河	安义县	乡镇防洪	在建	6.00	6.00	0.50	1.20		2.60		1	10 年一遇	2 655
4	奉新县甘坊镇防洪工程	潦河	奉新县	乡镇防洪	拟建	6.80	2.60	3.20	3.60	2.20		2		10 年一遇	2 693
5	奉新县会埠镇防洪工程	潦河	奉新县	乡镇防洪	拟建	14.00	14.00	4.50	14.10	3.10		3		10 年一遇	2 966
6	奉新县罗市镇防洪工程	潦河	奉新县	乡镇防洪	拟建	7.65	5.15	5.45	2.20	2.60	0.40	3	3	10 年一遇	2 955
7	奉新县上富镇防洪工程	潦河	奉新县	乡镇防洪	拟建	9.00	6.30	6.50	2.50	3.20		4		10 年一遇	2 996
8	奉新县仰山乡防洪工程	潦河	奉新县	乡镇防洪	拟建	4.60	0.70			4.60		2		10 年一遇	1 728
9	奉新县澡溪乡防洪工程	潦河	奉新县	乡镇防洪	拟建	4.90	0.90			4.90		2		10 年一遇	1 803
10	奉新县澡下镇防洪工程	潦河	奉新县	乡镇防洪	拟建	8.47	2.09	8.47	2.30			2		10 年一遇	2 982

续表 5-14

序号	项目名称	项目建设地点		项目分类	建设性质	主要建设内容								设计防洪标准	总投资/万元
		所在河流	所在县（市、区）			综合治理长度/km	护滩、清淤长度/km	新建堤防/km	加固堤防/km	新建护岸/km	加固护岸/km	新建穿堤建筑物/座	其他/处		
11	高安市伍桥镇防洪工程	黄沙港	高安市	乡镇防洪	拟建	13.39	3.88	3.15	8.00	2.24		15	7	10年一遇	1 791
12	靖安县罗湾乡防洪工程	北潦北支河	靖安县	乡镇防洪	拟建	3.26	3.23	2.91	1.55			3	6	10年一遇	1 892
13	靖安县仁首镇防洪工程	北潦北支河	靖安县	乡镇防洪	拟建	8.90	5.60	6.90	2.00			3		10年一遇	2 730
14	靖安县高湖镇防洪工程	北潦河	靖安县	乡镇防洪	拟建	7.83	4.20	4.80	3.03			4		10年一遇	2 819
15	靖安县水口乡防洪工程	北潦河	靖安县	乡镇防洪	拟建	8.20	0.60	5.00	1.20	1.70	0.30	2	1	10年一遇	2 081
16	铜鼓县大段镇防洪工程	山口水	铜鼓县	乡镇防洪	拟建	7.80	7.00	4.00	0.50	1.50	1.00			10年一遇	2 928
17	铜鼓县带溪乡防洪工程	山口水	铜鼓县	乡镇防洪	拟建	8.70	7.00	2.70	2.10	1.50	1.00			10年一遇	2 928
18	铜鼓县排埠镇防洪工程	山口水	铜鼓县	乡镇防洪	拟建	8.80	7.00	2.50	1.00	2.00	1.50			10年一遇	2 815
19	铜鼓县三都镇防洪工程	山口水	铜鼓县	乡镇防洪	拟建	16.50	14.90	5.90	3.00	3.00	3.00			10年一遇	5 939
20	铜鼓县港口乡防洪工程	修河	铜鼓县	乡镇防洪	拟建	2.70	8.80	2.60	0.10	6.21	0.30	15	4	10年一遇	3 524

续表 5-14

序号	项目名称	项目建设地点		项目分类	建设性质	主要建设内容								设计防洪标准	总投资/万元
		所在河流	所在县（市、区）			综合治理长度/km	护滩、清淤长度/km	新建堤防/km	加固堤防/km	新建护岸/km	加固护岸/km	新建穿堤建筑物/座	其他/处		
21	铜鼓县高桥乡防洪工程	修河	铜鼓县	乡镇防洪	拟建	8.35	14.30	6.10		8.35	0.30	20	2	10 年一遇	5 609
22	铜鼓县棋坪镇防洪工程	修河	铜鼓县	乡镇防洪	拟建	14.11	21.20	6.14	0.40	14.11	0.80	26	3	10 年一遇	7 495
23	武宁县船滩镇防洪工程	船滩河	武宁县	乡镇防洪	拟建	7.80	5.30	7.80				12		10 年一遇	2 903
24	武宁县东林乡防洪工程	船滩河	武宁县	乡镇防洪	拟建	5.00	1.90	1.50	3.50			2		10 年一遇	1 154
25	武宁县上汤乡防洪工程	船滩河	武宁县	乡镇防洪	拟建	4.30	3.50	2.10	1.20			2		10 年一遇	1 283
26	武宁县横路乡防洪工程	巾口河	武宁县	乡镇防洪	拟建	10.86	9.10			11.84	5.85	15	1	10 年一遇	2 783
27	武宁县鲁溪镇防洪工程	巾口河	武宁县	乡镇防洪	拟建	7.00	1.00	1.00	2.00	2.00	1.00	5		10 年一遇	2 140
28	武宁县泉口镇防洪工程	巾口河	武宁县	乡镇防洪	拟建	7.20	1.00	1.00	2.50	2.00	1.00	3		10 年一遇	2 210
29	武宁县罗溪乡防洪工程	罗溪河	武宁县	乡镇防洪	拟建	5.80	3.50	5.80				8	5	10 年一遇	1 800
30	武宁县石渡乡防洪工程	罗溪河	武宁县	乡镇防洪	拟建	5.50		2.00	2.50					10 年一遇	1 630

续表 5-14

序号	项目名称	项目建设地点		项目分类	建设性质	主要建设内容								设计防洪标准	总投资/万元
		所在河流	所在县（市、区）			综合治理长度/km	护滩、清淤长度/km	新建堤防/km	加固堤防/km	新建护岸/km	加固护岸/km	新建穿堤建筑物/座	其他/处		
31	武宁县石门楼镇防洪工程	罗溪河	武宁县	乡镇防洪	拟建	3.80		2.00	1.80					10年一遇	1 177
32	修水县黄港镇防洪工程	安溪水	修水县	乡镇防洪	拟建	9.00	9.00		5.00		4.00	13	6	10年一遇	2 733
33	修水县黄沙镇防洪工程	安溪水	修水县	乡镇防洪	拟建	8.50	5.00		5.00		3.50	12		10年一遇	2 265
34	修水县布甲乡防洪工程	北岸水	修水县	乡镇防洪	拟建	8.30	8.30	0.60	2.60		2.50			10年一遇	2 150
35	修水县港口镇防洪工程	北岸水	修水县	乡镇防洪	拟建	8.50	8.50	1.10	2.80		2.00			10年一遇	2 412
36	修水县西港镇防洪工程	北岸水	修水县	乡镇防洪	拟建	9.80	9.80		2.20		2.00			10年一遇	1 310
37	修水县溪口镇防洪工程	北岸水	修水县	乡镇防洪	拟建	11.00	11.00	1.00	3.00		2.00			10年一遇	2 960
38	修水县东港乡防洪工程	东港水	修水县	乡镇防洪	拟建	8.00	6.00	3.50	2.00	1.50	1.00			10年一遇	2 300
39	修水县上衫乡防洪工程	东港水	修水县	乡镇防洪	拟建	7.50	5.00	4.50	1.00	1.00	1.00			10年一遇	1 900
40	修水县石坳乡防洪工程	东港水	修水县	乡镇防洪	拟建	7.00	5.50	4.00	1.50	1.00	0.50			10年一遇	2 100

续表5-14

序号	项目名称	项目建设地点		项目分类	建设性质	主要建设内容								设计防洪标准	总投资/万元
		所在河流	所在县（市、区）			综合治理长度/km	护滩、清淤长度/km	新建堤防/km	加固堤防/km	新建护岸/km	加固护岸/km	新建穿堤建筑物/座	其他/处		
41	修水县何市镇防洪工程	奉乡水	修水县	乡镇防洪	拟建	8.20	3.00			5.00	3.20	5	8	10年一遇	2 860
42	修水县上奉镇防洪工程	奉乡水	修水县	乡镇防洪	拟建	5.50	2.00	2.50		3.00		5	10	10年一遇	1 510
43	修水县征村乡防洪工程	奉乡水	修水县	乡镇防洪	拟建	7.50	3.00			4.00	3.50	4	10	10年一遇	2 680
44	修水县杭口镇防洪工程	杭口水	修水县	乡镇防洪	拟建	5.50	5.00	2.00	2.00	1.50		6		10年一遇	1 600
45	修水县上杭乡防洪工程	杭口水	修水县	乡镇防洪	拟建	6.00	6.00	2.00	1.00	3.00		8		10年一遇	2 300
46	修水县新湾乡防洪工程	杭口水	修水县	乡镇防洪	拟建	5.50	5.50	3.00	0.50	2.00		7		10年一遇	2 100
47	修水县漫江乡防洪工程	山口水	修水县	乡镇防洪	拟建	8.00	8.00	3.50	1.00	2.00		10		10年一遇	2 500
48	修水县山口镇防洪工程	山口水	修水县	乡镇防洪	拟建	7.50	4.00	4.00	4.00	2.00	2.00	8		10年一遇	2 350
49	修水县大椿乡防洪工程	杨津水	修水县	乡镇防洪	拟建	10.00	10.00	1.20	4.00	1.10				10年一遇	2 800
50	修水县黄坳乡防洪工程	洋湖港水	修水县	乡镇防洪	拟建	8.00	8.00	3.50		2.50		5		10年一遇	2 500

续表 5-14

序号	项目名称	项目建设地点		项目分类	建设性质	主要建设内容								设计防洪标准	总投资/万元
		所在河流	所在县（市、区）			综合治理长度/km	护滩、清淤长度/km	新建堤防/km	加固堤防/km	新建护岸/km	加固护岸/km	新建穿堤建筑物/座	其他/处		
51	修水县白岭镇防洪工程	渣津水	修水县	乡镇防洪	拟建	8.50	4.00	4.50	4.00			6		10年一遇	1 500
52	修水县古市镇防洪工程	渣津水	修水县	乡镇防洪	拟建	10.50	5.00	5.50	5.00			15		10年一遇	1 800
53	修水县路口乡防洪工程	渣津水	修水县	乡镇防洪	拟建	8.00	4.00	4.00	4.00			6		10年一遇	1 750
54	修水县马坳镇防洪工程	渣津水	修水县	乡镇防洪	拟建	12.00	6.00	6.00	6.00			12		10年一遇	2 280
55	修水县全丰镇防洪工程	渣津水	修水县	乡镇防洪	拟建	9.50	4.50	5.00	4.50			7		10年一遇	1 700
56	修水县渣津镇防洪工程	渣津水	修水县	乡镇防洪	拟建	12.00	6.00	6.00	6.00			12		10年一遇	2 365
57	永修县滩溪镇防洪工程	龙安河	永修县	乡镇防洪	拟建	17.20	17.20	9.10		4.00		2		10年一遇	2 353
58	永修县江上乡防洪工程	修河	永修县	乡镇防洪	拟建	4.20	1.90		4.20		1.30	1		10年一遇	2 546
流域合计						484.66	348.65	186.02	149.58	117.19	54.25	307	69		144 710

1. 非工程措施

非工程措施是防御和减少山洪灾害的重要保障，强调以预防为主，通过预报、预测事先获知信息，提前做出决策，实施躲灾避灾方案，主要包括监测系统、通信系统、预警系统、避灾躲灾转移、防灾预案、政策法规建设等。

2. 工程措施

工程措施是实现标本兼治，改善生态环境，增强抵御山洪灾害的能力，主要包括对小流域进行综合治理，包括沟道、坡面治理；崩岗、滑坡治理；对泥石流修建必要的排导工程和拦挡工程；对病险水库进行除险加固，兴建必要的中小水库拦截径流、削减洪峰；实施河道整治、疏浚工程；同时实施水土保持和退耕还林等生态建设工程。本次规划整修河堤 155 km，新建河堤 130 km、护岸工程 270 km，沟道疏浚 430 km，排洪渠 529 km。

5.1.10　防洪非工程措施

5.1.10.1　水文监测系统规划

修河流域现有水文站 11 处，水位站 24 处。主要分布在九江、宜春、南昌等 3 个设区市。随着流域内经济社会的快速发展，社会对水文信息的需求愈来愈广泛，现有站网与当前防洪需求不相适应，目前部分中小河流、万亩及 5 万亩以上堤防未设置水文(位)站点或水文(位)站点不足，少数有河流的县城及重要乡(镇)附近未设置水文(位)站点。另外，由于水文行业投入长期不足，水文基础设施设备更新缓慢，新仪器设备的引进长期落后于其他行业，测验手段现代化程度较低，信息的传输渠道不畅，时效性差，部分已有的水文(位)站点的测洪标准及设施设备不能满足测洪的需要，随着水文站点的日益增多，市水文局现有应急监测设施设备已难以满足应急监测需要。

按照流域面积 200 km^2 有防洪任务的河流至少布设水位站 1 处，流域面积 500 km^2 以上的河流要有水文站；万亩及 5 万亩以上堤防附近至少有水位站 1 处；有河流的县城及重要乡(镇)附近设置水文(位)站的原则，本次规划新建水文站 8 处，改建水文站 7 处，新建水位站 19 处，改建水位站 1 处，详见表 5-15 和表 5-16；九江市水文局配备 ADCP 等先进应急监测设施设备。本次规划站点均安排在近期实施。水文监测系统规划静态投资 3 720 万元。

5.1.10.2　水情分中心及预警预报系统规划

修河流域主要涉及九江市 1 个水情分中心，该中心始建于 2005 年，当时只考虑了报汛站点的水文数据接收、传输、存储、处理、转发、查询等功能。设施设备使用多年，现已落后老化，关键物理基础设施已经无法满足现有主要应用系统的正常运行，配电系统、监控系统、制冷系统、网络系统、存储系统、安全系统、容灾系统存在很多隐患，随着遥测站点的不断增加，水文数据海量增长，社会及政府各部门对水文信息的需求不断加大，目前水情分中心难以满足社会及各级政府对水文信息的需求。另外，流域没有设立地市预测预报中心，流域重要站点洪水预报主要靠人工单站作业预报，方法单一，预见期短，且部分中小河流站无预报方案。

本次规划拟改造九江水情分中心，建立九江水情预测预报中心，购置修河流域洪水预警预报系统，建立 27 个新建水文(位)站点断面洪水预报模型及参数率定。

表 5-15 修河水系规划水文站点信息

序号	测站名称	河流名称	地理位置		站址	隶属行业单位	信息管理单位	防护对象	新建	改建	备注
			经度(° ′ ″)	纬度(° ′ ″)							
1	船滩	船滩水	114 41 18	29 11 54	武宁县船滩镇	市水文	九江市水文局	武宁县船滩镇	√		
2	赤江	奉乡水	114 31 59	28 57 00	修水县征村乡	市水文	九江市水文局	修水县征村乡	√		
3	横路	巾口河	115 10 03	29 25 00	武宁县横路乡金盆村	市水文	九江市水文局	武宁县横路乡金盆村	√		
4	滩溪	龙安河	115 37 59	28 58 59	永修县滩溪镇滩溪村	市水文	九江市水文局	永修县滩溪镇滩溪村	√		
5	黄沙桥	安溪水	114 40 00	28 55 00	修水县黄沙镇	市水文	九江市水文局	修水县黄沙镇	√		
6	柴塅	杭口水	114 27 00	29 07 59	修水县上杭乡柴塅村	市水文	九江市水文局	修水县上杭乡柴塅村	√		
7	渣津	渣津水	114 15 00	29 01 00	修水县渣津镇朴田村	市水文	九江市水文局	修水县渣津镇朴田村		√	
8	先锋	山口水	114 31 00	28 58 59	义宁镇任家铺村	市水文	九江市水文局	义宁镇任家铺村		√	
9	罗溪	罗溪河	114 58 59	29 06 00	武宁县罗溪乡	市水文	九江市水文局	武宁县罗溪乡		√	
10	铜鼓	铜排水	114 22 38	28 31 46	铜鼓县永宁镇镇政府后面(右岸)	市水文	宜春水文局	永宁镇、铜鼓县城		√	
11	靖安	北潦南支	115 20 39	28 51 53	靖安县沿河西路青湖广场斜对面(右岸)	市水文	宜春水文局	靖安县城		√	
12	仁首	北潦北支	115 28 47	28 52 35	靖安县仁首镇仁首大桥旁	市水文	宜春水文局	仁首镇、安义县城		√	
13	赤田港	石鼻河	115 33 18	28 43 48	安义县石鼻镇	市水文	南昌市水文局	石鼻镇	√		
14	晋坪	南潦水	114 57 14	28 40 47	奉新县上富镇晋坪村	市水文	宜春水文局	上富镇		√	
15	杭口	修河	114 28 59	29 03 00	修水县杭口镇双井村	市水文	九江市水文局	修水县杭口镇双井村	√		

表 5-16　修河水系规划水位站点信息

序号	测站名称	站类	河流名称	地理位置		站址	隶属行业单位	信息管理单位	防护对象	规划类别		新建	改建	备注
				经度(° ′ ″)	纬度(° ′ ″)					中小河流	五河治理			
1	上汤	水位	上汤水	114 39 00	29 19 00	武宁县上汤乡	市水文	九江市水文局	武宁县上汤乡	√		√		
2	工业园	水位	安溪水	114 35 59	29 01 59	修水县吴都工业园	市水文	九江市水文局	修水县吴都工业园	√		√		
3	花园	水位	巾口河	115 07 59	29 23 59	武宁县横路乡花园村	市水文	九江市水文局	武宁县横路乡花园村	√		√		
4	山口	水位	山口水	114 27 00	28 48 00	修水县山口镇	市水文	九江市水文局	修水县山口镇	√		√		
5	胡家	水位	龙安河	115 39 00	28 58 59	永修县滩溪镇胡家村	市水文	九江市水文局	永修县滩溪镇胡家村	√		√		
6	黄荆洲	水位	山口水	114 28 00	28 53 59	修水县征村乡黄荆洲村	市水文	九江市水文局	修水县征村乡黄荆洲村	√		√		
7	何市	水位	奉乡水	114 35 59	28 51 00	修水县何市镇	市水文	九江市水文局	修水县何市镇	√		√		
8	上杭	水位	杭口水	114 25 59	29 06 00	修水县上杭乡	市水文	九江市水文局	修水县上杭乡	√		√		
9	丁坑口	水位	北潦北支	115 21 30	29 03 08	靖安县宝峰镇丁坑口大坝下游 300 m（左岸）	市水文	宜春水文局	小湾水库、宝峰镇	√		√		
10	徐家	水位	黄沙港	115 17 55	28 35 20	高安市伍桥镇白土村潘家大桥下游(右岸)	市水文	宜春水文局	伍桥镇、赤岸镇	√		√		

续表 5-16

序号	测站名称	站类	河流名称	地理位置		站址	隶属行业单位	信息管理单位	防护对象	规划类别		新建	改建	备注
				经度（° ′ ″）	纬度（° ′ ″）					中小河流	五河治理			
11	温泉	水位	石桥水	114 20 59	28 31 00	铜鼓县温泉镇	市水文	宜春水文局	温泉镇、铜鼓县城	√		√		
12	棋坪	水位	东津水	114 12 09	28 38 45	铜鼓县棋枰镇	市水文	宜春水文局	棋坪镇、港口乡	√		√		
13	宝峰	水位	北潦北支	115 23 57	29 00 47	靖安县小湾水库下游宝峰镇	市水文	宜春水文局	宝峰镇	√		√		
14	璪都	水位	北潦北支	115 09 56	29 00 28	靖安县璪都镇璪都大桥上游	市水文	宜春水文局	璪都镇、港口电站	√		√		
15	武宁	水位	修水	115 00 36	29 15 00	武宁县新宁镇	市水文	九江市水文局	武宁县新宁镇		√	√		
16	立新	水位	潦河	115 46 59	29 01 00	永修县立新乡	市水文	九江市水文局	永修县立新乡		√	√		
17	吴城	水位	修水	116 00 38	29 10 32	永修县吴城镇	市水文	九江市水文局	永修县吴城镇		√		√	
18	沿江桥下	水位	黄沙港	115 21 45	28 37 39	奉新县赤岸镇徐家村沿江组	市水文	宜春水文局	奉新县城南新区		√	√		
19	五更脑闸下	水位	赤田港	115 28 39	28 38 54	奉新县赤田镇高岗村新村组	市水文	宜春水文局	宋埠镇		√	√		
20	三都	水位	修河			修水县三都镇			三都镇			√		

水情分中心改造、地市预测预报中心建立及预警预报系统规划静态投资 1 890 万元。其中九江水情分中心改造合计费用 150 万元,九江预测预报中心费用 1 000 万元,修河流域洪水预警预报系统购置费用 200 万元,27 个断面模型建立及参数率定费用 540 万元。

5.1.10.3　其他非工程措施

1. 政策法规建设

根据流域防洪建设的需要,在《中华人民共和国水法》《中华人民共和国防洪法》的总体框架下,完善流域防洪政策法规建设,包括防汛调度有关法规、洪水保险政策法规、涉河工程建设与管理的相关法规、洪泛区及退田还湖的单双退圩区管理的相关政策法规、河道采砂管理法规等。应加强这些法规的建设,并加强防洪法规的舆论宣传和教育,普及防洪相关知识。

2. 防汛调度指挥系统建设

流域洪水灾害频发,防洪减灾任务十分繁重。应在全省防汛通信网络的基础上,进一步完善相关功能,建设由信息采集、通信预警、计算机网络、决策支持组成的高效、可靠、先进、实用的防汛调度指挥系统;加强水文基础设施建设,完善流域水文站网布局,提高水文测报能力;加强对修河干流重点河段的河势监测、重要险工险情监测,加强水文气象预报研究,准确预报洪峰、洪量、洪水位、流速、洪水到达时间、洪水历时等洪水特征值,密切配合防洪工程,进行洪水调度;积极探索流域产汇流的变化规律,建立实时分析计算修河流域洪水的演进模型,为防洪调度决策提供科学依据。

3. 洪泛区管理

通过绘制不同量级洪水风险图,明确洪泛区范围,对洪泛区(包括单双退圩区)进行管理。通过政府颁布法令或条例,对洪泛区进行管理。一方面,对洪泛区利用的不合理现状进行限制或调整,如国家采用调整税率的政策,对不合理开发洪泛区采用较高税率,给予限制;对进行迁移、防水或其他减少洪灾损失的措施,予以贷款或减免税收甚至进行补助以资鼓励。另一方面,对洪泛区的土地利用和生产结构进行规划、改革,达到合理开发,防止无限侵占洪泛区,以减少洪灾损失。

4. 超标准洪水防御

防御超标准洪水的调度原则是充分发挥河道的泄洪作用和各防洪工程的防洪作用,全力加强抗洪抢险工作,在确保重点地区、重点防洪工程安全的前提下,关键时刻可视情况提高个别防洪工程或部分堤段的防洪运行标准,必要时临时扩大分洪范围,以保障重点区域的防洪安全。

编制修河流域超标准洪水防御预案,针对流域内可能发生的超标准洪水,提出在现有防洪工程体系下最大限度地减少洪灾损失的防御方案、对策和措施,包括应确保的重点区域、水库超蓄调度、临时分蓄洪区运用调度,以及不同量级洪水的洪泛区范围,群众安全转移的路线、方式、次序及安置等。

5. 救灾与洪水保险

洪水保险是一项复杂的系统工程,是防洪非工程措施的一个重要组成部分,必须通过政府发动、社会推动,加大现行保险体制改革力度,进行救灾与实行洪水保险。依靠社会筹措资金、国家拨款或国际援助进行救济。凡参加洪水保险者定期缴纳保险费,在遭受洪水灾害后按规定得到赔偿,以迅速恢复生产和保障正常生活。

6. 县、乡级防办建设

流域内目前已建成由省、市、县三级防办组成的防汛调度指挥体系,但从实际情况来看,县级防办仍是薄弱环节,人员配备不足,尤其是防汛专业人员缺乏,制约了其作用的充分发挥。另外,作为江西省防汛抗旱指挥部门最基层的日常办事机构,流域内乡(镇)防办建设目前尚处于起步阶段,其依法行政和应对突发事件的能力还较弱,对防汛抗旱工程的安全监督还不能完全到位,灾情险情信息不能快速反映到决策层,有关防汛抗旱、山洪灾害防御等知识不能深入基层乡村。因此,强化县、乡两级防办能力建设,进一步完善防汛非工程体系是非常必要的。

流域内各级政府应在进一步强化县级防办能力建设的同时,还应按《加强防汛抗旱指挥部办公室能力建设的通知》(赣府厅发〔2007〕6号文)的要求,加强乡(镇)防办建设,完善组织机构,落实人员、办公场所和经费,配备相应的办公设备,保证乡(镇)防汛工作的正常开展。

5.2 治涝规划

5.2.1 涝区概况与致涝成因分析

修河流域的易涝区主要分布在修、潦河的尾闾地区。该区域为滨湖平原区,地势低洼,两岸农田多靠圩堤保护。每年汛期,遇暴雨或外河洪水顶托,圩区内涝水不能及时排出,常发生内涝灾害。永修县和安义县是本流域涝灾发生较为严重的地区,奉新等县也常有涝灾发生。

近些年来,修河流域大兴水利,根据各涝区的自然特点和承泄条件,采用高水导排、低水提排、自排为主、抽排为辅的原则,修建了许多除涝工程。但是,由于圩区内缺乏足够容量的蓄涝区,加之原有排涝装机偏低且设备老化日益严重等,本流域涝灾问题日益突出。

5.2.1.1 涝区概况

本次治涝规划主要包括农村治涝规划内容(城市治涝规划内容纳入城市防洪章节中),农村治涝以圩堤为计算单元。规划共涉及圩堤91座,总集雨面积538.8 km^2。其中,保护耕地面积1万~5万亩圩堤15座,保护耕地面积0.1万~1万亩圩堤76座。

据2007年统计资料,规划范围内共有易涝面积18.14万亩,其中保护耕地面积万亩以上圩区易涝面积9.77万亩,占全部易涝面积的53.9%。规划区域内已建成的排涝设施大多采用"高水导排、低水提排、围洼蓄涝"的原则,尽可能发挥导排沟、渠的撇洪和洼地蓄涝作用,以减少排涝装机。至2007年底,流域内已建电排站24座,总装机容量6 465 kW,排水涵闸199座。规划区域已有治涝面积5.43万亩,占全部易涝面积的29.9%,还有易涝面积12.71万亩。

5.2.1.2 致涝成因分析

目前,修河流域涝区主要集中在修、潦河尾闾的永修、安义等县。永修县是本流域的涝灾集中区和多发区之一。永修县地处修、潦河下游交汇区,该区域地势平坦,人口耕地密集,河网众多,水系复杂。一般每年 7 月开始,受鄱阳湖洪水顶托影响,外河高水位持续时间较长,内涝严重。少数年份受台风影响,修河、潦河洪水和鄱阳湖洪水相遇,则尾闾地区洪涝灾害更加严重。安义、奉新两县地处潦河中下游区,亦是本流域涝灾多发区。潦河是江西省西北地区主要的暴雨中心之一,洪水来势迅猛且频繁,且潦河洪水与修河干流洪水多同步。每至汛期,受上游洪水及下游顶托影响,洪涝灾害严重。

流域内现有排涝设施大多建于 20 世纪 70 年代,运行时间长,排涝设备逐渐老化,涵闸损坏,排水渠系淤塞严重,加之重建轻管现象严重,工程运行管理不善,影响到工程效益的正常发挥。此外,由于涝区经济的不断发展,圩区内耕地的过量开垦,内湖面积逐渐减小甚至消失,致使蓄涝区面积减小,调蓄能力降低,加重了排涝负担,现有排涝设施已经远远不能满足区内工农业生产发展的需要。每遇大水,涝灾时有发生。

5.2.2　主要涝区治涝标准拟定

治涝标准是指涝区发生一定重现期的暴雨时作物不受涝的标准,包含了暴雨雨型、降雨天数、排涝天数、作物耐淹水深、耐淹历时及设计水位等因素。

依据流域雨量资料统计分析、水文资料暴雨洪水分析,参照《江河流域规划编制规范》(SL 201—1997)、《水利水电工程动能设计规范》、《灌溉与排水工程设计规范》(GB 50288—1999)等相关规程规范,结合各涝区面积大小、保护对象重要程度及工农业生产发展的需要等实际情况,并与以往相关治涝规划成果相结合,经综合分析,规划水平年各排涝区治涝标准为:保护面积万亩以上圩区,其治涝标准为 10 年一遇 3 d 暴雨 3 日末排至农作物耐淹水深(50 mm);保护面积万亩以下排涝区,其治涝标准为 5 年一遇 3 d 暴雨 3 d 末排至农作物耐淹水深(50 mm)。

5.2.3　治涝水文分析

5.2.3.1　设计暴雨

修河流域内有虬津、高沙、先锋、万家埠等水文(水位)站,观测降雨量,均为国家基本站,观测方法可行,资料观测、整编可靠,满足规划设计要求。

根据相关规程规范,本次规划设计暴雨采用最大 3 d 暴雨进行计算。统计各代表站历年最大 3 d 暴雨,采用 P-Ⅲ型曲线适线,求得设计暴雨成果见表 5-17。

5.2.3.2　治涝水文分析计算

规划范围内各排涝分区总集雨面积 538.8 km^2,水田和水面的综合降雨径流系数取 1.0,旱地的综合降雨径流系数取 0.9,不考虑田间蒸发及渗漏损失量,根据设计暴雨成果,求得规划区域总设计产水量约为 1.23 亿 m^3。根据治涝区地形、地势条件等基本资料,考虑利用现有排水沟渠、水库、山塘等蓄涝,按日开机 22 h 计,计算得规划区域总设计流量 359.7 m^3/s,见表 5-18。

表 5-17　修河流域雨量代表站设计暴雨成果　　单位：mm

序号	雨量代表站	所在河流	年最大 3 d 设计暴雨		
			5 年一遇（$P=20\%$）	10 年一遇（$P=10\%$）	20 年一遇（$P=5\%$）
1	铜鼓	武宁水	234.2	298.4	362.3
2	何市	奉新水	189.9	237.9	284.8
3	先锋	武宁水	202.5	244.2	284.8
4	高沙	修水	195.9	233.8	271.0
5	虬津	修水	208.2	258.1	307.1
6	甘坊	潦河	245.0	297.1	347.5
7	晋坪	潦河	252.0	311.0	368.5
8	奉新	潦河	230.9	299.6	369.4
9	万家埠	潦河	234.6	298.9	363.0
10	永修	修河	214.4	262.2	308.5

表 5-18　修河流域排涝计算成果

县市区	排涝分区、座数	集雨面积/km^2	设计产水量/万 m^3	规划调蓄水量/万 m^3	规划排涝流量/(m^3/s)
全流域合计	91	538.8	12 320	2 832	359.7
1 万~5 万亩合计	15	268.8	6 911	2 143	180.8
永修县	幸福圩	18.54	455	147	12.1
永修县	高桥圩	13	319	52	9.6
永修县	朝阳圩	11.34	276	91	7.1
永修县	立新圩	58.9	1 466	408	41.5
永修县	马口联圩	29.47	734	208	19.8
安义县	黄洲堤	12	341	113	8.6
安义、永修	万青联圩	18.92	537	207	12.0
安义县	长石联圩	9	256	93	5.9
安义县	武举堤	12	341	96	9.2
安义县	把口堤	15	291	114	6.4
奉新、安义	宋埠堤	31.04	837	285	22.1
奉新县	黄沙港圩堤	7.7	208	23	6.1
奉新县	赤田港堤	7.25	185	36	5.5
奉新县	香干左堤	10.04	271	113	5.8
奉新县	香干右堤	14.6	394	157	9.1
1 万亩以下合计	76	270.0	5 409	689	178.9

续表 5-18

县市区	排涝分区、座数	集雨面积/km^2	设计产水量/万 m^3	规划调蓄水量/万 m^3	规划排涝流量/(m^3/s)
永修县	15	53.16	983	5	37.0
铜鼓县	24	118.9	2 429	471	77.75
奉新县	15	49.54	974	87	31.7
靖安县	3	8.09	168	11	5.7
安义县	19	40.31	855	115	27.0

5.2.4 治涝工程规划

治涝工程规划本着统筹兼顾、因地制宜、综合治理的原则，以排为主，滞、蓄、截相结合，"高水高排、低水提排、围洼蓄涝"。在条件较好地区，争取自排，并充分利用现有港汊、鱼塘、洼地等容积蓄涝，以削减排涝洪峰，尽可能减小电排装机。规划根据各排涝区的地形条件、排水范围、排水系统现状等实际情况，因地制宜地采取不同的工程措施，做到导、排、提、蓄相结合。规划优先考虑对现有老化失修、带病运行的排涝设施进行更新改造，在此基础上，新建扩建部分排涝工程设施，以逐步提高其排涝标准，解决涝区的渍涝问题。

修河上游两岸地势较高，洪水涨落快，洪峰持续时间短，内涝问题不突出，仅铜鼓县部分沿河河谷地偶尔受淹。现有电排站等排涝设施较少，本次规划主要对现有自排闸等进行改造，部分重点保护区考虑新增电排装机，以提高其排涝标准。中下游进入尾闾平原区，两岸农田地势较低，多靠圩堤保护。中下游洪水多为复峰型，历时延长至4~7 d，洪峰持续时间长，且修河、潦河洪水多同步。每遇暴雨，外洪内涝，涝灾较多。现状排涝能力远远不足，考虑适当增加电排装机，电排与自排、导排等相结合，加强排涝能力，提高排涝标准。

规划至2030年，新增治涝面积12.56万亩。新建电排站45座，改造电排站9座，新增电排装机容量15 300 kW，改造电排装机1 600 kW；新建涵闸128座，改造涵闸34座。主要工程量：土石方54.63万 m^3，砌石18.65万 m^3，混凝土及钢筋混凝土15.65万 m^3，钢筋钢材4 677 t，工程总投资约2.17亿元。其中，至2020年，将保护耕地面积1万~5万亩以上圩区排涝设施全部实施完毕，即规划新建电排站11座，改造电排站6座，新增电排装机5 365 kW，改造电排装机容量1 600 kW；新建涵闸11座，改造涵闸28座。主要工程量：土石方23.81万 m^3，砌石8.95万 m^3，混凝土及钢筋混凝土7.54万 m^3，钢筋钢材2 244 t，工程总投资1.03亿元，见表5-19。

表 5-19　修河流域治涝工程规划

县市区	排涝分区、座数	易涝面积/万亩			电排装机/kW			自排闸数量/座			主要工程量				总投资/万元
		合计	已治涝	规划治涝	现有	新增	规划达到	现有	改造	规划新建	土石方/万 m^3	砌石/万 m^3	混凝土及钢筋混凝土/万 m^3	钢筋钢材/t	
全流域合计	91	18.14	5.43	12.56	7 915	15 300	23 215	109	34	128	54.63	18.65	15.65	4 677	21 660
1万~5万亩合计	15	9.77	3.56	6.06	7 475	7 430	14 905	100	28	11	23.81	8.95	7.54	2 244	10 300
永修县	幸福圩	0.44	0.16	0.28		990	990	9	3	1	3.12	1.19	1.05	298.5	1 368.4
永修县	高桥圩	0.83	0.33	0.5	1 090		1 090								
永修县	朝阳圩	0.41	0.21	0.2		495	495	9	2		1.55	0.6	0.5	149.1	683
永修县	立新圩	1.56	0.63	0.93	2 050	1 330	3 380	12	4	2	4.23	1.6	1.34	401.4	1 841.4
永修县	马口联圩	1.25	0.65	0.6	1 205	440	1 645	14	4		1.44	0.53	0.44	133.2	612.4
安义县	黄洲堤	0.45	0.19	0.26	320	440	760	3			1.32	0.53	0.44	132	602.8
安义、永修	万青联圩	0.86	0.38	0.48	420	550	970	12	4		1.77	0.66	0.55	166.2	763.1
安义县	长石联圩	0.44	0.14	0.3	110	440	550	5	1		1.35	0.53	0.44	132.3	605.2
安义县	武举堤	0.45	0.13	0.32	440	495	935				1.49	0.59	0.5	148.5	678.2
安义县	把口堤	0.44	0.12	0.32	390	185	575	6	1		0.59	0.22	0.19	55.8	255.9
奉新、安义	宋埠堤	0.45	0.05	0.4		1 360	1 360	10	3	4	4.41	1.64	1.37	411.3	1 889.7

续表 5-19

县市区	排涝分区、座数	易涝面积/万亩			电排装机/kW			自排闸数量/座			主要工程量				总投资/万元
		合计	已治涝	规划治涝	现有	新增	规划达到	现有	改造	规划新建	土石方/万 m^3	砌石/万 m^3	混凝土及钢筋混凝土/万 m^3	钢筋钢材/t	
奉新县	黄沙港圩堤	0.86	0.19	0.52	310	110	420			2	0.45	0.14	0.11	34.2	160.6
奉新县	赤田港堤	0.44	0.13	0.31	340	110	450			1	0.39	0.13	0.11	33.6	155.5
奉新县	香干左堤	0.45	0.13	0.32	400	155	555	10	3		0.56	0.19	0.16	47.4	219.6
奉新县	香干右堤	0.44	0.12	0.32	400	330	730	10	3	1	1.14	0.4	0.34	100.5	464.2
1万亩以下合计	76	8.37	1.87	6.5	440	7 870	8 310	9	6	117	30.82	9.7	8.11	2 433	11 360
永修县	15	1.87	0.85	1.02		1 710	1 710	2	2	19	6.33	2.09	1.75	525	2 438.7
铜鼓县	24	1.91	0.11	1.8		1 495	1 495	7	4	52	7.73	1.91	1.6	480.9	2 308.5
奉新县	15	2.33	0.23	2.1		2 450	2 450			33	9.33	3.01	2.52	754.8	3 515.7
靖安县	3	0.38	0.16	0.22		385	385			2	1.28	0.47	0.39	116.7	537.1
安义县	19	1.88	0.52	1.36	440	1 830	2 270			11	6.15	2.22	1.85	555.6	2 560

5.3　河道整治及岸线利用规划

5.3.1　河道现状

修河位于江西省西北部，是鄱阳湖水系五大河流之一。主流发源于湘、赣边境大伪山北麓铜鼓县的竹山下，河流自西南向东北，流经港口、程坊、东津，与渣津水汇合后向东，经修水、武宁、柘林、虬津，在艾城以下分出杨柳津河经星子县境内扁担洲下入鄱阳湖；主流于永修县城附近与其最大支流潦河汇合，经永修县城至吴城入鄱阳湖。修河干流全长386.2 km（永修县城以上），按河谷地形和河道特征划分为上、中、下游三段。

河源至抱子石为上游河段，长182.8 km，河道平均坡降1.36‰，属山区性河流，水流湍急，河床侵蚀切割强烈，河流处于崇山峻岭之中，河道狭窄、弯曲，一般河宽小于200 m，河道基本稳定。

抱子石至柘林为中游河段，长156.2 km，河道平均坡降0.32‰。两岸为近代冲蚀成的低山丘陵，山体坡度陡峭，岩石裸露，植被较差，河道渐宽，河宽一般为200～250 m，河床底质为砂卵石。1958年在修河中游末端兴建柘林水库，使该河段长156.2 km中由石渡至柘林段92.5 km成为柘林水库库区，库区河段的面貌已与天然河道情况完全迥异，呈现人工湖泊状况，水深流缓。

柘林以下为下游，柘林至永修河段长47.2 km，平均坡降0.16‰。两岸逐渐过渡为广阔的冲积平原，地势平坦，其间伴有红层岗阜分布。河网交错，柘林以下的干流河道，大部为顺直—微弯状态，只是在虬津镇上下，由于虎山、狮子山的阻挡，河流形成一个Ω形的大弯道。多年来河道（包括虬津大弯道）形态较为稳定。

5.3.2　河道演变

修河自西南向东北徐徐倾斜，河长386.2 km。据历史资料记载，修河中上游河势较稳定，河床变化较小，最大的变化是20世纪50年代后期在修河中游末端兴建柘林水库，使修河中游天然河道呈现人工湖泊状况，改变天然河道长度92.5 km，约占整个修河天然河道长度的24%。20世纪70年代柘林水库复工建设后，永修、新建堵塞了蚂蚁河进出口，形成杨柳津小河和修河干流2支入湖的状况至今。

修河近期河势演变仍以人类活动为主，20世纪80年代以后，没有重大的人类活动影响的河道，河势不会发生较大变化。经沿江各县对河道整治情况可知，只有局部河段在某个特定时段（水位）会发生河岸冲刷，经过抛石处理趋于稳定，不会影响河势的变化。

河道采砂是一种影响河道变化的人类活动。按采砂规划安排，修河在2010～2014年间，每年安排9个可采区和1个航道疏浚区，控制年开采总量为202万t。采砂对河床有一定的影响，但影响多大，有待今后研究。

5.3.3　河道整治

5.3.3.1　河道整治现状

修河干流河道总的河势虽较稳定，但在一定的水流泥沙条件和河床边界条件相互作用下，局部河段主流线稍有摆动，河岸对水流约束作用差，冲淤、崩岸对堤防、城镇、工厂等危害较大。自中华人民共和国成立以来，修河流域以防洪保安为主要目标，开展了较大规模的兴修圩堤、清障扩卡、平垸行洪、护坡护岸、抛石护岸等防洪工程。

中华人民共和国成立初期，修河接连遭遇1954年、1955年等大水年份，洪灾严重。尤其是1954年的长江、鄱阳湖大水，修河尾闾河道几乎所有圩堤决堤。灾后沿江各地进行复堤堵口、圩堤加固，控制河势。

1970年，柘林水库工程开工建设，将修河干流中游段天然河道变成人工湖泊，渠化航道92.5 km，武宁县县城因兴建柘林水库于1970年搬迁于今南市岭，县城所在地为新宁镇。县城三面环水，柘林水库正常高水位65.0 m(吴淞)，该水库投入正常运行后，需要承担下游防洪任务，经常出现超正常水位。由于当时在安置水库移民工作中受多种因素影响，水库移民安置方案忽视了城区库岸防护等基础设施建设，经历30多年水库风浪淘刷，大部分城区库岸侵蚀严重，城区多地段库岸出现崩塌；库岸的侵蚀崩塌严重影响了县城长远的安全和发展，成为制约武宁经济社会发展的突出问题。

柘林水库的修建使下游河道的来水受到柘林水库下泄流量控制，特别是枯水季节，当电站按设计规定下泄80 m^3/s 流量时，河道水深一般为0.6 m，停止发电时，河道几乎不能通航。

20世纪70年代以后，修河两岸城镇工业建设加快，沿江防洪堤的修建和加固，使修河中下游河道洪水岸线日趋稳定。为了发展修河航运，当地政府对部分河段进行了疏通整治。经过沙洲整治，河道清淤，拓宽狭窄段河道断面，目前柘林—吴城段河道3~8月可通行50~100吨级机帆船或浅水船队。

经过几十年的整治，特别是改革开放以来，修河干流在提高两岸防洪标准和航运等级的同时，河道也得到了局部治理。目前，修河干流河道的总体河势基本稳定，但局部河段仍然存在岸坡不稳定情况，不能适应两岸经济快速发展的需要，存在的问题主要表现在以下几个方面：

(1)由于以往的河道治理大部分是以防洪保安和航运为主要目标，主要集中在堤防顶冲段和对河势控制有重要作用的岸边节点的控制上，河道尚未进行全面系统的治理，部分河段河势不够稳定，不仅导致主流顶冲部位的改变，且易引起新的险情，崩岸现象时有发生。

(2)已有的护岸工程标准普遍偏低，且在水流的长期冲刷作用下，水下石方流失严重。为继续发挥现有护岸工程对河势的控制作用，需对现有护岸工程进行全面的加固。

(3)1998年以来，沿江各县防洪排涝能力虽然有了很大的提高，但仍然有部分堤段高程不够，堤身单薄，内部隐患多。

5.3.3.2　河道整治规划

修河河道整治既是修河防洪体系的重要组成部分，又是发展航运和合理利用岸线资源的重要措施，是修河流域沿江地区经济社会发展一项综合性的基础设施建设。经过多年的治理，修河干流河道总体河势基本稳定，且目前沿江两岸工矿企业、工程设施和重要港口等已与现有河势格局基本相适应。因此，修河干流河道整治的关键是控制河势，以稳定现有河势为主，控制河道平面形态的两岸岸线，对局部河势变化较大的河段，不能满足沿岸经济发展的要求，进行相应的河势调整。

根据修河干流河道不同河型的演变特点及存在的问题，结合两岸经济发展的需求变化，确定修河干流河道治理的总体目标是：结合防洪工程措施，控制和改善河势，稳定岸线，保障防护工程安全，扩大泄洪能力，改善航运条件，为沿江地区经济社会发展创造有利条件。

修河干流上游段为山区性河流，河道蜿蜒曲折，两岸多为基岩，河床变形强度小，上游无防洪控制性水库工程，基本为天然河道。部分地区水土流失严重，河道输沙量较大，部分河段易淤积。规划在正确处理好上游段的平面布置、断面设计和迎水面防护之间的关系的基础上，对河道的岸线、堤线进行上下游、左右岸统筹布置，以沿岸经济发达、人口密集的城市、乡(镇)圩镇河段为主要控制点，对易垮塌易冲刷或一旦决口损失较大的河段进行重点整治。目前，沿岸城区、乡(镇)河段防护工程年久失修，河堤残缺，部分河段淤积严重，河道两岸存在极大安全隐患。规划按设计防洪标准，保持原河道中心线，在修水县等河段上顺天然河岸大趋势走向，对局部内凹或外凸河岸，适当外移或内置，留有适当空地，布置堤线，控制水流主线，改善水流条件，稳定河势。在冲刷严重、有崩塌险情的土质河岸段采取砌石守护，在复杂地段和商业、居住中心地段，对河岸进行砌护等护岸整治。

修河干流抱子石以下进入中游河段。中游干流末端建有柘林水库，河道呈库区河段与坝下天然河道相间分布。库区内河道受淹，天然河道变为人工河道(湖泊)，具有天然河道和水库的两重特性。库区河道整治重点在于水库回水变动区的整治，汛期受回水影响的河段发生累积性泥沙淤积，河床有所抬升，原河床边界对水流的控制作用减弱，洪水易出槽，局部河段河势发生变化，河道向微弯方向发展。规划统筹考虑河道岸线和堤线上下游、左右岸情况，对沿岸地势平坦、不能满足防洪标准的武宁县西城区南岸从长水路至太婆堰，拟对其采用浆砌块石贴坡护岸。西城区北岸防洪堤从太婆堰至货运码头，拟对本段河岸采用重力式挡墙。城北区从货运码头至武宁大桥，采用重力式挡墙。城东区北岸、南岸防洪堤从武宁大桥南端至旅游码头、旅游码头至万福工业园，采用浆砌块石贴坡护岸。朝阳湖采用干砌块石护坡。新城区河岸采用重力式挡墙。采取以防护工程为主，结合河道疏浚，进行除险加固，并新建部分护岸工程，控制河道平面流态，稳定河势。

建坝后，使修河干流下游河道水沙条件发生改变，坝下游河段一般会发生冲刷。规划针对建坝引起的下游河道变化，结合水库设计下泄流量，重点对坝下游沿岸经济较发达的永修老县城(涂埠镇)河段进行整治，老城区现有防洪工程为永北圩，已完成除险加固，防洪标准已达 20 年一遇。新城区现有防洪工程为三角联圩，继续全面完成除险加固，防洪能力已达 15 年一遇，完成圩堤除险加固有利于干流河势控制。

修河干流河道整治以防洪保安、航运发展为主要目的，以河势控制工程为主，规划整治岸线总长 123. 94 km，具体情况见表 5-20。

表5-20　修河干流河道整治规划情况

序号	所在县(市、区)	治理河段	整治岸线/km
1	铜鼓县	港口乡段	2.7
2	铜鼓县	高桥乡段	8.35
3	铜鼓县	棋坪镇段	14.11
4	修水县	城区段	11.4
5	武宁县	城区段	29
6	永修县	白槎镇段	12.7
7	永修县	高桥圩段	12.88
8	永修县	虬津镇段	3.6
9	永修县	江上乡段	4.2
10	永修县	城区段	25
合计			123.94

5.3.3.3　修潦分流

修河下游河网复杂,流至艾城街后在东岸嘴处分两支:主流与小河。支流小河于小河街分王家河与杨柳津河,杨柳津河于星子县境内扁担洲下注入鄱阳湖。修河主流于永修县革命烈士纪念塔处纳潦河,流至涂埠镇王家街口纳回流至修河主流的王家河后于吴城望湖亭入鄱阳湖。

修河、潦河尾闾地区耕地集中、人口密集,历来为流域防洪治涝重点建设区,现建有保护京九铁路的郭东圩、永北圩,万亩以上圩堤有三角联圩、九合联圩、立新圩及许多万亩以下的小圩堤。为减轻立新、永北、三角、九合等圩堤及永修县城的防洪压力,缩短堤线长度,分别于东岸嘴、立新桥堵修河,于钩璜、王家桥堵王家河,并拓宽小河、杨柳津河,使得修河、潦河分流,修河经杨柳津河入鄱阳湖,潦河经原修河干流于吴城望湖亭入鄱阳湖。

修河、潦河分流后,一方面可将永北圩、九合联圩、立新圩、河洲圩、东岸圩、淳湖圩联成一条保护面积为10万亩以上的大堤,缩短防洪堤线长度,通过整治堵口后的老河道增加耕地面积。据分析,修潦堵口分流后可缩短防洪堤线总长24.9 km,通过对老河道整治可增加耕地面积0.76万亩。但另一方面,修河、潦堵口分流将会改变修、潦河尾闾地区原有的河流水文特性,汛期小河、杨柳津河的泄洪流量加大,两岸堤防防洪压力增加。而枯水期,修河故道(修河、潦河分流后修河、潦河汇合口以下段称之为修河故道)水位由于未纳修河干流来水而有所下降,对潦河下游地区灌溉取水和生活用水带来一定的影响,且永修县城沿修河故道两岸而立,修河故道来水流量的减小,河道纳污能力下降,将会对永修县城市水生态景观产生影响。另外,考虑修河干流的泄洪及尾闾地区的通航要求,需对小河、杨柳津河进行必要的拓宽和疏浚整治(据初步分析,需整治河道长20.7 km,其中小河6.9 km,杨柳津河九合联圩尖角以上13.8 km),工程量较大,且会占用河道两岸部分耕地、滩涂、洲地面积。

总而言之,修河、潦河分流的实施对尾闾地区的防洪、灌溉、航运、供水、水生态环境等方面都会带来一定的影响,工程建设的利弊,尚需进行专题研究。

5.3.4　岸线利用规划

5.3.4.1　岸线利用现状及存在的问题

河道岸线是有限的宝贵资源,既具有行洪、调节水流等自然属性,又具有开发利用的资源属性,流域防洪、供水、航运及河流生态等关系密切。修河河网密布,水系发育,岸线资源较为丰富,干流两岸岸线资源 49.70 km^2。

修河岸线开发利用活动由来已久,为满足防洪、排涝、灌溉、城建、航运、取水、交通等需要,进行了永久和临时占用岸线资源的建筑和构筑。随着沿岸地区经济的发展,城市化进程的加快,土地资源逐渐紧缺,蕴蓄着巨大经济效益的河道岸线资源也越来越受到重视,并逐渐被开发利用,亲水活动和临水建筑物也日益增多,部分城市河段码头、取排水口、工厂、休闲娱乐场所沿江设置,岸线开发利用程度较高。且近年来,随着城市及道路交通设施建设对砂石需求量的不断增加,江西省水运行业又有新的发展,以采、运、堆放砂石为主的岸线开发利用活动越来越多,砂场码头占用的岸线资源也越来越多。

修河干流岸线资源开发利用程度不断提高,岸线资源的经济效益得到有效的发挥。但与此同时,由于缺乏科学的综合利用规划指导,加上部门间和行业间缺乏统一协调,岸线开发利用过程中存在许多问题,主要表现在:开发利用率整体不高,但已开发利用岸线大多集中分布在县城河段,乡镇河段开发利用率很低,甚至尚未开发;岸线开发管理权限不明、缺乏管理,不少码头占用岸线,仅为挖砂堆放砂石,并未报建,也未进行过防洪影响评价,存在岸线开发无序情况。

5.3.4.2　岸线规划

1. 岸线控制线规划

岸线控制线是指沿河流水流方向或湖泊沿岸周边划定的岸线利用和管理控制线,分为临水控制线和外缘控制线。其中,临水控制线是指为保障河道防洪安全和河流健康生命基本要求,在河岸的临水一侧顺水流方向或湖泊沿岸周边临水一侧划定的控制线;外缘控制线是指河(湖)堤防工程保护范围的外边缘线或为设计洪水位与岸边的交界线。

1) 临水控制线的确定

当河道滩槽关系明显时,以滩地外缘线为岸线临水控制线;当河道滩槽关系不明显时,以平滩水位与岸边的交线为岸线临水控制线,再根据控制站 $Q_P=50\%\sim70\%$(保证率为 50%~70%的中枯水流量)相应水位,作为调整的参考。已建、在建水库库区采用水库正常蓄水位,确定河道的临水控制线。

2) 外缘控制线的确定

已建有堤防工程的河段,可采用堤身内坡脚外一定距离为外缘控制线(二、三级堤防为 50 m,一般圩堤为 5~30 m)。在无堤防的河道,采用河道设计洪水位($P=10\%$)与岸边的交界线作为外缘控制线。

根据上述原则,划定修河干流临水控制线总长 687.39 km,外缘控制线总长 714.95 km。规划详情见表 5-21 和表 5-22。

表5-21 修河干流河道岸线规划统计(按行政区)

县(市、区)	功能区/个	临水控制线/km	外缘控制线/km	岸线/km^2
修水县	4	67.32	70.87	2.86
武宁县	4	341.16	344.38	11.86
永修县	8	278.91	299.70	34.98
合计	16	687.39	714.95	49.70

表5-22 修河干流河道岸线规划统计(按功能区)

功能区	功能区/个	临水控制线/km	外缘控制线/km	岸线/km^2
岸线保护区	5	353.06	356.87	13.27
岸线保留区	7	298.19	322.98	31.82
开发利用区	4	36.14	35.10	4.61
合计	16	687.39	714.95	49.70

2. *岸线规划*

岸线是指河道临水控制线与外缘控制线间的带状区域。根据其自然和经济社会属性及不同功能特点,对岸线进行功能分区,参照《全国河道(湖泊)岸线利用管理规划技术细则》的相关规定,将岸线功能区分为岸线保护区、岸线保留区、岸线控制利用区和岸线开发利用区四类。

岸线保护区:指对流域防洪安全、水资源保护、水生态环境保护、珍稀濒危物种保护等至关重要、而不能进行有碍上述任何一项保护任务而进行开发利用的岸线区域岸段。岸线保护区禁止一切有碍防洪安全、供水安全和流域生态环境安全等的开发利用行为。

岸线保留区:指规划期内暂时不开发利用或者尚不具备开发利用条件的岸线区域,区内一般规划有防洪保留区、水资源保护区、供水水源地等。岸线保留区在规划期内禁止有碍防洪安全、供水安全和流域生态环境安全等的开发利用活动。

岸线开发利用区:指河势基本稳定,无特殊生态保护要求或特定功能要求,开发利用活动对防洪安全、供水安全及河势影响较小的岸线区域。岸线开发利用区在符合基本建设程序条件下,可按照岸线利用规划的总体布局进行合理有序的开发利用。

根据岸线功能区的分类、定义和划分原则及基本要求,结合修河沿岸各地的岸线利用现状和发展需求,将修河干流岸线划分为16个功能区,岸线资源49.70 km^2。其中,岸线保护区5个,岸线资源13.27 km^2;岸线保留区7个,岸线资源31.82 km^2;岸线开发利用区4个,岸线资源4.61 km^2。各功能区详情见表5-23。

表 5-23 修河干流河道岸线规划成果

序号	名称	行政区	河道岸别	功能区类别	临水控制线/km	外缘控制线/km	岸线/km²
1	义宁镇	修水县	左岸	开发利用区	8.50	9.36	0.27
2	三都	修水县	左岸	岸线保留区	25.42	26.66	1.05
3	澧溪	武宁县	左岸	岸线保留区	35.75	36.87	1.09
4	新宁镇	武宁县	左岸	水源保护区	134.63	135.39	4.55
5	柘林镇	永修县	左岸	水源保护区	40.12	40.87	1.42
6	江上立新	永修县	左岸	岸线保留区	68.42	88.05	9.32
7	虬津郭东	永修县	左岸	岸线保留区	64.34	66.2	10.62
8	邓家	永修县	左岸	水源保护区	3.22	3.16	0.33
9	涂家埠	永修县	左岸	开发利用区	5.87	3.80	0.68
10	九合	永修县	左岸	岸线保留区	43.31	43.25	7.38
左岸 10 个功能区合计					429.58	453.61	36.71
1	宁州	修水县	右岸	开发利用区	7.53	8.13	0.23
2	溪口	修水县	右岸	岸线保留区	25.87	26.72	1.31
3	清江	武宁县	右岸	岸线保留区	35.08	35.23	1.05
4	南市街	武宁县	右岸	水源保护区	135.70	136.89	5.17
5	柘林	永修县	右岸	水源保护区	39.39	40.56	1.80
6	三角	永修县	右岸	开发利用区	14.24	13.81	3.43
右岸 6 个功能区合计					257.81	261.34	12.99
修河干流 16 个功能区合计					687.39	714.95	49.70

5.3.5 河道采砂规划

5.3.5.1 采砂现状

修河是江西省五大河流之一，不仅承载着丰富的淡水资源，也承载着大量的砂石资源。修河河道机械采砂始于20世纪80年代末，随着经济建设的快速发展，建筑砂石需求量不断增加，河道采砂规模也逐渐扩大。依据江西省水利规划设计院2011年编制的《江西省修(潦)河下游干流河道采砂规划(2010~2014年)》，修河干流永修县设置9个可采区和1个航道疏浚区，可采区面积2.16 km²，年度控制开采总量202万t。随着经济的快速发展，建筑砂石需求量不断增加，修河沿岸采砂规模也逐渐扩大，下游河道曾一度出现无序开采、滥采乱挖现象。在江西省委、省政府和各级政府的高度重视下，水行政主管部门及航道、海事、公安等部门密切协作，使采砂管理工作由“无序”到“基本有序”、由“乱”到“治”、由“薄弱”到“日趋增强”、由“遏制”到“基本可控”，采砂管理秩序总体处于可控状态。但修河下游河道采砂管理情况复杂，一直以来是江西省采砂管理整治的重点地区之一。且在可观的经济利益驱使下，非法采砂活动屡禁不止，并呈多样化和复杂性，河道内滥采乱挖、擅自划定采砂范围、谁占谁采的无序非法开采活动时有发生，引发了一系列采砂纠纷问题，对修河干流下游河势、防洪安全等产生了严重影响。

5.3.5.2　采砂规划

采砂规划是一项控制性和引导性的专项规划，以维护河道安全为主要目的。修河干流河道采砂规划应符合《中华人民共和国水法》《中华人民共和国防洪法》《江西省河道采砂管理办法》《江西省河道管理条例》等相关法律法规、条例和政策规章，坚持以维护河道河势稳定，保障防洪、通航、供水和水环境安全为原则，统筹兼顾整体与局部、干流与支流、上下游、左右岸、需要与可能、近期与远景，合理划定禁采区、可采区、保留区，并制定相应的控制开采指标。

1. 禁采区划定

必须服从河势控制，确保防洪、通航、供水安全，水生态环境保护和维护临河过河设施正常运用的要求。下列区域应当列为禁采区：

(1)河道防洪工程、河道整治工程、水库枢纽、水文观测设施、航道设施、涵闸以及取水、排水、水电站等水工程安全保护范围；

(2)河道顶冲段、险工、险段、护堤地、规划保留区；

(3)桥梁、码头、通信电缆、过河管道、隧道等工程设施安全保护范围；

(4)鱼类主要产卵场、洄游通道、越冬港等水域；

(5)生活饮用水水源保护区、自然保护区、国际重要湿地、国家和省重点保护的野生动物栖息地以及直接影响水生态保护的区域；

(6)界线不清或者存在重大权属争议的水域；

(7)影响航运的水域；

(8)依法应当禁止采砂的其他区域等。

2. 可采区划定

在河道演变基本规律与泥沙补给分析研究的基础上，充分考虑采砂需求与采砂管理要求，对河势稳定、防洪安全、通航安全、生态与环境和涉河工程的正常运行等基本无不利影响或影响较小的区域，同时考虑采砂河段的实际和可操作性等因素规划为可采区。

3. 保留区划定

河道管理范围内采砂具有不确定性，需要对采砂可行性进行进一步论证的区域。据分析，修河河势变化不大，属相对稳定的河流，为此，将禁采区和可采区之外的区域规划为保留区。

4. 采砂控制指标

(1)规划河段年度控制采砂总量：应综合考虑泥沙补给、砂石储量等因素确定。

(2)可采区规划范围和年度控制实施范围：可采区范围的规划布置及其平面控制点坐标的确定，应采用最新的河道地形图。可采区年度控制实施范围的大小，应结合可采区所处规划河段的具体情况分析确定。

(3)采砂控制高程：应在河道演变、泥沙补给以及采砂影响分析的基础上确定。

(4)控制采砂量：可采区年度控制采砂量应考虑年度控制实施的可采区范围大小、采砂控制高程以及泥沙补给条件综合分析确定。

(5)可采区的禁采期:在分析不同时期采砂相关影响的基础上确定,主要考虑主汛期以及水位超过防洪警戒水位的时段,珍稀水生动物和重要鱼类资源保护要求的时段,以及对水环境有较大影响的时段。

(6)可采期:根据各采区的情况,确定可采区允许采砂的时期。

(7)采砂机具类型和数量、采砂作业方式:根据可采区范围、年度控制开采量等情况,确定可采区的采砂机具的类型和数量及采砂作业方式原则性要求。

(8)弃料的处理方式:对可采区的弃料,明确提出处理意见以及采砂后河道平整要求。

(9)堆砂场设置要求:需要在河道管理范围内设置堆砂场时,应从河道行洪、岸坡稳定、环境保护等方面的影响综合考虑,提出堆砂场的数量、分布、范围、堆放时限及堆放要求等。

5.3.5.3 采砂管理

河道采砂管理贯彻执行《江西省河道采砂管理办法》的规定和要求,落实采砂管理实行地方人民政府行政领导负责制、河道采砂实行许可制度、实行规划统一制度。修河沿江各县特别是永修县辖河段的可采区应明确提出年度实施的管理要求,制定实施办法,完善采砂管理的措施,要实行采砂管理分片负责制,明确责任范围和责任人,实行奖励制度和责任追究制度,做到奖罚分明。对实施招标或者拍卖的可采区,严格按国家有关规定进行,做到公开、公平、公正。严格拍卖程序、严格投标资质、严格中标和经营,规范河道采砂秩序,稳定砂石市场,合理开发利用砂石资源。可采区开采前应设立采区安全告示牌、在此范围内不宜游泳及其他活动等安全提示;并在采区作业边界设置明显标志。严格控制开采总量,不得超范围、超深、超量、超功率、超船只数开采,确保河势稳定和防洪安全。

修河沿江各县水行政主管部门要按水利部提出的“四个专门”(专门的机构、人员、装备、经费)的要求,建议争取尽早成立专门的机构,积极争取落实编制和专职人员,保障采砂管理队伍的建设和稳定。为切实维护好河道安全创造良好条件,确保河道采砂始终处于可控状态。对此必须加强采砂管理设施建设(采砂管理执法基地、执法码头和执法装备等),满足河道采砂管理工作实际需要。鉴于采砂管理工作的重要性、特殊性和加强采砂管理工作的紧迫性,建议当地政府切实加大采砂管理设施的建设投入,并专列河道采砂管理经费支出预算,保证资金投入渠道。

采砂管理应根据不同河段的特点,沿江各县(区)应强化采砂动态监测管理措施,加强对禁采区、保留区和可采区以及各种采砂船的监督管理,严格执行定点、定时、定船、定量、定功率的采砂管理规定。为了确保监管到位,应对区域采砂作业实行动态监测管理:建立采砂船集中停靠登记管理制度,划定集中停靠点和过驳船的作业点,严禁采砂船在禁采区内滞留;检查采砂区内采砂船数量、船名、船号是否与审批的一致,采砂船的采砂时间是否超过审批的采砂期,严格控制区域滞留采砂船数量和采区候载运砂船数量;检查采砂船采砂设备和采砂技术人员配置是否符合要求,限制采砂船功率和采区船只数量;建立可采区现场监管实行 24 h 旁站式管理制度,实行河道采砂全过程的旁站监理,严格控制采砂活动,确保各项规定落到实处;监督采砂船是否按规定缴纳砂石资源费等。

第 6 章　水资源综合利用

6.1　灌溉规划

6.1.1　灌区现状及存在问题

修河流域按行政区划分属南昌市、九江市和宜春市的 11 个县(市、区)。据统计资料,2007 年末修河流域总人口 231.56 万人,其中乡村人口 153.73 万人;耕地面积 283.00 万亩,其中水田 238.39 万亩,旱地 44.61 万亩,人均耕地 1.84 亩;设计灌溉面积 215.42 万亩,有效灌溉面积 155.00 万亩。流域内以种植粮食作物为主,经济作物为辅。粮食作物中以水稻为主,经济作物有棉花、油菜、豆类、蔬菜、果林等。

流域内现有 30 万亩以上灌区 2 处,5 万~30 万亩灌区 5 处,1 万~5 万亩灌区 16 处,0.02 万~1 万亩灌区 1 144 处,0.02 万亩以下灌片多处。这些灌区(片)担负着江西省修河流域地区农业高产、稳产的灌溉任务,在农业生产、农村经济发展及全面建设小康社会中具有十分重要的地位和作用。

但由于修河流域灌区大多兴建年代久远,渠系工程老化失修、普遍带病运行,运行安全问题突出,限于当时兴建的经济条件和技术、施工水平,工程建设标准低,渠道断面不足,渠系不配套,渠系水利用系数、灌溉水利用系数偏低,加之灌区工程建设普遍资金投入不足,当地经济基础相对薄弱,地方财政较困难,灌区中的问题工程往往得不到及时维护,欠账太多,导致抗旱、涝灾害能力明显下降等,难以充分发挥灌区的整体效益,成为制约修河流域农村经济发展及粮食生产安全的主要矛盾。

灌区现有工程设施包括灌区渠首水源工程、渠道及渠系建筑物工程、田间工程和排水工程等。从工程设施的运行情况看,除部分工程设施运行正常或基本正常外,大多不同程度地存在一些险工险段及隐患。灌区工程存在的问题主要有以下几个方面:

(1)灌区水源工程不足。目前,随着灌区灌溉面积的逐步恢复和完善,工业与生活用水需求的进一步增加,水资源供需不平衡问题将日趋严重。必须采取“开源节流”的措施,特别要采用各项先进的节水灌溉技术以及切实可行的量水设施。

(2)渠首泥沙淤积。目前各灌区经过多年运行,各渠首均存在程度不等的泥沙淤积、阻塞问题。引水工程筑坝拦截引水进渠的同时,在坝前造成泥沙淤积,致使上游沙洲逐年升高并下移,阻塞渠首进水口,减少渠首取水流量。

(3)渠道淤塞、渗漏严重。由于流域内大多灌区所处区域地质条件复杂,经长期运行、渠道老化破损、淤积严重,滑坡塌方险段较多,过水断面萎缩,输水能力锐减,大多数干支渠道仍是土质渠道,透水性强,渗漏严重,沿程输水损失较大,渠系水利用系数不高,渠道防渗衬砌少,水资源利用率低,渠道完好率较低,难以满足设计灌溉供水要求。

(4)渠系建筑物老化、损坏严重。渠系建筑物经多年运行,自然老化,跑水、阻水、漏水现象普遍,水闸设施陈旧、启闭设备损坏严重、效能锐减,安全隐患多,造成输水能力下降或无法输水,灌区有效灌溉面积长期达不到设计水平,部分农田水引不进、排不出、灌不上,严重影响了渠系工程的正常运行。

(5)部分排水沟渠淤塞、排水不畅。流域内灌区现有排水系统大多利用天然河道或泄水道,经过适当疏挖整治而成,为自流排水系统,主要排除降雨形成的涝水和部分灌溉余水,部分傍山渠道承担边山洪水排泄任务。大多沟渠尚未进行护砌,岸坡塌方严重,加之边山洪水携带泥沙的淤积,排水沟渠淤塞严重,排水不畅。

(6)田间工程配套不足。由于国家对灌区长期实行的投资政策为:灌溉系统骨干工程部分由国家投资,斗、农渠以下甚至支渠以下由群众负担,致使灌区田间工程长期不能配套,以致出现"重骨干、轻田间"的偏见,既影响了骨干工程效益的发挥,也造成了田间用水浪费严重。

(7)工程维护和运行管理不到位。主要表现在:管理体制不顺,亟待进一步健全和完善;管理经费不足,缺少工程维护费用,通常仅能进行一般的维修养护,难以根治工程隐患或险情,影响工程的正常使用;缺乏必需的工程管理设施,如量水设施、观测设施、自动化管理设施、交通通信设施及有关办公设施,且现有管理设施陈旧落后,适应不了当前先进工程管理的需要;用水管理存在薄弱环节,灌区未能实行计划用水和田间合理用水,表现在渠道上泛开管口,随意取水、用水,渠道长流水,田间大水漫灌等方面,造成水资源浪费严重;现行水费制度亟待进一步完善。

修河流域灌溉现状见表6-1和表6-2。

6.1.2　灌溉设计标准及灌溉定额

6.1.2.1　灌溉设计标准

1. 灌溉设计保证率

修河流域属丰水地区,作物种类以双季稻为主,流域灌溉设计保证率采用85%。

2. 灌溉水利用系数

近期(2020年及以前)综合灌溉水利用系数取0.55,远期(2021~2030年)综合灌溉水利用系数取0.60。

6.1.2.2　灌溉定额

修河流域多以种植水稻为主,兼有豆类、蔬菜、果树及其他作物,经调查,不同灌区现状作物复种指数为1.5~2.1。

水稻灌溉定额计算,主要参照江西省灌溉试验资料,结合修河流域各地降雨、蒸发资料推算。旱作物灌溉定额计算,主要依据江西省水利规划设计院在全省进行大量调查基础上总结的有关参数,确定不同作物在不同生长期最大灌溉需水量,在考虑有效降雨的情况下计算求得。

表 6-1　修河流域 2007 年农业灌溉基本情况

县(市、区)名称	流域面积/km^2	人口/万人		耕地面积				农田灌溉面积/万亩				旱涝保收面积/万亩
		总人口	其中：乡村人口	合计/万亩	水田/万亩	旱地/万亩	人均耕地/亩	有效灌溉面积	实际灌溉面积			
									合计	水田	旱地	
流域总计	14 539	231.56	153.73	283.00	238.39	44.61	1.84	155.00	142.12	135.10	7.02	113.13
南昌市合计	825	30.28	20.43	41.30	34.53	6.77	2.01	24.11	24.08	21.42	2.66	18.88
市辖区	69	2.00	1.16	1.70	1.57	0.13	1.42	0.74	0.72	0.72		0.71
新建区	100	3.42	1.89	4.30	3.66	0.64	2.26	0.49	0.48	0.43	0.05	0.37
安义县	656	24.86	17.38	35.30	29.30	6.00	2.03	22.88	22.88	20.27	2.61	17.80
九江市合计	9 050	139.26	92.86	149.90	117.18	32.72	1.62	77.46	64.81	60.52	4.29	49.93
武宁县	3 369	34.64	23.74	32.70	25.20	7.50	1.38	17.64	17.14	17.06	0.08	13.27
修水县	4 229	72.42	52.21	69.40	55.68	13.72	1.33	30.87	25.01	25.01		23.46
永修县	1 237	25.73	13.55	42.90	33.46	9.44	3.18	27.27	20.98	17.25	3.73	12.09
瑞昌市	215	6.47	3.36	4.90	2.84	2.06	1.44	1.68	1.68	1.2	0.48	1.11
宜春市合计	4 664	62.02	40.44	91.80	86.68	5.12	2.27	53.43	53.23	53.16	0.07	44.32
高安市	96	3.52	1.89	5.00	4.75	0.25	2.63	0.12	0.12	0.11	0.01	0.12
奉新县	1 642	30.70	19.88	52.60	49.44	3.16	2.64	34.12	34.12	34.12		27.53
靖安县	1 378	14.25	9.63	20.00	19.00	1.00	2.08	12.66	12.46	12.46		10.97
铜鼓县	1 548	13.55	9.04	14.20	13.49	0.71	1.58	6.53	6.53	6.47	0.06	5.70

表 6-2　修河流域 2007 年灌区(片)分布情况

所在地市	所在县(市、区)	30万亩以上灌区			5万~30万亩灌区			1万~5万亩灌区			0.02万~1万亩灌区			0.02万亩以下灌片		合计	
		灌区数/处	设计灌溉面积/万亩	有效灌溉面积/万亩	灌区数/处	设计灌溉面积/万亩	有效灌溉面积/万亩	灌区数/处	设计灌溉面积/万亩	有效灌溉面积/万亩	灌区数/处	设计灌溉面积/万亩	有效灌溉面积/万亩	设计灌溉面积/万亩	有效灌溉面积/万亩	设计灌溉面积/万亩	有效灌溉面积/万亩
流域合计		2	52.32	37.91	5	22.59	16.50	16	24.94	18.63	1 144	102.22	73.23	13.35	8.73	215.42	155.00
南昌市	市辖区										8	1.52	0.74			1.52	0.74
	新建区				1	0.50	0.33				1	0.23	0.16			0.73	0.49
	安义县	潦河灌区	11.95	9.51	2	11.05	7.41				90	4.61	4.46	1.90	1.50	29.51	22.88
九江市	武宁县							2	2.14	1.81	221	20.92	15.24	1.40	0.59	24.46	17.64
	修水县							9	13.72	9.64	98	26.89	18.77	3.67	2.46	44.28	30.87
	永修县	柘林灌区	18.71	12.51	1	5.61	4.52	1	1.33	0.86	238	14.21	8.78	0.96	0.60	40.82	27.27
	瑞昌市							1	1.58	1.49	1	0.27	0.17	0.04	0.02	1.89	1.68
宜春市	高安市													0.25	0.12	0.25	0.12
	奉新县	潦河灌区	16.31	12.03	1	5.43	4.24	2	5.03	4.15	120	14.69	13.4	0.49	0.30	41.95	34.12
	靖安县	潦河灌区	5.35	3.86				1	1.14	0.68	184	7.94	5.75	2.99	2.37	17.42	12.66
	铜鼓县										183	10.94	5.76	1.65	0.77	12.59	6.53

通过调查统计现状情况下流域内的作物种植结构和各种作物比例,求得各种作物组成系数和复种指数,以作物组成系数为权重,推算出综合亩净灌溉定额。并根据当地农业种植结构的调整、灌溉保证率的提高,对规划水平年的作物种植结构进行预测,不同灌区规划水平年作物复种指数为 1.7~2.3。按照上述方法推算出流域内规划水平年的综合亩净灌溉定额,见表 6-3。

表 6-3　修河流域综合净灌溉定额成果

频率/%	综合净灌溉定额/(m^3/亩)		
	基准年(2007 年)	近期(2020 年)	远期(2030 年)
50	345	342	341
75	402	400	399
90	447	444	442

6.1.3　灌溉规划目标

为保障粮食安全,全面实现《全国新增 1 000 亿斤粮食生产能力规划(2009~2020 年)》《国家粮食安全中长期规划纲要(2008~2020 年)》对江西省粮食生产提出的目标,必须进一步大力发展农田灌溉事业,提高农田灌溉保证率及灌溉用水效率。

规划至水平年 2030 年,通过对修河流域现有 1 167 座灌区和 200 亩以下灌片骨干工程、末级渠系和田间工程的加固配套以及 42 座新灌区的建设,基本完成修河流域农田灌溉工程建设和改造任务,形成较为完善的农田灌排体系,使修河流域农田灌溉工程的灌溉保证率达到 85%左右,灌区灌溉水利用系数由现状的 0.43 逐步提高到 0.60,灌溉率达 78%左右,使修河流域有效灌溉面积从现状的 155.00 万亩逐步恢复或增加至 220.16 万亩,农业综合生产能力得到大幅提升,有力保障流域内“三农”发展和粮食安全,进一步增强农业发展后劲,促进流域经济社会的可持续、稳定和协调发展。

其中,2020 年以前规划完成 427 座(包括 2 座大型灌区、21 座中型灌区、404 座小型灌区及部分 200 亩以下灌片)现有灌区续建配套节水改造及 2 座新建中型灌区建设。通过灌区续建配套节水改造与建设,使灌区综合灌溉水利用系数 2020 年达到 0.55,灌溉率达到 70%左右,有效灌溉面积增加 41.07 万亩,即有效灌溉面积由现状的 155.00 万亩增加至 196.07 万亩,并改善灌溉面积 68.45 万亩。其中现有灌区恢复灌溉面积 39.36 万亩,改善灌溉面积 67.08 万亩;新建灌区新增灌溉面积 1.71 万亩,改善灌溉面积 1.37 万亩。

2021~2030 年期间规划完成 740 座现有小型灌区及 200 亩以下现有灌片的续建配套节水改造及 40 座小型新灌区的建设。通过灌(片)区续建配套改造与建设,使灌(片)区综合灌溉水利用系数 2030 年达到 0.6,灌溉率达到 78%左右,有效灌溉面积 2030 年达到

220.16 万亩，并改善灌溉面积 38.50 万亩，其中现有灌区恢复灌溉面积 21.06 万亩，改善灌溉面积 37.58 万亩；新建灌区新增灌溉面积 3.03 万亩，改善灌溉面积 0.92 万亩。

6.1.4　农田灌溉工程规划

现状的农业灌溉条件，仍然影响修河流域粮食的生产安全，制约着当地农村经济的发展。本次灌溉规划，根据修河流域的实际情况，按照全面、协调、可持续发展和经济社会发展对农田灌溉的要求，对修河流域农田灌溉进行全面规划，重点加强对现有灌区（片）的续建配套与节水改造建设，加强小型灌区的联并与配套，形成较完善的农田灌排体系，扩大灌溉面积，使灌区及灌溉工程的灌溉保证率、灌溉水利用系数等指标和参数达到规划要求和区域有关发展目标。

规划在农业区划的基础上，进行流域的灌溉规划，针对山区丘陵、平原区的水土资源条件，在充分发挥现有灌溉工程效益的基础上，因地制宜地研究充分利用当地径流和从外水系调水进行灌溉的可行性和合理性。规划的重点放在干流中下游两岸和支流的浅丘平原地带，并研究适合本地区自然条件及经济发展水平的农业种植结构和耕作制度，以及相应的灌溉定额，加强灌区管理，节约用水，合理开发利用水资源，有步骤、有重点地提出流域内不同水平年的灌溉发展规划。

6.1.4.1　灌溉水源工程建设规划

修河流域现状灌溉缺水主要属工程性缺水。为有效解决缺水问题，缓解水资源供需矛盾，本次规划除对现有水源工程进行除险加固、改扩建、挖潜配套与节水改造外，还须规划一批径流控制条件较好、经济指标优、见效快的骨干水源工程与小型水源工程。

1. 已建水源工程除险加固改造规划

本次规划仅对灌区 10 万 m^3 以下蓄水补充水源工程及各类渠首引水和提水工程进行改扩建及除险加固（由于 10 万 m^3 以上蓄水水源工程已在“防洪规划”章节中安排，本章节不再纳入）。根据灌溉水源具体情况与灌溉需要，规划拟对 5 378 座水源工程（包括 2 875 座山塘、2 068 座陂坝（堰）、435 座提灌站）进行改扩建及除险加固改造。其中，2020 年及以前安排 1 613 座（包括 909 座山塘、371 座陂坝（堰）、333 座提灌站），2021~2030 年安排 3 765 座（包括 1 966 座山塘、1 697 座陂坝（堰）、102 座提灌站）。

修河流域各县（市、区）地表水灌溉水源工程改扩建及除险加固改造规划安排详见表 6-4。

2. 新建灌溉水源工程规划

目前，修河流域部分区域灌溉水源与灌溉设施缺乏，仍主要通过降雨或零星分布的小型水源工程解决灌溉问题，灌溉供水保证率低，部分灌区已建水源工程径流控制调节能力较差，现状水资源开发利用程度较低，工程性缺水问题突出，灌溉水源工程建设任务繁重。根据本次灌区规划与水土资源平衡结果，按规划目标与任务（灌溉面积与灌溉保证率）要求，结合流域（区域）水源情况，本次规划重点进行地表水灌溉水源总体规划与布局。

表 6-4　修河流域农田灌区改扩建及除险加固地表水灌溉水源工程规划　单位:座

区域名称	蓄水工程	引水工程	提水工程	合计	水平年
流域合计	2 875	2 068	435	5 378	
2020 年及以前小计	909	371	333	1 613	
2021~2030 年小计	1 966	1 697	102	3 765	
南昌市辖区	67			67	2030
新建区	30			30	2030
安义县	473	23	145	641	2020
武宁县	1 404	545	29	1 978	2030
修水县	398	882	50	1 330	2030
永修县	65	26	95	186	2020
瑞昌市	31	29	1	61	2030
高安市	3	11	2	16	2020
奉新县	268	176	66	510	2020
靖安县	100	135	25	260	2020
铜鼓县	36	241	22	299	2030

1)地表水灌溉水源规划

(1)蓄水水源工程规划。规划新建蓄水工程,增加对径流的调节能力,是增加灌溉水源、提高灌溉保证率的重要措施。根据灌区规划灌溉的需要,结合水源条件,在以往有关规划等前期工作成果的基础上,本次共规划水库工程 80 座,总库容 2.312 亿 m^3,其中大型水库 1 座(鹅婆岭),中型水库 5 座(吊钟、东坑、南茶、九龙、大屋)。鹅婆岭水库总库容 1.178 7 亿 m^3;吊钟水库总库容 0.17 亿 m^3,兴利库容 0.14 亿 m^3;东坑水库总库容 0.12 亿 m^3,兴利库容 0.08 亿 m^3;南茶水库总库容 0.122 5 亿 m^3,兴利库容 0.077 5 亿 m^3;九龙水库总库容 0.125 3 亿 m^3,兴利库容 0.069 3 亿 m^3;大屋水库总库容 0.128 亿 m^3,兴利库容 0.111 亿 m^3。规划山塘工程 343 座,总蓄水容积约 0.29 亿 m^3。

沈坊水库、梅口水库、上庄水库、杨津水库等 4 座水库主要为下游灌区提供补充灌溉。

(2)引水水源工程规划。本次规划新建的引水工程主要为陂坝(堰)工程,根据灌区规划及原小农水规划成果,本次规划新建陂坝 107 座,总引水流量 15.11 m^3/s。

(3)提水水源工程规划。根据灌区需要,本次共规划小型提水工程 11 座,总装机容量 1 404 kW,提水流量 5.72 m^3/s。

各设区市不同水平年规划的水源工程统计详见表 6-5。

表 6-5 修河流域农田灌区新建地表水灌溉水源工程统计

县(市、区)名称	所在地市	蓄水工程				引水工程		提水工程			水平年
		水库		山塘							
		数量/座	总库容/万 m^3	数量/座	蓄水容积/万 m^3	数量/座	引水流量/(m^3/s)	数量/座	装机容量/kW	提水流量/(m^3/s)	
流域合计		80	23 120	343	2 869. 13	107	15. 11	11	1 404	5. 72	
2020 年及以前小计		59	22 266	238	2 056. 00	61	2. 76	11	1 404	5. 72	
2021~2030 年小计		21	854	105	813. 13	46	12. 35				
南昌市辖区	南昌市			11	90. 5						2030
新建区	南昌市			5	32						2030
安义县	南昌市	1	1 700	15	120	2	0. 12				2020
武宁县	九江市	1	1 200	25	220	57	2. 3	2	110	1	2020
修水县	九江市	9	5 681	135	1 181			4	140	1. 19	2020
永修县	九江市	20	1 552	23	200			1	55	0. 45	2020
瑞昌市	九江市			17	50. 63	3	0. 14				2030
高安市	宜春市	2	68	4	30						2030
奉新县	宜春市	28	12 133	40	335	2	0. 34	4	1 099	3. 08	2020
靖安县	宜春市	4	579	35	310	40	11. 97				2030
铜鼓县	宜春市	15	207	33	300	3	0. 24				2030

2) 重点灌溉水源工程简介

(1) 鹅婆岭水库。鹅婆岭水利枢纽工程位于宜春市奉新县境内潦河干流上游,是一座具有防洪、供水、灌溉、发电等综合利用效益的大(2)型水利枢纽工程。水库总库容 1. 178 7 亿 m^3,防洪库容 2 940 万 m^3,正常蓄水位 140. 00 m,设计洪水位 146. 20 m,校核洪水位 146. 49 m,总装机容量 7 MW,多年平均发电量 2 337 万 kW · h,城镇年供水量 0. 04 亿 m^3。开发任务主要是提高奉新县城及上富、罗市 2 个乡镇的防洪标准,为奉新县城区自来水工程提供优质水源,作为高安市锦北灌区锦江左岸片和奉新县潦河灌区奉新南潦渠灌片的灌溉水源。

(2) 吊钟水库。吊钟水库位于修河流域潦河支流龙安河南支上游南昌市安义县新民乡境内,距安义县城 22 km。坝址以上控制流域面积 27. 8 km^2,是一座以灌溉、供水为主,兼顾防洪、发电等综合利用的水利枢纽工程。水库总库容0.17亿m^3,正常蓄水位104 m,防洪库容0.025亿m^3,总装机容量0.6 MW,多年平均发电量0.02亿kW·h,城镇年供水量0.011亿m^3,开发任务主要是作为吊钟灌区(本次规划新建中型灌区)的灌溉水源,灌溉面积2.59万亩,以及为安义县城、新民乡、龙津镇提供供水水源。

(3)大屋水库。大屋水库位于修河支流陈家渡水永修县江上乡境内,距江上乡6 km。坝址以上控制流域面积38.1 km^2,是一座以灌溉、供水为主,兼顾防洪、发电等综合利用的水利枢纽工程。水库总库容0.128亿m^3,正常蓄水位74 m,最大防洪库容0.018亿m^3,城镇年供水量0.004亿m^3,总装机容量1.6 MW,多年平均发电量0.048亿kW·h。开发任务主要是作为大屋灌区(本次规划新建中型灌区)的灌溉水源,灌溉面积1.19万亩,兼为江上乡、八角岭垦殖场、云山集团东新农场等提供水源。

(4)东坑水库。东坑水库位于修河支流凤口水下游九江市武宁县新宁镇境内,距武宁县城19 km。坝址以上控制流域面积55.1 km^2,是一座以城镇供水为主,兼顾防洪、灌溉等综合利用的水利枢纽工程。水库总库容0.12亿m^3,正常蓄水位276 m,城镇年供水量0.06亿m^3。开发任务主要是作为武宁县城、万福工业园、新宁镇等城镇工业和生活用水以及附近地区农村人畜饮水的供水水源,兼有部分农田灌溉任务。

(5)南茶水库。南茶水库位于修河支流杭口水中游修水县新湾乡境内,距修水县城50 km。坝址以上控制流域面积54.1 km^2,是一座以防洪为主,兼顾供水、灌溉、发电等综合利用的水利枢纽工程。水库总库容0.122 5亿m^3,正常蓄水位210 m,防洪库容0.045亿m^3,增加城镇年供水量0.017 5亿m^3,总装机容量10 MW,多年平均发电量0.03亿kW·h。开发任务主要是下游乡镇及农田防洪,并为乡(镇)工业、居民生活用水以及农村人畜饮水提供水源保障,兼有部分农田灌溉任务。

(6)九龙水库。九龙水库位于修河一级支流洋湖港水上游九江市修水县境内,距修水县城45 km。坝址以上控制流域面积23 km^2,是一座以防洪为主,兼顾供水、灌溉、发电等综合利用的水利枢纽工程。水库总库容0.125 3亿m^3,正常蓄水位380 m,最大防洪库容0.055亿m^3,增加城镇年供水量0.05亿m^3,总装机容量1.6 MW,多年平均发电量0.048亿kW·h。开发任务主要是下游乡镇及农田防洪,并为灌区内乡镇工业和生活用水以及农村人畜饮水提供水源保障,兼有部分农田灌溉任务。

6.1.4.2 已建灌区续建配套规划

1. 已建灌区续建配套与节水改造工程

经过历年的建设,修河流域现状设计灌溉面积215.42万亩,有效灌溉面积155.00万亩。其中,30万亩以上灌区2座,流域范围内设计灌溉面积52.32万亩,有效灌溉面积37.91万亩;5万~30万亩中型灌区5座,流域范围内设计灌溉面积22.59万亩,有效灌溉面积16.50万亩;1万~5万亩中型灌区16座,设计灌溉面积24.94万亩,有效灌溉面积18.63万亩;0.02万~0.1万亩小型灌区1 144座,设计灌溉面积102.22万亩,有效灌溉面积73.23万亩。此外,流域内还有200亩以下灌片多处,设计灌溉面积13.35万亩,有效灌溉面积8.73万亩。这些灌区和灌片为江西省粮食生产与农业丰收发挥了重要作用。修河流域2007年已建大中型灌区基本情况见表6-6。

针对灌区存在的问题,已建灌区改造与配套规划任务主要为:在对原工程布局、渠系建筑物及排水工程的合理性进行复核的基础上,重点对影响灌区安全运行的病险和“卡脖子”工程、渗漏严重的渠段、渠系建筑物进行配套改造与除险加固;在田间工程方面,对田间灌排渠沟、田间道路等工程进行完善配套与加固处理,对农渠与农沟间田块进行土地平整。规划的工程措施主要有以下几种。

表 6-6　修河流域 2007 年已建大中型农田灌区基本情况

序号	灌区名称	所在地市	所在县(市、区)	主要水源	设计灌溉面积/万亩	有效灌溉面积/万亩	建成年份	备注
	合计(23 座)				99.85	73.04		
一	30 万亩以上灌区小计(2 座)				52.32	37.91		
1	潦河灌区	南昌市、宜春市	安义县、奉新县、靖安县	南潦河引水工程、黄洲引水工程等	33.61	25.40	1953	设备老化、渠首渗漏塌方、淤塞等
2	柘林灌区	九江市	永修县	柘林水库	18.71	12.51	1982	总设计灌溉面积 31.49 万亩,修河流域范围内 18.71 万亩
二	5 万~30 万亩灌区小计(5 座)				22.59	16.50		
3	溪霞灌区	南昌市	新建区	溪霞水库	0.50	0.33	1960	总设计灌溉面积 5.0 万亩,修河流域范围内 0.5 万亩
4	万长灌区	南昌市	安义县	六溪引水工程、礼源角水库	5.39	3.70		渠道老化、水利用率低、配套设施陈旧
5	长石灌区	南昌市	安义县	观边水库、侯家水库	5.66	3.71	1958	
6	云山灌区	九江市	永修县	云山水库	5.61	4.52	1968	渠道老化、破损严重
7	巨岭灌区	宜春市	奉新县	巨岭提水工程、跃进水库、乌石水库	5.43	4.24	1971	由跃进、乌石、巨岭和 5 个小型灌区组成
三	1 万~5 万亩灌区小计(16 座)				24.94	18.63		
8	大田灌区	九江市	武宁县	大田水库	1.05	0.82	1976	渠系及建筑物工程不配套、渠道老化和破损严重
9	沙田灌区	九江市	武宁县	关门嘴水库	1.09	0.99	1986	

续表 6-6

序号	灌区名称	所在地市	所在县(市、区)	主要水源	设计灌溉面积/万亩	有效灌溉面积/万亩	建成年份	备注
10	渣津灌区	九江市	修水县	苏区堰引水工程、立新水库	1.88	1.44	1960	工程设计标准低、渠系不配套、渠道塌方、渗漏、建筑物老化
11	南茶灌区	九江市	修水县	南茶水库	1.13	0.64	1986	
12	月塘灌区	九江市	修水县	张源水库	1.01	0.68	1958	
13	高峰灌区	九江市	修水县	高峰水库	1.27	1.08	1960	
14	红旗灌区	九江市	修水县	红旗水库	1.49	1.00	1972	
15	赛滩堰灌区	九江市	修水县	北坑水库	2.05	1.49	1975	
16	石嘴灌区	九江市	修水县	石嘴水库	1.01	0.53	1978	
17	上奉灌区	九江市	修水县	祥云水库	2.54	1.75	1984	
18	马坳灌区	九江市	修水县	官塘水库	1.34	1.03	1972	
19	枹桐灌区	九江市	永修县	枹桐水库	1.33	0.86	1966	
20	幸福灌区	九江市	瑞昌市	跃进水库等	1.58	1.49	1976	
21	国庆灌区	宜春市	奉新县	国庆水库、社岗引水工程	3.02	2.41	1958	
22	蔡家垄灌区	宜春市	奉新县	蔡家垄水库	2.01	1.74		
23	石马灌区	宜春市	靖安县	石马水库	1.14	0.68	1961	

1)沟渠整治工程

由于各灌区工程建设年代较早,沟渠土方工程绝大多数采取群众运动方式完成施工,限于当时的施工条件和技术水平等因素,沟渠断面普遍未达到设计标准,或沟渠过水断面不足,输水能力低,或沟渠单薄,影响正常输水,威胁沟渠安全。部分灌区由于当时资金不足等原因,干支沟渠尚未完全施工完毕,渠道工程留有较大尾工。为保证沟渠的正常输水能力,合理分配流量,满足灌溉要求,保障沟渠的正常运行安全,发挥灌溉工程的正常效益,针对各灌区沟渠工程存在的具体问题,需相应采取沟渠清淤、断面扩挖整修、沟渠加高培厚等整治工程措施。

对沟渠过水断面未达到设计标准的,按设计标准对其进行扩挖整修,要求整修后边坡顺畅,沟渠断面和渠底纵坡达到设计要求;对淤积严重的渠段采取疏浚清淤;对渠(沟)断面单薄瘦小、渠(沟)顶高度不够的渠段,采取加高培厚,以满足稳定要求;对部分灌区干支沟渠尚未全部实施的渠段,继续按沟渠设计要求规划续建完成;对存在塌方滑坡渠(沟)段进行护坡处理,护坡形式根据沟渠塌方滑坡情况,一般采用混凝土或浆砌石或干砌石等进行护坡;为提高渠系水利用系数,对地处砂砾层、填方地段以及岩溶发育地段等存在渗漏渠段,采取混凝土预制块衬护、土工膜结合混凝土预制块衬护等措施进行防渗处理。

2)渠系建筑物加固配套改造工程

规划对灌区现有建筑物布局基本维持现状,原则上不另新建。针对各渠系建筑物存在的问题,视损坏程度采取不同的工程处理措施:对渠系建筑物不配套的进行完善,对建设年代早、运用时间长,进入老年期自然老化、年久失修破损严重、带病运行安全问题多或功能丧失或布局不合理的建筑物一律拆除重建,对规模不够、阻水严重的予以改扩建,对一般性跑水、漏水的予以加固补漏,对水闸设施陈旧、启闭设备坏损严重、效能锐减的视不同情况进行更新改造或拆除新建,对建筑物强度和耐久性无大安全问题的仅做一般性加固处理,对干支渠上分水口无闸控制、水量浪费严重的予以增建,对有的涵闸需延伸接长的按原规模进行加固接长处理等。

3)田间工程

田间工程包括末级固定渠道(斗农渠)以下控制范围内的田间灌排渠系、渠系建筑物(如分水涵和路涵等)、田间道路、土地平整和农田护林带等项目。从田间工程现状看,灌区内虽已基本形成一定的田间灌排渠系,并进行了部分田间配套工程建设,但问题仍较多,与灌区园田化建设标准差距较大,离田间工程设计要求相距较远,尚不能达到山、水、田、林、路综合治理的要求,也难以适应农业现代化发展的需要。根据灌区内不同的地理环境、自然条件地形要素等,结合灌区内的社会、经济现状,在农田基本建设规划的基础上,因地制宜地提出田间工程规划的要求和标准。使渠系配套完整、控制量测自如、科学合理配水,桥、涵、闸基本配套,渠沟成网,道路相通,田成方块,排灌分家,灌排自如;平整土地,耕地格田化,适应机械化耕作要求。

本次规划分别对修河流域2座大型灌区,5座5万~30万亩重点中型灌区和16座1万~5万亩一般中型灌区、1 144座0.02万~1万亩小型灌区及多处200亩以下灌片进行续建配套与节水改造工程建设。计划分两个阶段对流域内现有大型、中型、小型灌区及200亩以下灌片实施续建配套与节水改造,其中2座大型灌区、21座中型灌区、404座小型灌区及部分200亩以下灌片安排在近期(2020年及以前)实施,740座小型灌区和剩余200亩以下灌片安排在远期(2021~2030年)实施。同时,规划拟在安义县、武宁县、修水县、奉新县、靖安县、铜鼓县等6个县内发展高效节水灌溉工程2.888 3万亩,安排在近期实施。具体见表6-7~表6-9。

2.已建重点灌区续建配套与节水改造工程简介

1)潦河灌区

潦河灌区涉及南昌市安义县、宜春市奉新县和靖安县,区内耕地面积33.81万亩,设计灌溉面积33.61万亩,有效灌溉面积25.40万亩。该灌区农作物以种植水稻为主,兼有棉花、油菜、蔬菜等。

潦河灌区为多水源蓄、引、提灌溉工程。水源工程主要由12座小(1)型水库、40座小(2)型水库、17座引水陂坝(堰)、105座提灌站等组成。灌区现有干渠193条,长487.89 km;支渠474条,长1 050.64 km。全灌区现有大小渠系建筑物12 643座。由于工程经过多年运行,年久失修、自然老化,渠系建筑物坏损严重,渠系配套不完善,渠道严重淤塞、塌坡等,现状实灌面积仅25.40万亩。

表 6-7 修河流域已建万亩以上农田灌区续建配套改造规划

序号	灌区名称	所在县（市、区）名称	骨干工程			田间工程			效益/万亩		水平年
			渠道整治/km	渠系建筑物/座	排水沟整治/km	面积/万亩	末级渠道整治/km	建筑物/座	新增灌溉面积	改善灌溉面积	
	流域总计(23座)		1 391.94	3 586	421.49	41.11	10 433.47	47 338	26.81	50.95	
	2020年及以前小计(23座)		1 391.94	3 586	421.49	41.11	10 433.47	47 338	26.81	50.95	
(一)	大型灌区(2座)		393.38	961	133.88	21.49	6 139.76	36 961	14.41	25.98	
1	潦河灌区	安义县、奉新县、靖安县	317.95	474	122.00	13.44	4 868.00	34 565	8.21	19.79	2020
2	柘林灌区	永修县	75.43	487	11.88	8.05	1 271.76	2 396	6.20	6.19	2020
(二)	5万~30万亩中型灌区(5座)		163.11	489	78.11	9.39	2 545.63	866	6.09	11.21	
3	溪霞水库	新建区	9.80		64.00	0.20	13.61	17	0.17	0.23	2020
4	万长灌区	安义县	19.81	100		2.23	735.87	158	1.69	2.68	2020
5	长石灌区	安义县	15.44	86		2.22	698.74	76	1.95	2.63	2020
6	云山灌区	永修县	35.90	197		2.32	201.60	339	1.09	1.82	2020
7	巨岭灌区	奉新县	82.16	106	14.11	2.42	895.81	276	1.19	3.85	2020
(三)	1万~5万亩中型灌区(16座)		835.45	2 136	209.50	10.23	1 748.08	9 511	6.31	13.76	
8	大田灌区	武宁县	4.68	8		0.43	65.50	29	0.23	0.59	2020
9	沙田灌区	武宁县	11.20	69	26.50	0.46	83.20	52	0.10	0.7	2020

续表 6-7

序号	灌区名称	所在县（市、区）名称	骨干工程			田间工程			效益/万亩		水平年
			渠道整治/km	渠系建筑物/座	排水沟整治/km	面积/万亩	末级渠道整治/km	建筑物/座	新增灌溉面积	改善灌溉面积	
10	渣津灌区	修水县	58.40			0.76	52.65		0.44	1.02	2020
11	南茶灌区	修水县	36.70	213		0.47	88.00	97	0.49	0.47	2020
12	月塘灌区	修水县	33.30	67	35.00	0.42	49.10	166	0.33	0.49	2020
13	高峰灌区	修水县	55.20	1		0.55	60.00	17	0.19	0.78	2020
14	红旗灌区	修水县	59.90	1		0.65	23.50	35	0.49	0.73	2020
15	赛滩堰灌区	修水县	40.60	1		0.77	4.20	15	0.56	1.07	2020
16	石嘴灌区	修水县	25.20		28.00	0.41	16.00	19	0.48	0.38	2020
17	上奉灌区	修水县	85.10			1.00	28.50		0.79	1.29	2020
18	马坳灌区	修水县	70.10			0.56	31.80		0.31	0.75	2020
19	枹桐灌区	永修县	12.70	57		0.53	45.50	134	0.47	0.33	2020
20	幸福灌区	瑞昌市	87.17	285	120.00	0.63	292.20	938	0.09	1.12	2020
21	国庆灌区	奉新县	35.90	160		1.20	295.16	2 758	0.61	2.1	2020
22	蔡家垄灌区	奉新县	181.90	1 177		0.90	528.16	4 935	0.27	1.44	2020
23	石马灌区	靖安县	37.40	97		0.49	84.61	316	0.46	0.5	2020

表6-8　修河流域已建万亩以下农田灌区及灌片续建配套改造规划

序号	县（市、区）名称	规模	座数/座	骨干工程			田间工程			效益/万亩		水平年
				渠道整治/km	渠系建筑物/座	排水沟整治/km	面积/万亩	末级渠道整治/km	建筑物/座	新增灌溉面积	改善灌溉面积	
流域总计			1 144	6 485.17	11 313	2 361.45	49.02	8 003.30	30 290	33.61	53.71	
其中	小型灌区		1 144	5 224.06	10 512	1 992.27	43.05	6 734.98	29 363	28.99	47.04	
	200亩以下灌片			1 261.11	801	369.18	5.97	1 268.32	927	4.62	6.67	
2020年及以前小计			404	1 634.45	2 364	404.68	15.00	458.54	2 749	12.55	16.13	
2021~2030年小计			740	4 850.72	8 949	1 956.77	34.02	7 544.76	27 541	21.06	37.58	
1	南昌市辖区	小型灌区	8	49.41			0.65	67.62		0.78	0.53	2030
		200亩以下灌片										
2	新建区	小型灌区	1	6.20	5	5.50	0.10	6.80	20	0.07	0.12	2030
		200亩以下灌片										
3	安义县	小型灌区	90	241.82	1 362		1.99	454.10	2 139	0.15	2.04	2030
		200亩以下灌片					0.82	416.20	85	0.40	1.28	2030
4	武宁县	小型灌区	221	707.10	1 417	126.93	9.21		616	5.68	10.89	2020
		200亩以下灌片					0.63	98.50	115	0.81	0.43	2020

续表 6-8

序号	县（市、区）名称	规模	座数/座	骨干工程			田间工程			效益/万亩		水平年
				渠道整治/km	渠系建筑物/座	排水沟整治/km	面积/万亩	末级渠道整治/km	建筑物/座	新增灌溉面积	改善灌溉面积	
5	修水县	小型灌区	98	1 797.68	1 072	308.40	10.38	985.73	929	8.12	13.95	2030
		200亩以下灌片		528.66	94		1.81	244.14	50	1.21	1.71	2030
6	永修县	小型灌区	238	463.90	2 620	268.4	6.45	1 004.95	2 009	5.43	6.23	2030
		200亩以下灌片		27.36	90	15.20	0.44	30.40	96	0.36	0.59	2030
7	瑞昌市	小型灌区	1	7.65	36	10.00	0.11	14.20	131	0.10	0.13	2030
		200亩以下灌片		0.82	10	2.72	0.02	15.90	35	0.02	0.01	2030
8	高安市	小型灌区										
		200亩以下灌片		11.44	45	3.81	0.10	10.92	39	0.13	0.08	2030
9	奉新县	小型灌区	120	652.03	2 163	604.94	6.22	3 042.03	20 576	1.29	4.86	2030
		200亩以下灌片					0.21	11.50	107	0.19	0.33	2030
10	靖安县	小型灌区	184	466.89	1 003	443.45	3.50	820.03	1 206	2.19	4.03	2030
		200亩以下灌片		596.86	449	294.35	1.22	420.24	119	0.62	1.69	2030
11	铜鼓县	小型灌区	183	831.38	834	224.65	4.44	339.52	1 737	5.18	4.26	2020
		200亩以下灌片		95.97	113	53.10	0.72	20.52	281	0.88	0.55	2020

表 6-9　修河流域高效节水灌溉工程规划

县(市)	工程名称	涉及乡(镇)	灌溉方式	灌溉面积/亩	节约水量/万 m^3	实施计划
	合计			28 883	580	
安义县	青湖片	万埠镇	管道输水	9 000	144	近期
武宁县	车下片	清江乡	喷灌	500	12	近期
	塘畔片	宋溪镇	喷灌	500	12	近期
修水县	增产片	大椿乡	喷灌	4 500	109	近期
奉新县	水口猕猴桃基地片	会埠镇	喷灌	5 200	83	近期
靖安县	九里岗片	仁首镇	管道输水	1 545	37	近期
	洪山片	雷公尖乡	管道输水、微灌	638	15	近期
铜鼓县	城关片	温泉镇、永宁镇、排埠镇	管道输水、微灌	7 000	168	近期

由水量平衡分析计算可知,现状 2007 年及规划水平年 2020 年达到设计灌溉面积 33.61 万亩后,水源供水量满足灌溉用水要求。目前现状缺水主要是由于灌区工程年久失修、渠首老化、渠道渗漏等诸多因素造成的工程性缺水问题。

本规划主要对灌区进行续建配套与节水改造,规划改造水源工程 409 座,骨干渠道整治衬砌 317.95 km,骨干渠系建筑物配套改造 474 座,骨干排水沟整治 122.0 km,田间工程整治面积 13.44 万亩,末级渠道整治衬砌 4 868 km,末级渠系建筑物配套改造 7 037 座。

主要工程量为:土方开挖 309.9 万 m^3,土方填筑 249.9 万 m^3,土方回填 19.8 万 m^3,石方开挖 0.72 万 m^3,砌石工程 23.5 万 m^3,混凝土及钢筋混凝土工程 78.8 万 m^3,钢筋制安 3 558 t,钢材 653 t。

2) 柘林灌区

柘林灌区位于九江市境内,涉及九江市永修县、德安市和共青城。区内耕地面积 32.08 万亩,设计灌溉面积 31.49 万亩,有效灌溉面积 21.05 万亩。该灌区农作物以种植水稻为主,兼有棉花、油菜、蔬菜等。本流域涉及永修县柘林灌区部分灌溉面积,设计灌溉面积 18.71 万亩,有效灌溉面积 12.51 万亩。

柘林灌区是一座以柘林水库为骨干水源,串并多个小型水库、塘坝和多个提灌站联合进行灌溉的大型灌区。灌区现有干渠、支渠 57 条,长 454.35 km。全灌区现有大小渠系建筑物 3 969 座,其中干渠主要建筑物 139 座,支渠大小建筑物 945 座。由于工程经过多年运行,年久失修、自然老化,渠道及建筑物坏损严重,渠系配套不完善,渠道严重淤塞、塌坡等,现状实灌面积仅 21.05 万亩。

柘林水库位于九江市永修县柘林镇,是一座以发电、防洪、灌溉为主的大(1)型水库,水库集雨面积 9 340 km^2,总库容 79.2 亿 m^3,兴利库容 34.4 亿 m^3。由水量平衡分析计算可知,现状 2007 年及规划水平年 2020 年达到设计灌溉面积 31.49 万亩后,水源供水量满足灌溉用水要求。目前现状缺水主要是渠首老化、渠道淤塞严重、渠系不配套等诸多因素造成的工程性缺水问题。

本规划主要对本流域范围内灌区进行续建配套与节水改造,规划改造水源工程 31 座,骨干渠道整治衬砌 75.43 km,骨干渠系建筑物配套改造 487 座,骨干排水沟整治 11.88 km,田间工程整治面积 8.05 万亩,末级渠道整治衬砌 1 271.92 km,末级渠系建筑物配套改造 2 396 座。

主要工程量为:土方开挖 278.7 万 m^3,土方填筑 202.3 万 m^3,土方回填 37.6 万 m^3,石方开挖 0.1 万 m^3,砌石工程 13.6 万 m^3,混凝土及钢筋混凝土工程 13.4 万 m^3,钢筋制安 1 050 t,钢材 308 t。

6.1.4.3 新建灌区规划

本次规划拟新建灌区 42 座,规划灌溉面积 10.23 万亩。其中:新建 1 万~5 万亩中型灌区 2 座(吊钟、大屋),吊钟灌区位于南昌市安义县,规划灌溉面积 2.59 万亩,新增灌溉面积 1.04 万亩;大屋灌区位于九江市永修县,规划灌溉面积 1.19 万亩,新增灌溉面积 0.67 万亩。规划拟新建小型灌区 40 座,分布于南昌市、九江市、宜春市的 11 个县(市、区)。

计划分两个阶段实施 42 座新灌区的工程建设,其中 2 座中型灌区安排在近期(2020 年及以前)实施,40 座小型灌区安排在远期(2021~2030 年)实施。修河流域农田灌区规划情况详见表 6-10。

表 6-10　修河流域新建农田灌区规划

序号	灌区名称	所在县	规划灌溉面积/万亩	现状灌溉面积/万亩	新增灌溉面积/万亩	改善灌溉面积/万亩	水平年
流域总计(42 座)			10.23	5.49	4.74	2.29	
2020 年及以前小计(2 座)			3.78	2.07	1.71	1.37	
2021~2030 年小计(40 座)			6.45	3.42	3.03	0.92	
(一)	1 万~5 万亩中型灌区(2 座)		3.78	2.07	1.71	1.37	
	吊钟灌区	安义县	2.59	1.55	1.04	1.00	2020
	大屋灌区	永修县	1.19	0.52	0.67	0.37	2020
(二)	小型灌区(40 座)		6.45	3.42	3.03	0.92	
1	小型灌区(1 座)	南昌市辖区	0.05	0.02	0.03	0.02	2030
2	小型灌区(1 座)	新建区	0.05	0.03	0.02	0.02	2030
3	小型灌区(5 座)	安义县	1.12	0.59	0.53	0.04	2030
4	小型灌区(5 座)	武宁县	0.60	0.32	0.28	0.21	2030
5	小型灌区(6 座)	修水县	0.85	0.47	0.38	0.24	2030
6	小型灌区(3 座)	永修县	0.40	0.21	0.19	0.05	2030
7	小型灌区(1 座)	瑞昌市	0.06	0.03	0.03	0.02	2030
8	小型灌区(1 座)	高安市	0.06	0.04	0.02	0.02	2030
9	小型灌区(7 座)	奉新县	1.50	0.8	0.7	0.11	2030
10	小型灌区(8 座)	靖安县	1.46	0.74	0.72	0.10	2030
11	小型灌区(2 座)	铜鼓县	0.30	0.17	0.13	0.09	2030

6.1.4.4　农田灌溉效益分析

农田灌溉规划实施后，可使全流域新增(或恢复)农田灌溉面积 65.16 万亩，改善灌溉面积 106.95 万亩，农田灌溉率将由现状的 55%提高至 78%左右，全流域综合灌溉水利用系数由现状的 0.43 提高到 0.60 左右。随着项目的实施，区内人民生活、生产条件将得到很大改善，人民生活水平将显著提高，不仅社会经济效益显著，而且生态环境效益明显，对保障国家粮食安全、用水安全、经济安全、生态环境安全和农业可持续发展有重要作用，对促进社会和谐稳定、夺取全面建设小康社会新胜利具有重要意义。

农田灌溉规划效益情况见表 6-11。

表 6-11　农田灌溉规划效益情况　单位：万亩

水平年	灌溉效益								综合灌溉水利用系数
	合计		大型灌区		中型灌区		小型灌区(灌溉片)		
	新增或恢复	改善	新增或恢复	改善	新增或恢复	改善	新增或恢复	改善	
合计	65.16	106.95	14.41	25.98	14.11	26.34	36.64	54.63	
2020	39.36	67.08	14.41	25.98	12.40	24.97	12.55	16.13	0.55
2030	25.80	39.87			1.71	1.37	24.09	38.50	0.60

6.1.5　灌溉非工程措施规划

要充分发挥灌溉工程效益，为流域内经济社会发展服务，就必须坚持工程措施和非工程措施并举，进一步提高管理水平，因此灌溉非工程措施也是灌区的重要建设内容。灌溉非工程措施建设主要包括灌区量水设施、通信调度、信息化等建设内容。

6.1.5.1　量水设施建设规划

灌区量水设施是灌区实行计划用水和农田合理灌溉的重要管理设施，也是灌区实行水费制度改革，实现“按方收费”，推行灌区高效节水管理的重要保障，在灌区的运行管理特别是用水管理和生产管理中占有重要地位。

目前，修河流域灌区内普遍缺乏量水测水设施，给灌区的用水管理等带来了诸多不便，也在一定程度上制约了灌区水费制度的改革。为加强灌区的用水管理，实行计划用水，合理用水，为发展“两高一优”农业和节水农业创造有利条件，也为灌区的水费征收管理工作提供有效手段，需进行灌区量水设施的配套建设。

量水设施的布置要尽量结合渠系建筑物改造统一考虑，同时做到精确可靠，既经济实用，又易于管理。

6.1.5.2　通信调度规划

灌区一般采用的通信手段分有线通信和无线通信，目前，修河流域各灌区内有线通信和无线通信虽然发展迅速，但灌区工程通信仍相当落后，现有通信调度设施不能满足灌区的通信调度要求。

根据灌区通信调度的要求，规划拟在各灌区现有通信调度的基础上，建设一个灌溉、防汛通信调度专网，并与全省防汛通信专网连接。

6.1.5.3　信息化建设规划

目前，修河流域内各灌区信息化程度普遍较低，在运用管理如工程管理、行政管理、水资源管理等方面主要靠大量的人力资源来进行，效率低下。为提高流域内各灌区的现代化水平，进一步提高灌区用水效率和效益，根据《关于加快水利信息化建设的指示精神》（水利部农水灌字〔2002〕09号），按照“科学规划，分步实施，因地制宜，高效可靠”的原则，应在已实施的信息化项目的基础上，进一步充实、完善信息化建设。

6.1.6　抗旱规划

6.1.6.1　近年来的抗旱经验

干旱灾害是修河流域的主要自然灾害之一，一般每年6月底至7月上旬前后便进入晴热少雨的干旱期，7~8月在单一干热气团控制下，月降水量一般只有100 mm或小于100 mm，而同期蒸发量可达200 mm以上，干旱延续时间一般是20~30 d，最长在40~50 d。9~10月降水量一般在100 mm以下，亦少于蒸发量。若该时期影响流域的台风雨偏少，则将发生伏旱甚至连着秋旱，干旱可一直延续到10月。旱灾的发生往往涉及范围较大，影响范围亦已由农业为主扩展到工业、城市、生态等领域。工农业争水、城乡争水、国民经济挤占生态用水现象越来越严重。给城乡居民生活和工农业生产造成不同程度的影响，严重制约流域经济社会的正常运行。随着经济社会的快速发展、城市化的进程加快和社会主义新农村建设，人民生活水平不断提高，对水资源的需求也在不断增加。同时，由于全球气候变暖导致极端气候事件发生频率增加，干旱灾害的发生会更趋频繁，干旱对农业以外的其他社会经济领域造成的影响日益突显出来，旱灾造成的影响和损失更加严重。

中华人民共和国成立以来，为了减少干旱灾害给国民经济和人民生活造成的巨大损失，在党和政府的高度重视下，省、市、县各级政府在抗旱方面投入了巨大的人力、物力和财力，取得了巨大成就，也积累了一些宝贵的经验。如抗旱工程措施方面包括：修建蓄、引、提等水利设施；人工增雨作业；调整种植结构，发展耐旱作物等避灾农业；在农业灌溉中采用控水灌溉、滴灌、喷灌、畦灌、渗灌等节水灌溉技术。抗旱非工程措施方面包括：建立乡（镇）抗旱服务组织，加强基层的抗旱能力；制定相关的法律法规、条例及制度，为抗旱工作起到法律支撑作用；建立旱情监测站网，加强信息采集与监测能力，为科学抗旱决策提供技术支撑。

6.1.6.2　抗旱措施

修河流域现有水源工程的建成，为修河流域经济社会可持续发展做出了巨大贡献。但这些工程大多修建于 20 世纪 50～70 年代，运行时间长，老化失修严重，工程效益难以正常发挥。同时，大部分工程兼顾防洪、灌溉、供水、保护生态等多项任务，每遇旱灾，抗旱无力。另外，由于长期对抗旱重视不够，抗旱意识薄弱，抗旱经验较为匮乏，对抗旱工作的投入和研究较少，旱情信息采集、监测能力不足，基层抗旱服务组织覆盖面窄等，造成修河流域抗旱能力严重不足，严重制约了修河流域经济社会的发展。

为改变修河流域抗旱基础设施薄弱的现状，提高全流域的抗旱应急能力，减轻旱灾带来的损失，保障经济社会可持续发展，本次规划拟从工程措施和非工程措施两方面建设完善修河流域的抗旱减灾保障体系。

1. 工程措施

工程措施主要是修建蓄、引、提等抗旱应急水源，通过增加工程供水能力来提高抗旱能力。根据修河流域近年来旱灾的实际情况，本次规划新建抗旱小型应急水库 2 座，分别为安义县的黄狮垅水库和武宁县董家湾水库，总供水量 621 万 m^3，总库容 410 万 m^3；提水工程 3 处，机井 7 眼，出水量 1 640 m^3/s；连通工程 4 处，总长 38.5 m，输水流量 64 420 m^3/d；配套引水工程 15 处，输水流量 145 314 m^3/d。规划均安排在近期实施，见表 6-12。

2. 非工程措施

非工程措施主要从旱情监测预警、抗旱服务组织及抗旱法律法规等方面加强建设。

（1）加强旱情监测预警系统建设，提高旱灾预警决策能力。系统主要包括旱情信息采集子系统、旱情监测站网、旱情综合数据库和旱情监测预警系统平台，其中旱情监测站网包括土壤墒情监测站网、蒸发站网、抗旱水源监测站网和旱情遥感监测系统。旱情信息采集子系统、土壤墒情监测站网、旱情遥感监测系统、旱情综合数据库和旱情监测预警系统平台由省级统一布局。

（2）加强基层抗旱服务组织建设，提高抗旱机动服务能力。基层抗旱服务组织是农业社会化的重要组成部分，是抗旱减灾的重要力量。在抗旱期间解决人饮困难和作物灌溉用水，为缺乏抗旱机具或设备维修有困难的地区提供抗旱设备和物资的租赁、维修、加工等服务，增强了抗旱救灾的能力。

（3）加强抗旱法律法规建设，提高抗旱指导能力。目前，抗旱法律支撑体系仍很薄弱，用以指导抗旱工作的全国性法律法规仅有《中华人民共和国水法》和《中华人民共和国抗旱条例》，地方性法规仅有《江西省抗旱条例》。法律法规的不足，使得抗旱活动处于无章可循的状态，生活、生产、生态用水的分配，抗旱指挥决策、应急动员、水量调度等仍主要依靠行政手段来操作。规划流域内各县制定相应的抗旱实施办法，用以指导本地抗旱工作。

表 6-12 修河流域抗旱应急水源工程规划

序号	项目名称	所在县级行政区	工程特征指标																				抗旱效益指标				实施安排	备注
			小型水库工程						机井工程						连通工程				其他配套工程									
			水库类型	总库容/万 m^3	总供水量/万 m^3	灌溉供水量/万 m^3	发展灌溉面积/亩	改善灌溉面积/亩	机井类型	数量/眼	井深/m	出水量/(m^3/d)	输水线路长度/km	输水方式	连通长度/km	连通类型	连通方式	输水流量/(m^3/d)	水源类型	输水线路长度/km	输水方式	输水流量/(m^3/d)	保障范围	抗旱应急水量/m^3	保障乡镇居民/人	保障灌溉面积/亩		
	合计			410	621	457	3 100	6 000		7	49	1 640	13.4		38.5			64 420		210.11		145 314		4 178 868	271 016	69 300		
1	石鼻镇抗旱应急连通工程	安义县													19	库库	渠道	60 000					石鼻、乔乐	961 600	17 000	22 000	近期	
2	新民乡抗旱应急连通工程	安义县													10.6	库库	渠道	1 900					新民乡	40 400	3 000	650	近期	
3	万埠镇抗旱应急机井工程	安义县							浅层地下水	3	15	750	4.2	管道									万埠镇	25 920	5 400		近期	
4	东阳镇抗旱应急机井工程	安义县							浅层地下水	2	18	410	4.9	管道									东阳镇	15 390	2 850		近期	
5	长均乡抗旱应急机井工程	安义县							浅层地下水	2	16	480	4.3	管道									长均乡	16 510	3 620		近期	
6	长埠镇抗旱应急连通工程	安义县													6.6	库库	渠道	2 140					长埠镇	32 000		800	近期	

续表 6-12

序号	项目名称	所在县级行政区	工程特征指标																				抗旱效益指标				实施安排	备注
			小型水库工程						机井工程						连通工程				其他配套工程									
			水库类型	总库容/万 m^3	总供水量/万 m^3	灌溉供水量/万 m^3	发展灌溉面积/亩	改善灌溉面积/亩	机井类型	数量/眼	井深/m	出水量/(m^3/d)	输水线路长度/km	输水方式	连通长度/km	连通类型	连通方式	输水流量/(m^3/d)	水源类型	输水线路长度/km	输水方式	输水流量/(m^3/d)	保障范围	抗旱应急水量/m^3	保障乡镇居民/人	保障灌溉面积/亩		
7	黄原丈抗旱应急配套工程	安义县																	江河	2.5	渠道	1 800	长均乡	39 840	3 300	600	近期	
8	黄狮垅水库抗旱应急水源工程	安义县	小(1)型	180	326	227	2 100	2 000															东阳	14 400	3 000		近期	常规水源
9	太阳升镇抗旱应急配套工程	修水县																	江河	15	渠道	17 000	集镇及企业、农田灌溉	361 920	8 000	6 000	近期	
10	大桥镇抗旱应急配套工程	修水县																	湖库	25	管道	22 000	大桥镇	347 000	7 500	8 000	近期	
11	桅桐水库抗旱应急配套工程	永修县																	湖库	12.26	渠道	15 000	梅棠镇、白槎镇	271 200	25 200	3 000	近期	
12	云山集镇抗旱应急连通工程	永修县											2.3	库库	管道	380					云山集镇	45 600	9 500		近期	

续表 6-12

序号	项目名称	所在县级行政区	工程特征指标																				抗旱效益指标				实施安排	备注
			小型水库工程						机井工程						连通工程				其他配套工程									
			水库类型	总库容/万 m^3	总供水量/万 m^3	灌溉供水量/万 m^3	发展灌溉面积/亩	改善灌溉面积/亩	机井类型	数量/眼	井深/m	出水量/(m^3/d)	输水线路长度/km	输水方式	连通长度/km	连通类型	连通方式	输水流量/(m^3/d)	水源类型	输水线路长度/km	输水方式	输水流量/(m^3/d)	保障范围	抗旱应急水量/m^3	保障乡镇居民/人	保障灌溉面积/亩		
13	虬津镇集镇抗旱应急配套工程	永修县																	江河	15.25	管道	1 280	虬津集镇、八角岭垦殖场	69 600	12 000	300	近期	
14	仁首镇抗旱应急配套工程	靖安县																	湖库	12.5	管道	368	仁首镇	44 160	9 200		近期	
15	双溪镇抗旱应急配套工程	靖安县																	湖库	12	管道	2 720	双溪镇、雷公尖乡	132 252	22 042		近期	
16	香田乡抗旱应急配套工程	靖安县																	江河	10.5	管道	850	香田乡	36 100	6 500		近期	
17	高湖镇抗旱应急配套工程	靖安县																	江河	8	管道	823	高湖镇	41 509	8 856		近期	
18	水口乡抗旱应急配套工程	靖安县																	江河	7	管道	160	水口乡	14 400	4 000		近期	
19	董家湾水库抗旱应急水源工程	武宁县	小(1)型	230	295	230	1 000	4 000															横路乡	28 800	6 000		近期	常规水源

续表 6-12

序号	项目名称	所在县级行政区	工程特征指标																				抗旱效益指标				实施安排	备注
			小型水库工程						机井工程						连通工程				其他配套工程									
			水库类型	总库容/万 m^3	总供水量/万 m^3	灌溉供水量/万 m^3	发展灌溉面积/亩	改善灌溉面积/亩	机井类型	数量/眼	井深/m	出水量/(m^3/d)	输水线路长度/km	输水方式	连通长度/km	连通类型	连通方式	输水流量/(m^3/d)	水源类型	输水线路长度/km	输水方式	输水流量/(m^3/d)	保障范围	抗旱应急水量/m^3	保障乡镇居民/人	保障灌溉面积/亩		
20	源口水库抗旱应急配套工程	武宁县																	湖库	36.5	管道	29 565	新宁镇、罗坪镇、杨洲乡、宋溪镇、巾口乡	747 750	72 448	9 950	近期	
21	鲁溪镇集镇抗旱应急配套工程	武宁县																	湖库	13.5	管道	1 284	鲁溪镇集镇	55 840	10 600		近期	
22	上汤乡集镇抗旱应急配套工程	武宁县																	江河	12.6	管道	5 600	上汤乡集镇	49 000	3 000	1 000	近期	
23	清江乡抗旱应急配套工程	武宁县																	江河	10	管道	2 800	清江乡	54 400	3 000	1 000	近期	
24	伍桥镇抗旱应急配套工程	高安市																	湖库	17.5	管道	44 064	伍桥镇、汪家乡	733 277	25 000	16 000	近期	

6.2　供水规划

修河流域供水规划分城市供水规划和农村供水规划。城市指建制市和县级城镇,农村指县城以下的乡(镇)和村。城市供水规划以城市(建制市或县级城镇)为单元,农村供水规划以县为单元。

规划结合《江西省农村自来水工程规划》,打破城乡界限实现水资源的统一管理和配置,统一规划,分期实施,进一步提高城市供水保障和农村自来水普及率,保障城乡供水安全,改善农村生产和生活条件。

6.2.1　供水现状与存在的问题

6.2.1.1　城市供水

现状城市供水主要由城市公共水厂供水和自建设施供水组成,用水主要由居民生活、工业、建筑业、第三产业及生态用水等组成。据调查统计,修河流域现状(2007 年)城市供水总人口 47.5 万人,供水总规模 85.2 万 m^3/d,其中:公共水厂 9 座,设计供水规模为 22.1 万 m^3/d;自建设施供水规模为 63.1 万 m^3/d。公共水厂主要为城市居民提供生活用水,自建设施主要为工业提供生产用水。2007 年,修河流域城市总用水量 26 007 万 m^3,其中:城市居民生活(包括建筑业)用水量为 3 293 万 m^3、工业用水量为 20 857 万 m^3、第三产业用水量为 1 598 万 m^3、生态用水量为 259 万 m^3,见表 6-13。

表 6-13　修河流域城市供用水现状情况(2007 年)

序号	城市名称	城市人口/万人	设计供水规模/(万 m^3/d)				管网漏失率/%	供水保证率/%	供水量/(万 m^3)	城市用水量/万 m^3				
			合计	公共供水		自建设施				居民生活	工业	第三产业	生态	合计
				水厂/座	供水规模									
1	安义县	6.5	12	1	2.0	10	18	95	3 739	451	2 905	346	37	3 739
2	武宁县	6.4	14.3	1	3.0	11.3	15	95	4 345	456	3 632	214	43	4 345
3	修水县	13	15.2	2	3.0	12.2	14	96	4 509	8 78	3 161	425	45	4 509
4	永修县	8.4	15.2	1	4.0	11.2	17	95	4 703	583	3 845	228	47	4 703
5	奉新县	7.1	18.3	1	5.0	13.3	15	95	5 546	518	4 798	175	55	5 546
6	靖安县	3.1	5.7	2	3.0	2.7	116	96	1 772	204	1 446	104	18	1 772
7	铜鼓县	3.0	4.5	1	2.1	2.4	14	95	1 393	203	1 070	106	14	1 393
合计		47.5	85.2	9	22.1	63.1			26 007	3 293	20 857	1 598	259	26 007

修河流域城市现状供水水源以地表水为主,供水设施较完备,除特枯年外,供水水质和水量基本能满足要求。但城市供水存在设备陈旧、管网老化、管网损失率较大等问题。在工业用水方面,由于用水工艺落后,运行管理不科学,工业用水重复利用率低,工业万元产值用水量相对较高,工业用水存在严重浪费现象;在城镇生活用水方面,由于水价不尽

合理,存在用水浪费现象。

随着城市人口的增长和经济的持续发展,用水量将不断加大,水资源供需矛盾不可避免,尤其是干旱季节,城市供水形势更为严峻。此外,部分城市污水未经处理排放,导致流经城市的河流近岸水体污染严重,城市居民生活用水受到水质恶化的威胁。

6.2.1.2　农村供水

修河流域现状农村供水设施分集中式供水设施和分散式供水设施,用水主要由农村居民[含乡(镇)]生活用水和牲畜用水组成。据调查统计,2007年修河流域农村总供水量6 999万 m^3,其中,集中式供水量2 184万 m^3,供水人口62.77万人;分散式供水量4 815万 m^3,供水人口121.31万人,集中式供水量仅占农村总用水量的31.2%;总用水量6 999万 m^3,其中:居民生活用水量5 143万 m^3,牲畜用水量1 856万 m^3;农村饮水不安全人口70.2万人,详见表6-14。

表6-14　修河流域农村供用水现状情况(2007年)

序号	县(市、区)名称	农村总人口/万人	牲畜/万头	农饮不安全人口/万人	集中式供水			分散式供水		年用水量/万 m^3		
					供水人口/万人	设计规模/(万 m^3/d)	供水量/(万 m^3)	供水人口/万人	供水量/万 m^3	居民生活	牲畜	小计
1	南昌市辖区	2.00	7.4	0.8	1.22	0.2	54	0.8	137	58	133	191
2	新建区	3.42	2.31	0.9	1.13	0.2	48	2.29	90	96	42	138
3	安义县	18.36	17.83	6.5	6.61	0.7	244	11.75	597	509	332	841
4	瑞昌县	6.47	2.7	1.0	1.82	0.2	68	4.65	164	184	48	232
5	武宁县	28.24	13.29	10.8	4.43	0.5	168	23.81	879	804	243	1 047
6	修水县	59.42	15.4	24.0	25.27	2.5	859	34.15	1 055	1 627	287	1 914
7	永修县	17.33	5.0	7.2	6.53	0.6	220	10.8	369	500	89	589
8	高安县	3.52	2.0	0.9	0.61	0.1	22	2.91	113	98	37	135
9	奉新县	23.6	19.25	11.0	7.12	0.7	232	16.48	772	646	358	1 004
10	靖安县	11.15	7.74	3.6	3.83	0.4	127	7.32	331	317	141	458
11	铜鼓县	10.55	8.18	3.5	4.20	0.4	142	6.35	308	304	146	450
合计		184.06	101.1	70.2	62.77	6.5	2 184	121.31	4 815	5 143	1 856	6 999

流域内农村人口数量大,且居住分散,农村集中式供水受益人口相对较少,大部分农村居民仍然靠压水井、大口井直接取用地下水,或从河流、水库、山塘等直接取地表水饮用。农村供水因流域水资源分配不均,部分水源水量受季节影响较大,存在用水量不足、水源保证率偏低等问题;部分饮用水水质不符合国家生活饮用水卫生标准,加之农药、化肥的施用量不断增加,部分饮用水水源污染加重,致使流域内不少农村居民饮水状况较差,严重影响了当地人民群众的身心健康;部分农村偏远,居民居住分散,取水费时费力,

用水方便程度不高，束缚了农村经济社会的发展。

6.2.2 规划任务和目标

6.2.2.1 规划任务

对流域内供、用水现状进行调查与分析，根据国民经济发展目标和城市化建设要求，进行规划近期水平年(2020 年)和远期水平年(2030 年)需水分析，针对目前及今后可能存在的问题，立足于水资源合理开发与配置，提出解决修河流域水资源供需平衡的基本思路和措施，保障经济社会可持续发展。

6.2.2.2 规划目标

1. 总体目标

通过实施开源、挖潜、节流、水资源保护、改革水管理体制和水资源统一规划与管理等工程措施和非工程措施，尽可能提高水资源利用程度，保证近期和远期达到与经济社会共同可持续发展相适应的水资源供需平衡。

2. 城市供水规划目标

至 2020 年，流域内城市饮用水水源地得到有效保护，初步建立城市应急水源保障机制，使城市饮用水安全得到有效保障，满足城市发展对城市饮用水安全的要求；至 2030 年，进一步加强对城市饮用水水源地的保护，增加供水规模，提高供水保证率和应急水源储备，使城市饮用水安全得到保障。

3. 农村供水规划目标

统筹城乡供水，提高农村供水标准。2020 年以前，全部解决农村饮用水水质不达标人口饮水问题，改善农村无供水设施、用水极不方便、季节性缺水等用水条件，使 85%以上的农村人口普及自来水供应；2020~2030 年，进一步改善农村用水条件，扩大自来水工程供水人口，使 95%以上农村人口普及自来水供应，同时加强对饮用水水源地的保护。

6.2.3 供需预测与平衡

6.2.3.1 可供水量

流域城市可供水量主要包括公共水厂可供水量和自建设施可供水量。据调查统计，2007 年修河流域城市总可供水量为 34 553.4 万 m^3，其中：公共水厂可供水量为 8 962.8 万 m^3，自建设施可供水量为 25 590.6 万 m^3。

农村可供水量主要包括集中式供水工程可供水量和分散式供水工程可供水量。据调查统计，2007 年修河流域农村总可供水量 7 932.6 万 m^3，其中：集中式供水工程可供水量为 2 636.1 万 m^3，分散式供水工程可供水量为 5 296.5 万 m^3。

6.2.3.2 需水预测

1. 城市需水预测

城市需水预测分居民生活、工业、第三产业、生态四部分进行。

(1) 居民生活需水量根据流域内各城市不同水平年调查和预测的用水人口以及相应水平年的居民生活用水定额，预测城市居民生活需水量。经分析计算，修河流域城市 2020 年、2030 年居民生活总需水量分别为 5 597 万 m^3、7 790 万 m^3。

(2)工业需水根据修河流域的实际情况按定额法预测。一般工业需水量按其产值与一般工业用水定额乘积计算。经分析计算,2020 年流域一般工业毛需水量 24 263 万 m^3,2030 年工业毛需水量 26 153 万 m^3。

(3)第三产业需水采用定额法预测。经分析计算,2020 年流域第三产业毛需水量 8 170 万 m^3,2030 年第三产业毛需水量 15 310 万 m^3。

(4)城市生态需水包括公园绿地用水和城区内的河湖补水,生态用水参照城市供水人口及城市居民生活用水进行估算。经分析计算,2020 年流域城市生态需水量 810 万 m^3,2030 年流域城市生态需水量 1 124 万 m^3。

综上,修河流域城市总需水量 2020 年 38 840 万 m^3、2030 年 50 377 万 m^3,见表 6-15。

2. 农村需水预测

农村需水预测分居民生活需水预测和牲畜需水预测。

(1)农村居民生活需水量预测:农村人口[包括乡(镇)]预测主要考虑自然增长率和城市化率两个因素,随着城市化率的提高,农村人口总体呈下降趋势;不同水平年的农村生活用水定额参照《村镇供水工程技术规范》(SL 310—2004)确定。

(2)牲畜需水预测:牲畜数量以各地市上报资料为基础,以水资源综合规划成果为控制,参照农村人口进行预测;不同水平年的牲畜用水定额以现状为基础,参照《村镇供水工程技术规范》(SL 310—2004)确定。

经分析计算,修河流域 2020 年农村生活需水量 9 836 万 m^3,其中农村居民生活需水量 7 668 万 m^3,牲畜需水量 2 168 万 mm;2030 年农村需水量 10 507 万 m^3,其中农村居民生活需水量 7 957 万 m^3,牲畜需水量 2 550 万 mm,详见表 6-16。

3. 供需平衡分析

城市供需平衡分析:根据现状(2007 年)可供水量和规划水平年 2020 年、2030 年需水量预测分析成果,进行供需平衡分析。基准年 2007 年,修河流域各城市可供水量均大于需水量,基本满足城市居民生活和经济社会发展的要求;到近期规划水平年 2020 年,修河流域各城市可供水量均小于需水量,共需增加供水规模 21.2 万 m^3/d;到远期规划水平年 2030 年,修河流域各城市需水量缺口继续加大,共需增加 52.8 万 m^3/d。。

农村供需平衡分析:基准年 2007 年,修河流域各县(市、区)农村可供水量均大于需水量,基本满足农村用水要求;到规划水平年,修河流域各县(市、区)农村现有工程可供水量难以满足农村用水水量要求,且现有工程多为分散式供水工程,其供水标准低,本次规划根据供水目标开展农村自来水工程建设。

6.2.4　供水工程规划

6.2.4.1　城市供水工程规划

规划综合考虑地形地貌、水源分布、经济发展格局、人口分布、现有供水工程等因素,在分析经济社会发展对自来水需求的基础上,充分考虑上层次和规模化,不拘泥行政区划和地域界限,合理规划布局,实现水资源的优化配置和城乡一体化供水发展新格局,科学合理地拟定城市供水工程规划。

表 6-15　江西省修河流域城市用水供需分析结果

序号	城市名称	水平年	供水人口/万人	第三产业产值/万元	一般工业增加值/万元	毛定额			毛需水量/万 m^3					现状可供水量/万 m^3	需增供水量/万 m^3
						居民生活/[L/(人·d)]	第三产业/(m^3/万元)	一般工业/(m^3/万元)	居民生活	第三产业	一般工业	生态	合计		
1	安义县	2020	10.5	726 718	534 757	210	25	58	805	1 817	3 098	121	5 841	4 380	1 461
		2030	14.5	1973 775	930 501	220	18	33	1 164	3 553	3 104	175	7 996	4 380	3 616
2	武宁县	2020	12	452 800	606 700	210	25	62	920	1 132	3 760	138	5 950	5 220	730
		2030	15.5	1 104 800	1 201 600	220	18	33	1 245	1 989	4 011	187	7 432	5 220	2 212
3	修水县	2020	21.5	822 600	766 600	210	26	60	1 648	2 139	4 575	247	8 609	5 548	3 061
		2030	29	2 235 000	1 583 300	220	18	33	2 329	4 023	5 286	349	11 987	5 548	6 439
4	永修县	2020	12	452 190	683 710	210	25	60	920	1 130	4 081	138	6 269	5 548	721
		2030	15.5	1 223 805	1 459 930	220	18	33	1 245	2 203	4 874	187	8 509	5 548	2 961
5	奉新县	2020	9	355 100	688 300	210	26	74	690	923	5 076	104	6 793	6 680	113
		2030	11.5	950 200	1 306 600	220	18	39	923	1 710	5 042	138	7 813	6 680	1 133
6	靖安县	2020	4	200 150	315 200	210	25	74	307	500	2 324	31	3 162	2 081	1 081
		2030	5.5	501 800	580 100	220	18	39	442	903	2 239	44	3 628	2 081	1 547
7	铜鼓县	2020	4	203 330	245 200	210	26	55	307	529	1 349	31	2 216	1 643	573
		2030	5.5	516 000	532 300	220	18	30	442	929	1 597	44	3 012	1 643	1 369
合计		2020	73	3 212 888	3 840 467				5 597	8 170	24 263	810	38 840	31 100	7 740
		2030	97	8 505 380	7 594 331				7 790	15 310	26 153	1 124	50 377	31 100	19 277

表 6-16 江西省修河流域农村用水供需分析结果

序号	县（市、区）	水平年	农村人口/万人	牲畜/万头	用水定额		年生活需水量/万 m^3			现状可供水量/万 m^3			需增供水量/万 m^3
					居民生活/[L/(人·d)]	牲畜/[L/(头·d)]	居民生活	牲畜	合计	集中式	分散式	合计	
1	南昌市	2020	2.24	21.02	120	45	98	345	443	73	151	224	219
		2030	2.26	30.65	135	45	111	503	614	73	151	224	391
2	新建区	2020	4.33	6.34	120	45	190	104	294	73	99	172	122
		2030	4.96	6.7	135	45	244	110	354	73	99	172	182
3	安义县	2020	16.46	20.42	120	45	721	335	1 056	256	657	913	143
		2030	14.17	22.29	135	45	698	366	1 064	256	657	913	151
4	瑞昌市	2020	6.98	3.05	120	45	306	50	356	73	180	253	103
		2030	8.26	4.11	135	45	407	68	475	73	180	253	222
5	武宁县	2020	24.09	14.93	120	45	1 055	245	1300	183	967	1 150	150
		2030	21.57	16.45	135	45	1 063	270	1 333	183	967	1 150	183
6	修水县	2020	56.2	18.85	120	45	2 461	310	2 771	913	1 161	2 074	697
		2030	49.65	21.44	135	45	2 447	352	2 799	913	1 161	2 074	725
7	永修县	2020	17.85	7.29	120	45	782	120	902	219	406	625	277
		2030	15.71	8.87	135	45	774	146	920	219	406	625	295
8	高安市	2020	4.16	2.45	120	45	182	40	222	37	124	161	61
		2030	4.46	3.11	135	45	220	51	271	37	124	161	110
9	奉新县	2020	22.25	20.54	120	45	975	337	1 312	256	849	1 105	207
		2030	21.85	22.58	135	45	1 077	371	1 448	256	849	1 105	343
10	靖安县	2020	10.82	8.5	120	45	474	140	614	146	364	510	104
		2030	9.51	9.51	135	45	469	156	625	146	364	510	115
11	铜鼓县	2020	9.67	8.66	120	45	424	142	566	146	339	485	81
		2030	9.08	9.53	135	45	447	157	604	146	339	485	119
流域合计		2020	175.05	132.05			7 668	2 168	9 836	2 375	5 297	7 672	2 164
		2030	161.48	155.24			7 957	2 550	10 507	2 375	5 297	7 672	2 835

经规划,至2020年,修河流域城市自来水供水工程7处,总供水规模54.1万m^3/d,供水范围包括流域内城市城区及其周边农村;新建自备供水水厂9座,供水规模15.9万m^3/d。至2030年,修河流域城市自来水供水工程7处,总供水规模82.4万m^3/d,供水范围包括流域内城市城区及其周边农村;新建自备供水水厂9座,供水规模15.9万m^3/d。

各城市供水工程规划分述如下。

1.安义县

安义县城区现状总供水规模为12万m^3/d。现有公共供水水厂1座(安义县城自来水厂),设计供水规模4万m^3/d;自建供水设施供水规模为8万m^3/d。

根据供需平衡分析,规划至2020年,安义县城区需增加供水量1 572万m^3;规划至2030年需增加供水量3 616万m^3。

规划拟建龙津自来水工程,采取新建水厂、管网延伸和改造等措施,实行城乡一体化供水,供水范围主要为安义县城及东阳镇、龙津镇、鼎湖镇、工业园区、石鼻镇、新华、马源、东阳、闵埠、云溪等周边农村。

至2020年,规划龙津自来水工程新建筲岭水厂,与现有县城自来水厂形成"多水源多厂一网"工程联合供水,工程供水总规模为9.5万m^3/d;筲岭水厂水源为筲岭水库和旱禾田水库,供水规模为1.5万m^3/d。另新建自备供水水厂1座,供水规模2.0万m^3/d,以河道水为水源,供水对象为企业用水。

至2030年,规划扩建龙津自来水工程,供水规模增至15.1万m^3/d。

2.武宁县

武宁县城区现状总供水14.3万m^3/d。现有公共供水水厂1座(武宁县城水厂),设计供水规模3万m^3/d;自建供水设施供水规模为11.3万m^3/d。

根据供需平衡分析,规划至2020年,武宁县城区需增加供水量610万m^3;规划至2030年需增加供水量2 212万m^3。

规划拟建武宁县城区自来水工程,采取新建水厂、管网延伸和改造等措施,实行城乡一体化供水,供水范围主要为武宁县城、开发区、宋溪镇、新宁镇、罗坪镇、杨洲乡、巾口乡等。

至2020年,规划武宁县城区自来水工程新建县城新建水厂,与现有县城老水厂形成"多水源多厂一网"工程联合供水,工程供水总规模为9万m^3/d;县城新建水厂水源为源口水库,供水规模为6万m^3/d。

至2030年,规划扩建武宁县城自来水工程,供水规模增至11.6万m^3/d。

3.修水县

修水县城区现状总供水15.2万m^3/d。现有公共供水水厂1座(县城润泉自来水厂),设计供水规模5万m^3/d;自建供水设施供水规模为10.2万m^3/d。

根据供需平衡分析,规划至2020年,修水县城区需增加供水量3 061万m^3;规划至2030年需增加供水量6 439万m^3。

规划拟建东津自来水工程,采取新建水厂、管网延伸和改造等措施,实行城乡一体化供水,供水范围主要为修水县城区、义宁镇、宁州镇、马坳镇、渣津镇、杭口镇等。

至2020年,规划东津自来水工程新建马坳自来水厂和杭口自来水厂,与现有润泉自来水厂和渣津自来水厂形成“单水源多厂一网”工程联合供水，工程供水总规模为7.1万m^3/d；马坳自来水和杭口自来水厂水源均为东津水库，供水规模分别为0.65万m^3/d、0.4万m^3/d。另新建自备供水水厂5座，供水规模8.5万m^3/d，以河道水为水源，供水对象为企业用水。

至2030年，规划扩建东津自来水工程，供水规模增至17.4万m^3/d。

4. 永修县

永修县城区现状总供水规模为15.2万m^3/d。现有公共供水水厂1座（县城水厂），设计供水规模4万m^3/d；自建供水设施供水规模为11.2万m^3/d。

根据供需平衡分析，规划至2020年，永修县城区需增加供水量721万m^3；规划至2030年需增加供水量2 961万m^3。

规划拟建润泉自来水工程，采取新建水厂、管网延伸和改造等措施，实行城乡一体化供水，供水范围主要为永修县城区、涂埠镇、永丰垦殖场、三角乡、九合乡、虬津镇、柘林镇等。

至2020年，规划润泉自来水工程新建滩溪水厂和大屋水厂，与现有县城水厂形成“多水源多厂一网”工程联合供水，工程供水总规模为12万m^3/d；滩溪水厂和大屋水厂水源分别为云山水库、柘林水库，供水规模均为2万m^3/d。

至2030年，规划扩建润泉自来水工程，供水规模增至16.7万m^3/d。

5. 奉新县

奉新县城区现状总供水规模为18.3万m^3/d。现有公共供水水厂1座（县城区自来水水厂），设计供水规模5万m^3/d；自建供水设施供水规模13.3万m^3/d。

根据供需平衡分析，规划至2020年，奉新县城区需增加供水量113万m^3；规划至2030年需增加供水量1 133万m^3。

规划拟建城区自来水工程，采取扩建水厂、管网延伸和改造等措施，实行城乡一体化供水，供水范围主要为县城区、冯川镇、干洲镇、赤岸镇、赤田镇、宋埠镇、会埠镇、东风垦殖场、干洲垦殖场、农牧渔场等。

至2020年，规划扩建城区自来水工程，工程供水总规模为10万m^3/d。

至2030年，规划扩建城区自来水工程，工程供水总规模为11.1万m^3/d。

6. 靖安县

靖安县城区现状总供水规模为5.7万m^3/d。现有公共供水水厂设计供水规模2.5万m^3/d；自建供水设施供水规模为3.2万m^3/d。

根据供需平衡分析，规划至2020年，靖安县城区需增加供水量1 081万m^3；规划至2030年需增加供水量1 547万m^3。

规划拟建双溪自来水工程，采取新建水厂、管网延伸和改造等措施，实行城乡一体化供水，供水范围主要为靖安县城区及曹山、大桥、河北、渔桥、白路、石马、黄龙等周边农村。

至2020年，规划双溪自来水工程新建双溪自来水厂，与现有靖安县城自来水厂形成“多水源多厂一网”工程联合供水，工程供水总规模为3.5万m^3/d；双溪自来水厂水源为石马水库，供水规模为1万m^3/d。另新建自备供水水厂2座，供水规模3.5万m^3/d，以河道水为水源，供水对象为企业用水。

至2030年，规划扩建双溪自来水工程，供水规模增至5万m^3/d。

7. 铜鼓县

铜鼓县城区现状总供水规模为4.5万m^3/d。现有公共供水水厂1座（铜鼓县自来水厂），设计供水规模2.1万m^3/d；自建供水设施供水规模为2.4万m^3/d。

根据供需平衡分析，规划至2020年，铜鼓县城区需增加供水量573万m^3；规划至2030年需增加供水量1 369万m^3。

根据铜鼓县总体规划，铜鼓县城区范围将往西面扩展，并拟定在城西丰田建设新水厂，废除原铜鼓县自来水厂。为此，规划拟建铜鼓润泉自来水工程，采取新建水厂、管网延伸和改造等措施，实行城乡一体化供水，供水范围主要为铜鼓县城区、永宁、三都、大塅、茶山林场、城郊林场、凤山、义田、新塘等周边农村。

至2020年，规划铜鼓润泉自来水工程新建铜鼓润泉水厂，供水水源为山口水，工程供水总规模为3.0万m^3/d；另新建自备供水水厂1座，供水规模1.9万m^3/d，以河道水为水源，供水对象为企业用水。

至2030年，规划扩建铜鼓润泉自来水工程，供水规模增至5.5万m^3/d。

6.2.4.2 农村供水工程规划

农村供水工程规划主要通过实施城区自来水管网延伸工程（具体详见城市供水工程规划）和新建农村自来水工程进行农村供水，优先解决农村饮水不安全人口饮用水问题。

到2020年，解决全流域农村饮水安全问题，农村自来水普及率达到85%以上，除城区自来水管网延伸工程外，规划新建农村自来水工程10 197座，总供水规模35.90万m^3/d，其中千吨以上农村自来水工程48座，供水规模29.48万m^3/d；千吨以下农村自来水工程10 149座，供水规模6.42万m^3/d，见表6-17。

至2030年，解决全流域农村饮水安全问题，农村自来水普及率达到95%，除城区自来水管网延伸工程外，规划新建自来水工程10 269座，总供水规模39.14万m^3/d，其中：千吨以上农村自来水工程48座，供水规模29.48万m^3/d；千吨以下农村自来水工程10 221座，供水规模9.66万m^3/d，见表6-17。

表6-17 修河流域农村自来水工程规划

序号	县（市、区）名称		千吨以上工程		千吨以下工程		小计	
			数量	供水规模/（万m^3/d）	数量	供水规模/（万m^3/d）	数量	供水规模/（万m^3/d）
1	南昌市	2020年	2	0.55	36	1.15	38	1.70
		2030年	2	0.55	38	1.23	40	1.78
2	新建区	2020年	0	0	16	0.76	16	0.76
		2030年	0	0	38	1.79	38	1.79
3	安义县	2020年	3	0.73	20	0.93	23	1.66
		2030年	3	0.73	27	1.27	30	2.00

续表 6-17

序号	县(市、区)名称		千吨以上工程		千吨以下工程		小计	
			数量	供水规模/(万 m³/d)	数量	供水规模/(万 m³/d)	数量	供水规模/(万 m³/d)
4	瑞昌市	2020 年	3	0.23	18	0.69	21	0.92
		2030 年	3	0.23	27	1.14	30	1.37
5	武宁县	2020 年	5	5.11	9 830	0.29	9 835	5.4
		2030 年	5	5.11	9 830	0.29	9 835	5.4
6	修水县	2020 年	21	8.42	66	1.02	87	9.44
		2030 年	21	8.42	66	1.02	87	9.44
7	永修县	2020 年	3	6.44	3	0.07	6	6.51
		2030 年	3	6.44	3	0.07	6	6.51
8	高安县	2020 年	1	0.8	0	0	1	0.8
		2030 年	1	0.8	0	0	1	0.8
9	奉新县	2020 年	2	2	17	0.84	19	2.84
		2030 年	2	2	37	1.63	39	3.63
10	靖安县	2020 年	5	1.2	121	0.34	126	1.54
		2030 年	5	1.2	127	0.61	132	1.81
11	铜鼓县	2020 年	3	4	22	0.33	25	4.33
		2030 年	3	4	28	0.61	31	4.61
合计		2020 年	48	29.48	10 149	6.42	10 197	35.90
		2030 年	48	29.48	10 221	9.66	10 269	39.14

6.2.5　城市应急备用水源工程规划

修河流域城市供水水源较为单一,倘若发生突发性水污染事件或遇到特殊枯水年、连续枯水年,将会出现大规模的"城市水荒",甚至影响社会稳定。因此,进行城市应急备用水源建设很有必要的。

应急备用水源按水量有保证、水质达标、离供水对象近、可提供日常供水等基本原则确定,流域各城市规划初选应急备用水源工程基本情况见表 6-18。

6.2.6　供水应急保障措施

6.2.6.1　城市供水应急保障措施

建立完善的应急备用水源保障体系,应工程措施与非工程措施并举,两者相互结合、相互补充。城市应急供水保障措施主要包括以下几方面:①建立完善的应急监测体系,对应急备用水源工程及其水源水质进行监测，确保一旦遇到非常供水时期，应急备用水源工程的安全运行；②成立供水应急指挥领导小组和有关专家组，一旦遇到供水非常时期，应立刻开展供水危机处理工作，分析应急监测得到的信息，选择应急供水的具体方案；③在应急供水时期，启动应急备用水源，结合原有的城市自来水管网供水系统形成统一的城市应急供水网络；④应急供水实行控制性供水，建立应急供水秩序，优先满足生活用水，其次是副食品生产用水，再次是重点工业用水，最后是农业用水；⑤对于水源保护区，严格按照相关法律法规开展应急水源地保护工作。

表 6-18　修河流域城市应急备用水源规划成果

城市名称	水源地名称	工程规模	所在河流	工程地点	集雨面积/km²	总库容/万 m³	兴利库容/万 m³
安义县	吊钟水库	中型	龙安河				
武宁县	源口水库	中型	修河	万福经济技术开发区源口村	98.9	3 700	2 020
	关门嘴水库	小(1)型	修河	新宁镇茗洲村	81.9	110	
修水县	东津水库	大(2)型	修河	东津乡马坳镇黄溪村	1 080	79 500	38 600
靖安县	石上水库	小(1)型	北潦河	仁首镇石上村	29.3	210	
奉新县	坳上水库	小(1)型	南潦河	冯川镇水产厂	1.225	116	
	书院水厂						
铜鼓县	丰田村三滩	河道	武宁水				
	八亩水库	小(2)型	定江河			16	

6.2.6.2　农村供水应急保障措施

为保证农村因干旱造成农村人畜饮水困难得到有序解决，必须坚持“以防为主，防重于抗，抗重于救”的防旱、抗旱方针，全面部署，统一指挥，统一调度，工程措施与非工程措施并举。

针对农村人口分布面广，且较为分散的特点，修河流域农村应急供水采取的保障措施主要有：①对水库水源进行保护，预留应急水源，应急时从水库中提水解决农村饮水困难；②对不能找到水源解决农村人畜饮水困难的村，采取用车辆送水，并实行定点供水；③对农村集中供水工程，因旱造成水量不足的，将按照先保证生活后保证生产的原则，实行分时段供水、阶梯水价等措施，促使村民节约用水。

6.3　航运规划

6.3.1　航运现状及存在问题

修河流域历史上以航运为主要运输方式。中华人民共和国成立初期，主要通行木帆船;1954年以后,水运事业发展很快,通过大力整治旧航道、开辟新航道及改革二次水运工具,发展了修水至涂家埠的干流运输,航运业得到发展,至柘林大坝截流前,流域内修水、武宁、永修三县的运输船舶达到了447艘,总吨位5 301.5 t;1972年柘林电站的修建使修河航运中断,修、武两县货运转向陆运,不仅成本高、货损大,大部件货物无法运行,货物大量积压;1983年柘林斜面干运升船机建成,最大通过能力为50 t,但由于种种原因,升船机还没有交付使用,使水运受到很大制约。

6.3.1.1　航道现状

(1)铜鼓至修水90 km,为修河上游段,河流处于崇山峻岭之中,河道狭窄、弯曲,水位暴涨暴落,河道已断航。

(2)修水至石渡69.5 km,为中游河段,河床底质为砂卵石,河道宽200~250 m,枯水深0.4 m,航宽10~20 m,1977~1978年,曾对修水县城以下7 km 4个浅滩实行整治工程,航道水深增加,最大水深增加0.4 m,但因无专业队养护,建筑物大部分被毁坏,目前仅能季节性通航10~20 t机帆船。

(3)石渡至柘林92.5 km,为柘林库区,其中武宁至柘林60.5 km库区航道设有重点导航标志,航道水深能满足六级航道条件,适于100吨级船舶航行。武宁至石渡32 km处于水库尾端,水深仅0.4~0.6 m。

(4)柘林至吴城76 km,为修河下游河段,河床底质多为砂质,两岸为圩堤,枯水季节水深受柘林水电站下泄流量控制,当电站按设计规定下泄80 m^3/s时,航道水深一般可达0.6 m,停止发电时,河道几乎断航。

由于受柘林电站发电无规律影响,该段水位日最大变幅为0.46 m,给航行船舶的安全带来严重威胁。目前该段航道3~8月可通行50~100吨级机帆船或浅水船,枯水季节,柘林不发电时基本断流,当柘林电站有1台以上机组发电时,50吨级船舶可由吴城直抵柘林。涂家埠至吴城段已按六级航道要求实施了整治工程,航道条件得到了改善。

6.3.1.2　客、货运量现状

1.客运量现状

2010年,流域内修水、武宁和永修拥有内河客船121艘,发送旅客27.7万人。

2.货运量现状

2010年,流域内修水、武宁和永修拥有内河货船103艘,货物吞吐量4 048万t。

6.3.1.3　港口现状

沿河主要有修水、武宁、永修等港口,港口现状见表6-19。

表6-19　修河流域主要港口现状

港口名称	码头			装卸机械
	最大靠泊能力(吨级)	泊位/个	库场/座	
修水港				
武宁港	600	18	4	
永修港	500	18	25	10

6.3.2 客货运量预测

预测修河流域内 2020 年货运量为 4 000 万 t(包括水转水挖砂量),客运量为 80 万人。

6.3.3 航运建设规划

6.3.3.1 航道规划

规划修河近期永修至吴城 35 km 达到四级航道标准。远期修水至武宁 101.5 km 拟采用渠化航道,按六级航道标准设计;武宁至柘林属柘林库区,已达六级航道标准;柘林至永修航道标准仍维持六级。

田浦航运梯级规划:修河干流各综合水利梯级之间的通航水深,要保证相互衔接,满足航运要求。柘林电站设计正常蓄水位为 63.0 m,回水到石渡,水库死水位为 50.0 m,只回水到田浦,从田浦至石渡尚有 12 km 处于非渠化段,为此必须在田浦设置航运梯级,根据原修河干流规划报告的梯级开发中所推荐的方案Ⅳ,将修水至武宁规划为 5 级开发,其中第五级即田浦航运梯级,其正常水位为 55.5 m,由于该梯级仅为解决船舶通航、木排通航而设置,当水位超过 55.5 m 时,允许枢纽淹没,当柘林水库蓄水位高于 57.0 m 时,坝顶淹没深度达 1.5 m,船舶可以在坝顶自由航行,当水位介于 55.5~57.0 m 时,船闸停止工作,上下闸门打开,作为单线航道供船舶航行。

6.3.3.2 港口规划

1. 修水港

(1) 明月湾旅游港区:2020 年前规划建设旅游客运码头泊位 2 个,2030 年前规划建设旅游客运码头泊位 2 个。

(2) 马家洲综合旅游港区:2020 年前规划建设旅游客运码头泊位 3 个,2030 年前规划建设旅游客运码头泊位 3 个。

(3) 白马坑旅游港区:2020 年前规划建设旅游客运码头泊位 2 个,2030 年前规划建设旅游客运码头泊位 2 个。

(4) 程坊旅游港区:2020 年前规划建设旅游客运码头泊位 2 个,2030 年前规划建设旅游客运码头泊位 2 个。

2. 武宁港

(1) 县城港区:2020 年前规划建设 500 吨级货运码头泊位 2 个,2030 年前规划建设 500 吨级货运码头泊位 3 个。

(2) 罗坪港区:2020 年前规划建设旅游客运码头泊位 2 个,规划建设 500 吨级货运码头泊位 1 个;2030 年前规划建设旅游客运码头泊位 4 个,规划建设 500 吨级货运码头泊位 1 个。

(3) 巾口港区:2020 年前规划建设旅游客运码头泊位 2 个,规划建设 500 吨级货运码头泊位 2 个;2030 年前规划建设旅游客运码头泊位 4 个,规划建设 500 吨级货运码头泊位 1 个。

(4)宋溪港区:2020年前规划建设旅游客运码头泊位2个,2030年前规划建设旅游客运码头泊位3个。

(5)扬洲港区:2020年前规划建设旅游客运码头泊位2个,2030年前规划建设旅游客运码头泊位3个。

3. 永修港

(1)吴城港区:2020年前规划建设旅游客运码头泊位1个,规划建设1 000吨级货运码头泊位1个;2030年前规划建设旅游客运码头泊位2个,规划建设1 000吨级货运码头泊位2个。

(2)涂家埠港区:2020年前规划建设旅游客运码头泊位1个,规划建设500吨级货运码头泊位1个;2030年前规划建设旅游客运码头泊位2个,规划建设500吨级货运码头泊位2个。

(3)公司屯作业区:2020年前规划建设1 000吨级货运码头泊位1个,2030年前规划建设1 000吨级货运码头泊位2个。

(4)柘林湖港区:2020年前规划建设旅游客运码头泊位3个,2030年前规划建设旅游客运码头泊位3个。

6.3.3.3 港口岸线规划

为了便于修水流域内各港口的发展需要,流域内各港区预留与其发展相适应的岸线长度。

6.3.3.4 船舶营运规划

1. 船型及机型选择

综合分析各典型航线的货运量、货种、运距以及航道开发后的通航条件等因素,参照《内河通航标准》(GB 50139—2004)和《内河货运船舶船型主尺度系列》(JT/T 447.1~447.3—2001)标准并结合航道特点,本论证方案采用以下船型:

(1)干散货船:分节驳顶推船队,97 kW+2×300吨级、147 kW+2×500吨级分节驳;机动驳,100吨级、300吨级、500吨级、1 000吨级;机动驳顶推,340吨级机动驳+500吨级普通驳。

(2)油船:300吨级、500吨级、1 000吨级。

(3)杂货船:100吨级、300吨级、500吨级、1 000吨级。

2. 营运组织

修河属长江水系,是长江水运网的一个组成部分。根据河段情况,本着船舶标准化、大型化原则,拟订营运组织方案为:运输船舶以500吨级机动货船及500吨级单排单列分节驳船,货流以本航段至鄱阳湖区、本航段至赣江南昌上游航线为主。

6.3.3.5 潦河流域航运规划

潦河在1963年以前,水运事业较为发达,流域内主要支流都能通航,由于公路比较落后,永修、奉新、靖安都依赖潦河运输,这时期是潦河水运事业的昌盛时期,随后逐年下降,由于沿河兴建拦河闸坝及森林乱砍滥伐,大量水土流失,导致河床淤高,航道恶化,通航里程逐年缩短,致使靖安县航运站于 1968 年解散,奉新及安义县航运站也面临绝境,船舶常年在外航行,安义县洪水期才有部分竹排、木排流放。

潦河历来是靖安、奉新、安义、永修的水运线,中华人民共和国成立以前通航里程 271 km(未计小支流),其中季节性航道 53.5 km,航道最小水深 0.3~0.5 m,中华人民共和国成立后,由于兴建沿河闸坝,均无通航设施。大量水源被引,河道基本上无船行驶,仅剩下安义至城山季节性航道 14 km,城山至涂家埠常年通航里程 29 km。由于航道条件恶化,除洪水季节有少量竹排、木排流放外,大宗物资早已弃水路走陆路,水运优势得不到很好发挥。随着经济建设的发展,流域内货运量不断增加,开辟潦河流域水运线仍有相当的经济价值。

近期规划对安义至涂家埠 43 km 河段进行整治和疏浚,使安义以下 43 km 航道成为六级航道,航道尺度为 25 m×1.2 m,曲度半径为 200 m,船闸有效尺度为 100 m×1.5 m。

远景规划整治和疏浚南潦河奉新至义兴口的 35 km 航道,北潦河靖安至安义的 20 km 航道,并恢复奉新县城以下龙头堰及靖安县城以下 3 座闸坝的通航设施,使之成为一个四通八达的水路网络,达到常年通航的六级航道标准,远景规划总投资为 1 557.09 万元。

潦河主要港口有安义、奉新、靖安 3 个,随着国民经济的发展、航道条件的改善及货运量的增长,各港口的吞吐量也相应增加。

本规划采用先进船型、船队运输方式,船队采用顶推船队,并辅以现代化的装卸工艺及机械设备。

6.4 水力发电规划

6.4.1 水力资源及开发利用现状

修河流域有丰富的水力资源,其水能理论蕴藏量为 688.7 MW,约占全省水力资源理论蕴藏量的 10.06%;技术可开发水电站装机容量为 1 043.71 MW,占全省技术可开发水电站装机容量的 15.49%;年发电量 28.61 亿 kW·h,占全省水电年发电量的 12.97%。修河干流及其主要支流水力资源见表 6-20。

截至 2007 年底,修河流域已建水电站 543 座,总装机容量 902.91 MW,占全省水电技术可开发装机容量的 13.40%,占本流域水电技术可开发装机容量的 86.51%;年发电量约 22.94 亿 kW·h,占全省水电技术可开发年发电量的 10.40%,占本流域水电技术可开发年发电量的 80.18%,其中修河干流的总装机容量为 590.29 MW,年发电量为 11.65 亿 kW·h。修河全流域 1 MW 以上已建水电站共 67 座,总装机容量 749.16 MW,年发电量约 17.38 亿 kW·h。修河流域现有水电站基本情况如表 6-21 所示。

表 6-20　修河流域水力资源理论蕴藏量统计

河流名称	流域面积/km²	多年平均流量/(m^3/s)	河道长度/km	天然落差/m	理论蕴藏量/MW
修河	14 593	426	386.2	694	198.78
渣津水	951	29	71.5	582	11.3
溪口水	475	13.5	62	497	11.61
山口水	1 780	52.5	134	1 020	40
何市水	448	12.7	66	659	14
黄沙水	500	14.3	66	1 020	23.54
洋湖港	270	7.33	54	1 331	14.43
罗溪水	326	10.4	60	1 538	17.77
潦河	4 333	120	148	875	32.9
龙溪河	188	5.68	41	820	10.3
北潦河	1 524	43.5	127	991	33.5
北潦北支	744	20.6	106	1 274	35.4
船滩河	414.95	13.02	30.2	1 166	28.51
澧溪河	147.72	5.48	28.1	627	16.85
沙田河	141	3.08	32	290	12
源口河	133.64	3.59	26.35	1 040	11
其他					176.81
合计					688.7

表 6-21　修河流域现有水电站基本情况

电站名称	河流水系	正常蓄水位(黄海)/m	装机容量/MW	年发电量/(万 kW·h)
赤洲	修河	225	1.26	524.5
湖洲	修河	207.4	1.89	755
坑口	修河	197.3	1.50	640
东津	修河	190.0	60.00	11 640
塘港	修河	114.3	3.14	831
郭家滩	修河	107.5	10.00	4 043
抱子石	修河	93.5	40.00	12 800
三都	修河	78.5	16.5	4 967
下坊	修河	73	36	11 277
柘林	修河	63.0	420.00	69 000

续表 6-21

电站名称	河流水系	正常蓄水位（黄海）/m	装机容量/MW	年发电量/（万 kW·h）
全丰(苏区)	渣津水	230.4	1	315
苏区堰	渣津水	138.5	1.26	409
布甲口	溪口水	180.0	1.50	420
北坑	溪口水	129	1	350
太阳山	布甲水	482	1.13	400
大塅	山口水	212.0	12.80	4 330
人渡	山口水	174	1.45	551
塔下	山口水		1.25	550
金鸡桥	山口水	164.0	6.00	3 530
山口	山口水	150.6	4.80	1 870
茶子岗	山口水	108.0	6.00	2 180
茅坪	何市水	282.0	1.60	724
燕子岩	何市水	152.0	1.50	480
车联堰	何市水	138.5	3.00	782
双港口	麻洞水	225.6	2.40	783
大坪	黄沙水	177.0	1.89	831
湘竹	黄沙水	144.5	2.60	1 300
南崖	黄沙水	110.3	1	595
垅港	垅港水	314.5	1.60	600
九龙二级	洋湖港	495	1.2	500
小山口	洋湖港	159.0	4.00	1 254
刘家桥一级	辽田水	625	1.26	380
箬坪	箬坪水	496.0	1.60	620
郭坑一级	郭坑水	268	1	280
平坳里	罗溪水	920.0	1.60	528
合源一级	罗溪水	820	1.26	415.8
盘溪	罗溪水	142.0	12.00	3 468
高墩一级	罗溪水	79.1	1.89	500
高墩二级	罗溪水	69.3	1.89	450
尧山	坪港水	491	1	350

续表 6-21

电站名称	河流水系	正常蓄水位（黄海）/m	装机容量/MW	年发电量/（万 kW·h）
马颈桥	噪里水	137	1. 26	270
源口一级	源口河	40. 0	2. 60	1 124
源口二级	源口河	26	1. 26	470
猴子岩	长水源河		1. 26	350
黄荆洞	黄荆水	322	1. 26	378
礼源角三级	潦河	240. 0	2. 00	380
白水崖	百丈水	461. 0	1. 60	892
白云	港尾水		2. 00	1 014
曾家坪	石溪水		1. 2	420
茶坪	石溪水		1. 26	640
仰山一级	仰山水	502	1. 26	370
仰山三级	仰山水	421. 5	5. 00	1 867
仰山四级	仰山水	219. 5	4. 00	1 444
老愚公二级	龙溪河		3. 00	1 591
老愚公三级	龙溪河		2. 50	1 226
老愚公四级	龙溪河		3. 20	1 682
中源二级	北潦河	547. 4	2. 23	715
开源	北潦河	181. 3	3. 30	1 233
沙港	北潦河	74	1. 44	500
文峰	北潦河	28. 2	1	517. 2
金港	靖安北河		1. 12	416
罗湾	靖安北河	369. 0	21. 00	5 922
港口	靖安北河	243	1. 26	561. 1
小湾	靖安北河	120. 0	6. 00	1 959
中源三级	古竹水		1. 26	610
罗湾知青一级	铁门堑水		1. 2	389
罗湾知青二级	铁门堑水		1. 92	637
<1 MW 合计	476 座		153. 75	55 627
总计	543 座		902. 91	229 427. 6

6.4.2 水力资源开发利用评价

修河流域其他能源严重不足，至今尚未发现有煤炭、石油、天然气等资源，而水能资源却比较丰富。水电的开发利用，一方面为流域内的经济社会发展提供了基础条件；另一方面调整水电与火电的比例，对保护环境、节约不可再生资源具有重要作用。中华人民共和国成立以来，相关各部门和单位对修河流域水力资源的开发与治理进行了大量的调查、勘测、规划、设计工作，修建了一批水电站，为流域内工、农业的快速发展和人民生活水平的逐步提高，特别是农村电气化建设创造了良好的用电市场。

原规划对修河干流的梯级开发布局较为合理，装机规模基本合适。至2007年底，按照原规划，干流已建成的梯级包括坑口、东津、塘港、郭家滩、抱子石、下坊和柘林，在建的梯级有三都。目前，修河干流现状水能资源开发利用程度较高。但原规划在个别方面也存在一定的不足之处。在原规划的治理开发方案中，注重水能资源的开发和利用，水资源的开发利用考虑得较多，而对水环境、水资源保护以及水利建设对生态与环境的影响估计不够，对开发建设与生态保护的关系研究较少。随着移民淹没补偿标准的不断提高、人们环保意识的增强，以及旅游景区建设等诸多因素的制约，原规划的一些梯级实施起来难度很大。还有些梯级前期勘测设计工作还不够充分，相当部分工程前期工作还停留在规划阶段的深度。

修河流域是江西省主要的农业生产基地之一，其下游地区也是全省重要的防洪区域，所以在进行水电开发的过程中，应兼顾提高流域的防洪能力，增加供水、灌溉等效益，兴建具有综合利用功能的水利枢纽工程。因而修河干支流的水能开发，应服从全流域的开发规划，协调开发与保护的关系，逐步有序、合理地开发利用水力资源。本次规划在分析研究原规划思路、工程布局、已建工程效果与影响等方面的基础上，按照新时期的治水思路、以人为本及人水和谐的规划理念，对流域内水电开发进行重新调整，以适应新的经济社会发展环境下流域治理开发与保护的要求。

6.4.3 干支流水力发电规划

规划目标：近期优先考虑河段的“龙头”梯级，开发调节性能好的水电站，合理衔接其他梯级；远期对目前开发实施难度大的梯级，加强工程技术经济指标、水库淹没及工程实施环境等分析论证工作，使水能资源更好地为流域社会经济发展服务。

6.4.3.1 **水力发电规划**

修河流域规划水电站144座，总装机容量177.45 MW，占全省水电技术可开发装机容量的2.64%，年发电量约6.83亿kW·h，占全省水电技术可开发年发电量的3.10%，电站总投资约11.73亿元（不含鹅婆岭水利枢纽工程的电站总投资）。

根据修河流域各条支流水资源开发利用现状，按照以人为本及人水和谐的规划理念，本着合理利用水力资源及开发利用综合效益最优的原则，经征求当地有关部门的意见，本次规划提出近、远期开发目标，拟对流域内装机不小于1 MW的40座水电站进行开发，总装机容量140.61 MW，年发电量约5.50亿kW·h，电站总投资约9.47亿元。近期开发电站包括夜合山、梅口、龙潭峡、鹅婆岭、查册、亭子坳、雁子洲等37座电站，总装机容量

102.41 MW,年发电量3.89亿kW·h,电站总投资6.25亿元(不含鹅婆岭)。远期开发虬津、高胡二级和马口低坝3座水电站,总装机容量38.2 MW,年发电量1.61亿kW·h,电站总投资3.22亿元,见表6-22。

表6-22 修河流域水力发电站规划

电站名称	河流水系	正常蓄水位(黄海)/m	装机容量/MW	年发电量/(万kW·h)	投资/万元	规划安排
黄溪	修河	122.3	3.2	980	2 368	近期
夜合山	修河	98.2	6	3 527	9 300	近期
虬津	修河	19.5	25	12 500	21 000	远期
郭家垅	水坪水		4	1 520	2 400	近期
淹家滩	渣津水	215	4	1 376	2 000	近期
黄家屋	渣津水	130	1.6	520	700	近期
宏源	下陕口水	367	1.6	580	1 035	近期
噪里	杭口水	309	1	304	441.28	近期
梅口	山口水	124	3	1 142	1 960	近期
龙潭峡	山口水	101.5	4.8	2 010	3 449	近期
胜利	何市水	194	1.83	673.6	815	近期
李子坪一级	垅港水	480	1.5	580	850	近期
李子坪二级	垅港水	390	1.6	480	680	近期
罗帐	船滩河	77.7	1.28	524	241.7	近期
九龙一级	洋湖港	882	1.6	380	450	近期
花桥	洋湖港	114	1.6	564	806	近期
田丘	大源水	142.5	1	410	490	近期
梅山	罗溪水	480	1	400	366	近期
河埠	罗溪水	390	1	400	300	近期
关门嘴三级	沙田河	124	1.26	500	450	近期
大寺里	大寺里水		5	1 700	3 400	近期
珠山一级	珠山水		1	368	450	近期
伊山口	伊山河	110	2.5	550	2 500	近期
天坪	天平水	270	1	300	400	近期
西良	西良水	160	1.6	320	500	近期
东坑	东坑水	310	2.4	910	3 100	近期
沙洲坝	燕窝水	250.7	1.26	507.9	650.32	近期

续表 6-22

电站名称	河流水系	正常蓄水位（黄海）/m	装机容量/MW	年发电量/（万 kW · h）	投资/万元	规划安排
鹅婆岭	潦河	122	6. 1	2 560	78 000（工程总投资）	近期
潦河湾	潦河	40. 6	1	491. 81	602. 57	近期
滩上	潦河	24. 5	1	580	1 800	近期
马口	潦河		10	2 500	8 000	远期
查册	北潦河	321. 5	3. 2	1 036	2 092	近期
亭子坳	北潦河	241	5	1 748	3 322	近期
雁子洲	北潦河	190	5	1 800	3 349	近期
高湖一级	北潦河	141	6	2 125	3 668	近期
高湖二级	北潦河	118. 5	3. 2	1 120	3 162	远期
桃源	北潦河	105	6. 4	2 530	2 786	近期
丁坑口	靖安北河	186	8	3 300	3 510	近期
宋坊	靖安北河	67	1. 5	677	748	近期
项坊	靖安北河	65. 9	1. 28	488	539. 8	近期
<1 MW 合计	104 座		37. 14	13 366. 21	22 591	
合计	144 座		177. 45	68 348. 52	117 272. 67（不含鹅婆岭）	

6. 4. 3. 2　农村水电增效扩容规划

农村水电不仅对农村地区（尤其是老少边山穷地区）的脱贫致富，提高人民生活水平具有现实意义，而且对保护生态环境，促进农村社会、经济、环境协调发展也有着十分重要的作用。但一些建成年代较早的农村水电站，受当时技术水平、经济条件的制约和多年运行、老化的影响，普遍存在机组效率差、水能利用效率低等问题；部分农村水电配套电网故障多、网损高。

近年来，随着国民经济的快速发展，国家对水利工程的投资不断增加，促进了农村水能资源的开发与建设。投资环境的改变，使得集体私营企业投资建设中小型水电站日趋增多，而修河流域大多为中小型水电站，从而为农村小水电的开发和治理创造了有利条件。通过实施农村水电增效扩容工程，对原有的农村水电站及其配套电网进行改造升级，提高能效、可靠性和安全性，可以增加水电站发电能力和降低电网网损，增加清洁可再生电能供应，促进节能减排；消除安全隐患、保障公共安全；同时要积极采用新技术、新设备、新材料、新工艺，加强农村水电自动化和信息化建设，强化经营管理创新，努力服务“三农”，全面提高农村水电减排能力，增强工程安全保障，有效发挥惠农效应。

本次规划修河流域列入增效扩容规划的农村水电站 100 座，现状装机容量约 83. 838

MW，设计年发电量 31 748.5 万 kW·h，实施增效扩容后的装机容量达约 122.868 MW，年发电量 43 505.3 万 kW·h，新增装机容量为 39.03 MW，新增年发电量 11 756.8 万 kW·h；规划总投资为 42 642.7 万元，见表 6-23。

表 6-23　修河流域农村水电增效扩容工程规划

电站名称	所在河流	目前运行情况		增效扩容方案			总投资/万元
		设计装机容量/kW	设计年发电量/(万 kW·h)	装机容量/kW	年发电量/(万 kW·h)	增效扩容内容	
乌石滩	修河	600	300	1 200	584	扩建厂房，新增机组	360
郭家滩	修河	1 000	450	10 000	4 377	新建厂房，增加机组	5 438
丰家滩	东津水	540	210	730	226	机组扩容	329
山口	山口水	4 800	2 500	10 800	4 093	增加机组，扩建厂房	3 600
大塅	山口水	12 800	4 328	12 800	3 936	设备改造，新增机组	7 920
塔下	山口水	1 250	510	1 500	500	机组技改扩容	404
车联堰	何市水	1 760	530	4 160	1 218	新修厂房，增加机组	1 440
湘竹	黄沙水	2 600	1 100	4 200	1 729	增加机组，扩建厂房	960
礼源角三级	潦河	2 000	600	2 500	608	设备更新	600
礼源角二级	潦河	500	200	600	175	更新设备	100
南潦河	潦河	700	250	800	364	更新设备	130
中源二级	北潦河	1 600	715	1 600	696	更新设备	177
沙港	北潦河	1 440	500	1 440	486	更新设备	159
靖源	靖安北河	875	337	875	328	更新设备	97
小湾	靖安北河	6 000	1 959	7 600	2 257	兴建厂房	839
七里败	欧源小溪	520	206	520	200	更新设备	58
新庄	株坪水	700	171	700	166	更新设备	77
中源三级	古竹水	1 430	610	1 430	593	更新设备	158
西岭	西岭水	650	310	900	438	扩机一台	99
罗湾知青一级	铁门堑水	1 200	395	1 200	395	更新设备	130
罗湾知青二级	铁门堑水	1 920	630	1 920	630	更新设备	210

续表 6-23

电站名称	所在河流	目前运行情况		增效扩容方案			总投资/万元
		设计装机容量/kW	设计年发电量/(万 kW·h)	装机容量/kW	年发电量/(万 kW·h)	增效扩容内容	
白水崖	百丈水	1 600	6 00	1 600	725	更新设备	615
白云	港尾水	2 000	800	2 000	656	整机更换	800
双坝二级	港尾水	500	270	500	224	整机更换	192
曾家坪	石溪	1 200	450	1 200	438	机组更新,扩机一台	320
茶坪	石溪	1 260	650	1 260	632	整机更换	483.5
下堡	河澡溪	800	350	1 200	461	机组更新,扩机一台	320
老愚公一级	河澡溪	800	300	1 000	289	整机更换	320
仰山三级	仰山水	5 000	1 867	5 000	1 816	整机更换	2 000
仰山四级	仰山水	4 000	1 443.5	4 000	1 406	整机更换	1 600
仰山一级	仰山水	1 260	370	1 260	306	整机更换	483.6
云山	龙安河	800	244	1 600	428	更新机组,改造设备	520
源口一级	源口河	2 500	1 050	2 500	869	更新设备及控制系统	565
源口二级	源口河	1 260	330	1 260	273	更新设备及控制系统	138
龙子潭	长坪	640	300	640	292	整机更换	246
<500 kW	65 座	15 333	5 913	30 373	10 691.3		10 754.6
总计	100 座	83 838	31 748.5	122 868	43 505.3		42 642.7

第 7 章　水资源与水环境生态保护

7.1　水资源保护规划

7.1.1　规划目标

在划定的水功能区基础上，以国家资源和环境保护政策为依据，综合考虑地方政府和有关规划的要求，结合流域经济社会发展水平，河流水质现状和纳污量大小，拟定规划水平年、不同水功能区水资源保护目标。

近期目标：至 2020 年，修河干流及主要支流水功能区全部达标，水域实现良性发展。保持水生态与水环境呈良性循环发展状态。

远期目标：至 2030 年，第一类污染物实现零排放；第二类污染物按功能区要求，实行总量控制，保证水功能的持续利用，实现水环境良性循环。水体能够可持续地满足人类需求，不致对人类健康和经济社会发展的安全构成威胁或损害，全面建设“人水和谐”的水生态环境。

7.1.2　水功能区划

根据《江西省水（环境）功能区划》和修河流域的实际情况，划分范围河段总长 905.9 km，共 31 个一级水功能，其中保护区 5 个，河长 207 km，占总区划河长的 22.85%；开发利用区 10 个，河长 160.9 km，占总区划河长的 17.76%；保留区 16 个，河长 538 km，占总区划河长的 59.39%。

在 10 个开发利用区中，共划分二级功能区 20 个，其中饮用水水源区 8 个，河长 36 km，水库面积 6.47 km^2；工业用水区 8 个，河长 70.9 km；景观娱乐用水区 2 个，河长 47.5 km，水库面积 244.09 km^2；过渡区 2 个，河长 6.5 km，水库面积 3.29 km^2。

修河流域各河流水功能区划统计成果见表 7-1 和表 7-2，详细情况见表 7-3。

7.1.3　污染源及水质状况

修河流域开发利用区 10 个，河长 160.9 km，修河流域干支流沿岸分布着分属九江市的修水县、武宁县、永修县、瑞昌市，宜春市的铜鼓县、奉新县、靖安县、高安市，南昌市的安义县、新建区、市辖区（湾里区）等 11 个县（市、区），169 个乡（镇），其中大部分属九江市、宜春市两地。工业类别主要有水电、矿产、有机硅、化工等，农业以种植粮食作物为主，经济作物有茶叶、蚕桑、棉花、香菇等。由于工业和城镇生活污水部分直接排入修河，对江河水质影响较大。

表 7-1 修河流域一级水功能区划统计

序号	河流湖库	一级水功能区	个数	长度/km	面积/km²
一	修河干流				
		保护区	2	71.5	
		保留区	4	215	40.27
		开发利用区	3	94.5	262.19
二	修河安平水				
		保留区	1	49	
		开发利用区	1	9	
三	修河北潦河				
		保护区	1	51.5	
		保留区	2	45	
		开发利用区	2	24	
四	修河潦河				
		开发利用区	3	25.2	
		保护区	1	33	
		保留区	5	95	
五	修河山口水				
		保留区	3	120	
		开发利用区	1	8.2	
六	修河渣津水				
		保留区	1	14	
		保护区	1	51	

2007 年度，根据修河干流布设的高沙、虬津、王家河等 7 个水质监测断面监测资料，采用《地表水环境质量标准》(GB 3838—2002)，对修河 280 km 的河流水质进行评价。评价结果表明，全年、非汛期、汛期水质均为Ⅱ类。

潦河为修河重要支流，2007 年度，根据潦河干流布设的奉新、安义、万家埠 3 个水质监测断面的监测资料，采用《地表水环境质量标准》(GB 3838—2002)，对潦河 153 km 的河流水质进行评价。评价结果表明：全年Ⅲ类水占 85%，低于Ⅲ类水占 15%，主要污染物为氨氮，污染河段主要分布在潦河安义段；非汛期水质Ⅰ~Ⅲ类水占 85%，其中Ⅱ类水占 68.7%、Ⅲ类水占 16.3%；低于Ⅲ类水占 15%，主要污染物为氨氮，污染河段主要分布于潦河安义段；汛期水质Ⅰ~Ⅲ类水占 100%，其中Ⅱ类水占 16.3%、Ⅲ类水占 83.7%。

表7-2　修河流域二级水功能区划统计

序号	河流湖库	二级水功能区	个数	长度/km	面积/km²
一	修河干流				
		饮用水源区	2	6	6.47
		工业用水区	3	34.5	8.35
		过渡区	2	6.5	3.29
		景观娱乐用水区	2	47.5	244.09
二	修河安平水				
		饮用水源区	1	9	
三	修河北潦河				
		工业用水区	2	15.6	
		饮用水源区	2	8.4	
四	修河潦河				
		饮用水源区	2	8.4	
		工业用水区	2	16.8	
五	修河山口水				
		工业用水区	1	4	
		饮用水源区	1	4.2	

山口水(又名武宁水)为修河另一条重要支流，2007年度,根据山口水布设的铜鼓1个水质监测断面监测资料,采用《地表水环境质量标准》(GB 3838—2002),对山口水128 km的河流水质进行评价。评价结果表明,全年、非汛期、汛期水质均为Ⅲ类。

水污染原因有:流域废污水排放量增长过快,且部分大型企业废污水治理严重滞后;产业结构不尽合理;水事法规不健全,流域和区域水资源保护监督管理不力。

7.1.4　纳污能力及限制排污总量方案

7.1.4.1　水功能区纳污能力分析

水功能区纳污能力是指在满足水域功能要求的前提下,按划定的水功能区水质目标值、设计水量、排污口位置及排污方式下的功能区水体所能容纳的最大污染物量。现状纳污能力计算的设计水量,一般采用最近10年最枯月平均流量(水量)或90%保证率最枯月平均流量(水量);集中式饮用水水源地采用95%保证率最枯月平均流量(水量)。

据江西省水文局计算成果,修河流域水功能区划水域纳污能力COD为34 533 t/a,氨氮为2 920 t/a。部分功能区所处河段,受水利工程调蓄的影响,纳污能力可能会有所提高,但总体而言,修河流域规划水平年的纳污能力变化幅度并不明显。

纳污能力较大的功能区主要分布在修河干流及潦河的开发利用区。

表 7-3　修河流域水(环境)功能区情况

序号	河流	设区市	控制城镇	水功能区	水环境功能区	水质目标	起始位置	终止位置	长度/km	面积/km²
1	修水	宜春	铜鼓县	修水源头水保护区	自然保护区	Ⅱ	铜鼓县高桥乡东津水(修水)起源	铜鼓县港口乡铜鼓修水交接处	58	
2	修水	九江	修水县	修水修水县保留区	景观娱乐用水区	Ⅲ	铜鼓县港口乡铜鼓修水交接处	修水县城大桥上游 1 km	94	
3	修水	九江	修水县	修水修水县开发利用区			修水县城大桥上游 1 km	修水县梅山下	9	
4	修水	九江	修水县	修水修水县工业用水区	工业用水区	Ⅳ	修水县城大桥上游 1 km	修水县梅山下	9	
5	修水	九江	修水县 武宁县	修水修水县—武宁保留区	景观娱乐用水区	Ⅲ	修水县梅山下	武宁县黄塅镇柘林水库沙田河汇入口上游 1.5 km	83	40.27
6	修水	九江	武宁县	修水柘林水库开发利用区			武宁县黄塅镇柘林水库沙田河汇入口上游 1.5 km	永修县柘林水库坝址	55	262.19
7	修水	九江	武宁县	修水柘林水库武宁工业用水区	工业用水区	Ⅲ	武宁县黄塅镇柘林水库沙田河汇入口上游 1.5 km	武宁县柘林水库车渡	6.5	8.35
8	修水	九江	武宁县	修水柘林水库武宁过渡区	景观娱乐用水区	Ⅲ	武宁县柘林水库车渡	武宁县武宁水厂取水口上游 1 km	2	3.29
9	修水	九江	武宁县	修水柘林水库武宁饮用水源区	饮用水源保护区	Ⅱ~Ⅲ	武宁水厂取水口上游 1 km	武宁坳头坪取水口下游 2 km	2.5	6.47
10	修水	九江	武宁县、永修县	修水柘林水库景观娱乐用水区	渔业用水区	Ⅲ	武宁坳头坪取水口下游 2 km	永修县柘林水库坝址	44	244.09
11	修水	九江	永修县	修水武宁—永修保留区	景观娱乐用水区	Ⅲ	永修县柘林水库坝址	永修县元里	20	

续表 7-3

序号	河流	设区市	控制城镇	水功能区	水环境功能区	水质目标	起始位置	终止位置	长度/km	面积/km^2
12	修水	九江	永修县	修水永修开发利用区			永修县元里	三角乡元嘴坝	30.5	
13	修水	九江	永修县	修水永修工业用水区	工业用水区	Ⅳ	永修县元里	永修县艾城	19	
14	修水	九江	永修县	修水永修过渡区	景观娱乐用水区	Ⅲ	永修县艾城	永修县下基胡家	4.5	
15	修水	九江	永修县	修水永修饮用水源区	饮用水源保护区	Ⅱ~Ⅲ	永修县下基胡家	永修县城公路桥	3.5	
16	修水	九江	永修县	修水永修景观娱乐用水区	景观娱乐用水区	Ⅲ	永修县城公路桥	永修县三角乡元嘴坝	3.5	
17	修水	九江	永修县	修水永修保留区	景观娱乐用水区	Ⅲ	永修县三角乡元嘴坝	永修县下曲岸永修星子交界处	18	
18	修水	九江	永修县	修水吴城自然保护区	自然保护区	Ⅱ	永修县下曲岸永修星子交界处	星子县吴城修水赣江汇合入湖口	13.5	
19	渣津水	九江	修水县	修水渣津水源头水保护区	自然保护区	Ⅱ	修水县白岭镇黄龙山起源	修水县渣津镇石桥下	51	
20	渣津水	九江	修水县	修水渣津水修水县保留区	景观娱乐用水区	Ⅲ	修水县渣津镇石桥下	修水县马坳镇渣津东津水(修水)汇合口	14	
21	武宁水	宜春	铜鼓县	修水武宁水铜鼓上保留区	自然保护区	Ⅱ	铜鼓县排埠镇大沩山武宁水(山口水)起源	铜鼓县水厂取水口上游4 km	22	
22	武宁水	宜春	铜鼓县	修水武宁水铜鼓开发利用区			铜鼓县水厂取水口上游4 km	铜鼓县岩前	8.2	

续表 7-3

序号	河流	设区市	控制城镇	水功能区	水环境功能区	水质目标	起始位置	终止位置	长度/km	面积/km²
23	武宁水	宜春	铜鼓县	修水武宁水铜鼓饮用水源区	饮用水源保护区	Ⅱ~Ⅲ	铜鼓县水厂取水口上游 4 km	取水口下游 0.2 km	4.2	
24	武宁水	宜春	铜鼓县	修水武宁水铜鼓工业用水区	工业用水区	Ⅳ	取水口下游 0.2 km	铜鼓县岩前	4	
25	武宁水	宜春	铜鼓县	修水武宁水铜鼓下保留区	景观娱乐用水区	Ⅲ	铜鼓县岩前	修水县山口镇何家铜鼓修水交界处	49.5	
26	武宁水	九江	修水县	修水武宁水修水县保留区	景观娱乐用水区	Ⅲ	修水县山口镇何家铜鼓修水交界处	修水县竹坪乡武宁水入修水处	48.5	
27	安平水	九江	修水县	修水安平水修水县保留区	景观娱乐用水区	Ⅲ	修水县黄港镇毛竹山起源	修水县荒岗修水水厂取水口上游 4 km	49	
28	安平水	九江	修水县	修水安平水修水县开发利用区			修水县水厂取水口上游 4 km	入修水处	9	
29	安平水	九江	修水县	修水安平水修水县饮用水源区	饮用水源保护区	Ⅱ~Ⅲ	修水县水厂取水口上游 4 km	入修水处	9	
30	潦河	宜春	奉新县	潦河源头水保护区	自然保护区	Ⅱ	奉新县西塔乡九岭山南潦河起源	奉新县东风垦殖厂	33	
31	潦河	宜春	奉新县	潦河奉新上保留区	景观娱乐用水区	Ⅲ	奉新县东风垦殖厂	奉新县黄家奉新水厂取水口上游 4 km	40.5	
32	潦河	宜春	奉新县	潦河奉新开发利用区			奉新县黄家奉新水厂取水口上游 4 km	奉新县何家	12	

续表 7-3

序号	河流	设区市	控制城镇	水功能区	水环境功能区	水质目标	起始位置	终止位置	长度/km	面积/km^2
33	潦河	宜春	奉新县	潦河奉新饮用水源区	饮用水源保护区	Ⅱ~Ⅲ	奉新县黄家奉新水厂取水口上游 4 km	取水口下游 0.2 km	4.2	
34	潦河	宜春	奉新县	潦河奉新工业用水区	工业用水区	Ⅳ	奉新水厂取水口下游 0.2 km	奉新县何家	7.8	
35	潦河	宜春	奉新县	潦河奉新下保留区	景观娱乐用水区	Ⅲ	奉新县何家	安义县山田奉新安义交界处	3.5	
36	潦河	南昌	安义县	潦河安义上保留区	景观娱乐用水区	Ⅲ	安义县山田奉新安义交界处	安义县南北潦河汇合口	27	
37	潦河	南昌	安义县	潦河安义万埠开发利用区			安义县南北潦河汇合口	安义县东阳镇万埠综合垦殖场	9	
38	潦河	南昌	安义县	潦河安义万埠工业用水区	工业用水区	Ⅳ	安义县南北潦河汇合口	安义县东阳镇万埠综合垦殖场	9	
39	潦河	南昌	安义县	潦河安义下保留区	景观娱乐用水区	Ⅲ	安义县东阳镇万埠综合垦殖场	安义县文埠安义永修交界处	6	
40	潦河	九江	永修县	潦河永修保留区	景观娱乐用水区	Ⅲ	安义县文埠安义永修交界处	永修县水厂取水口(山下渡)上游 4 km	18	
41	潦河	九江	永修县	潦河永修开发利用区			永修县水厂取水口(山下渡)上游 4 km	永修县山下渡潦河入修水处	4.2	
42	潦河	九江	永修县	潦河永修饮用水源区	饮用水源保护区	Ⅱ~Ⅲ	永修县水厂取水口(山下渡)上游 4 km	永修县山下渡潦河入修水处	4.2	

续表 7-3

序号	河流	设区市	控制城镇	水功能区	水环境功能区	水质目标	起始位置	终止位置	长度/km	面积/km^2
43	北潦河	宜春	靖安县	北潦河源头水保护区	自然保护区	Ⅱ	靖安县中源乡白沙坪起源	靖安县罗湾水力发电厂上	51.5	
44	北潦河	宜春	靖安县	北潦河靖安上保留区	景观娱乐用水区	Ⅲ	靖安县罗湾水力发电厂上	靖安县沙港电站靖安水厂取水口上游 4 km	26	
45	北潦河	宜春	靖安县	北潦河靖安开发利用区			靖安县沙港电站靖安水厂取水口上游 4 km	靖安塘里熊家	10	
46	北潦河	宜春	靖安县	北潦河靖安饮用水源区	饮用水源保护区	Ⅱ~Ⅲ	靖安县沙港电站靖安水厂取水口上游 4 km	取水口下游 0.2 km	4.2	
47	北潦河	宜春	靖安县	北潦河靖安工业用水区	工业用水区	Ⅳ	靖安水厂取水口下游 0.2 km	靖安县塘里熊家	5.8	
48	北潦河	宜春	靖安县	北潦河靖安下保留区	景观娱乐用水区	Ⅲ	靖安县塘里熊家	安义县铁坪靖安义水厂取水口上游 4 km	19	
49	北潦河	南昌	安义县	北潦河安义开发利用区			安义县铁坪靖安义水厂取水口上游 4 km	安义县南北潦河汇合口	14	
50	北潦河	南昌	安义县	北潦河安义饮用水源区	饮用水源保护区	Ⅱ~Ⅲ	安义县铁坪靖安义水厂取水口上游 4 km	取水口下游 0.2 km	4.2	
51	北潦河	南昌	安义县	北潦河安义工业用水区	工业用水区	Ⅳ	安义县安义水厂取水口下 0.2 km	安义县南北潦河汇合口	9.8	

7.1.4.2　入河污染负荷的控制

为保证水质满足功能区要求,同时给部分经济落后地区预留发展空间,本次规划入河控制量按以下原则确定:

(1)对于规划水平年污染物入河量小于纳污能力的水功能区,采用小于纳污能力的入河控制量进行控制。

(2)对于规划水平年污染物入河量大于纳污能力的水功能区,2030 水平年统一采用规划纳污能力作为入河控制量;饮用水源区必须实现零排放;保护区原则上不得有排污,原有居民仅少量生活污水且不影响功能区水质的,可予以保留;对开发利用区各水功能二级区,应综合考虑功能区水质状况、功能区达标计划和当地社会经济状况等因素确定 2020 水平年入河控制量。

修河流域水功能区 2020 年污染物入河控制量为 COD19 279 t/a、氨氮 1 552 t/a,分别占纳污能力的 55.83%和 53.13%;2030 年污染物入河控制量为 COD 19 846 t/a、氨氮 1 560 t/a,分别占纳污能力的 57.47%和 53.41%。入河控制量前三位的功能区主要是潦河安义万埠工业用水区、修水永修工业用水区和潦河奉新工业用水区。修河流域水功能区污染物入河总量及排放量控制规划情况见表 7-4 和表 7-5。

表 7-4　修河流域水功能 COD 入河总量及排放量控制规划情况　　单位:t

设区市	水功能区		水平年	年 COD 量						
	一级	二级		排放量	入河量	纳污能力	入河控制量	入河削减量	排放控制量	排放削减量
宜春市	修水源头水保护区		2020	0	0	0	0	0	0	0
			2030	0	0	0	0	0	0	0
九江市	修水修水县保留区		2020	360.34	288.27	233.37	233.37	54.90	233.37	126.97
			2030	417.69	334.15	233.37	233.37	100.79	233.37	184.32
九江市	修水修水县开发利用区	修水县工业用水区	2020	1 130.47	904.30	5 657.85	904.42	0	1 130.06	0
			2030	1 310.38	1 048.23	5 657.85	1 048.03	0	1 310.58	0
九江市	修水修水县—武宁保留区		2020	0	0	388.94	0	0	0	0
			2030	0	0	388.94	0	0	0	0
九江市	修水柘林水库武宁开发利用区	修水柘林水库武宁工业用水区	2020	122.64	98.11	740.00	98.21	0	122.64	0
			2030	142.26	113.72	740.00	113.62	0	142.16	0
		修水柘林水库武宁过渡区	2020	0	0	0	0	0	0	0
			2030	0	0	0	0	0	0	0
		修水柘林水库武宁饮用水源区	2020	83.37	66.62	0	0	66.56	0	83.27
			2030	96.53	77.22	0	0	77.72	0	96.53
		修水柘林水库景观娱乐用水区	2020	58.14	46.51	740.00	46.51	0	58.14	0
			2030	67.39	53.91	740.00	53.91	0	67.39	0

续表 7-4

设区市	水功能区		水平年	年 COD 量						
	一级	二级		排放量	入河量	纳污能力	入河控制量	入河削减量	排放控制量	排放削减量
九江市	修水武宁—永修保留区		2020	272.52	218.02	291.71	218.02	0	272.52	-19.18
			2030	315.99	252.72	291.71	252.72	0	291.71	24.19
九江市	修水永修开发利用区	修水永修工业用水区	2020	145.45	116.12	6 281.26	6 281.06	0	6 281.06	0
			2030	168.48	134.78	6 281.26	6 281.06	0	6 281.06	0
		修水永修过渡区	2020	0	0	0	0	0	0	0
			2030	0	0	0	0	0	0	0
		修水永修饮用水源区	2020	86.91	69.52	0	0	0	0	86.91
			2030	100.74	80.59	0	0	0	0	100.74
		修水永修景观娱乐用水区	2020	332.18	265.64	2 008.63	265.74	0	332.18	0
			2030	385.05	308.04	2 008.63	308.04	0	385.05	0
九江市	修水永修保留区		2020	281.73	225.19	137.64	137.64	87.65	137.64	143.97
			2030	326.43	261.14	137.64	137.64	123.50	137.64	188.79
九江市	修水吴城自然保护区		2020	0	0	0	0	0	0	0
			2030	0	0	0	0	0	0	0
九江市	修水渣津水源头水保护区		2020	0	0	0	0	0	0	0
			2030	0	0	0	0	0	0	0
九江市	修水渣津水修水县保留区		2020	0	0	116.68	0	0	0	0
			2030	0	0	116.68	0	0	0	0
宜春市	修水武宁水铜鼓上保留区		2020	0	0	58.34	0	0	0	0
			2030	0	0	58.34	0	0	0	0
宜春市	修水武宁水铜鼓开发利用区	修水武宁水铜鼓饮用水源区	2020	66.50	53.20	0	0	53.20	0	66.50
			2030	77.08	61.66	0	0	61.66	0	77.08
		修水武宁水铜鼓工业用水区	2020	1 666.25	1 333.00	396.27	396.27	936.73	396.27	1 269.98
			2030	1 931.45	1 545.16	396.27	396.27	1 148.89	396.27	1 535.18
宜春市	修水武宁水铜鼓下保留区		2020	641.55	513.24	313.57	313.57	199.67	313.57	327.70
			2030	743.66	594.93	313.57	313.57	281.36	313.57	430.05
九江市	修水武宁水修水县保留区		2020	0	0	175.08	0	0	0	0
			2030	0	0	175.08	0	0	0	0

续表 7-4

设区市	水功能区		水平年	年 COD 量						
	一级	二级		排放量	入河量	纳污能力	入河控制量	入河削减量	排放控制量	排放削减量
九江市	修水安平水修水县保留区		2020	0	0	116.68	0	0	0	0
			2030	0	0	116.68	0	0	0	0
九江市	修水安平水修水县开发利用区	修水安平水修水县饮用水源区	2020	0	0	0	0	0	0	0
			2030	0	0	0	0	0	0	0
宜春市	潦河源头水保护区		2020	0	0	0	0	0	0	0
			2030	0	0	0	0	0	0	0
宜春市	潦河奉新上保留区		2020	350.95	280.66	233.37	233.37	47.39	233.37	117.58
			2030	406.81	325.45	233.37	233.37	92.08	233.37	173.44
宜春市	潦河奉新开发利用区	潦河奉新饮用水源区	2020	0	0	0	0	0	0	0
			2030	0	0	0	0	0	0	0
		潦河奉新工业用水区	2020	2 415.17	1 932.14	3 276.64	1 932.14	0	2 415.17	0
			2030	2 764.48	2 211.58	3 276.64	2 211.58	0	2 764.48	0
宜春市	潦河奉新下保留区		2020	0	0	0	0	0	0	0
			2030	0	0	0	0	0	0	0
南昌市	潦河安义上保留区		2020	0	0	311.16	0	0	0	0
			2030	0	0	311.16	0	0	0	0
南昌市	潦河安义万埠开发利用区	潦河安义万埠工业用水区	2020	378.20	302.56	6 527.16	6 527.16	0	6 527.16	0
			2030	438.40	350.72	6 527.16	6 527.16	0	6 527.16	0
南昌市	潦河安义下保留区		2020	0	0	0	0	0	0	0
			2030	0	0	0	0	0	0	0
九江市	潦河永修保留区		2020	0	0	291.71	0	0	0	0
			2030	0	0	291.71	0	0	0	0
九江市	潦河永修开发利用区	潦河永修饮用水源区	2020	360.34	288.27	0	0	288.27	0	360.34
			2030	417.69	334.15	0	0	334.15	0	417.69
宜春市	北潦河源头水保护区		2020	0	0	0	0	0	0	0
			2030	0	0	0	0	0	0	0
宜春市	北潦河靖安上保留区		2020	0	0	116.68	0	0	0	0
			2030	0	0	116.68	0	0	0	0
宜春市	北潦河靖安开发利用区	北潦河靖安饮用水源区	2020	0	0	0	0	0	0	0
			2030	0	0	0	0	0	0	0
		北潦河靖安工业用水区	2020	346.65	277.32	1 678.34	277.32	0	346.65	0
			2030	401.82	321.31	1 678.34	321.46	0	401.99	0

续表 7-4

设区市	水功能区		水平年	年 COD 量						
	一级	二级		排放量	入河量	纳污能力	入河控制量	入河削减量	排放控制量	排放削减量
宜春市	北潦河靖安下保留区		2020	154.43	123.54	116.68	116.68	6.86	116.68	37.75
			2030	179.01	143.21	116.68	116.68	26.52	116.68	62.33
南昌市	北潦河安义开发利用区	北潦河安义饮用水源区	2020	122.21	97.77	0	0	97.77	0	122.21
			2030	141.66	113.33	0	0	113.33	0	141.66
		北潦河安义工业用水区	2020	0	0	4 325.24	1 297.52	0	1 297.52	0
			2030	0	0	4 325.24	1 297.52	0	1 297.52	0
合计			2020	9 376	7 500	34 533	19 279	1 839	20 214	2 724
			2030	10 833	8 666	34 533	19 846	2 360	20 900	3 432

表 7-5　修河流域水功能氨氮入河总量及排放量控制规划情况　单位：t

设区市	水功能区		水平年	年氨氮量						
	一级	二级		排放量	入河量	纳污能力	入河控制量	入河削减量	排放控制量	排放削减量
宜春市	修水源头水保护区		2020	0	0	0	0	0	0	0
			2030	0	0	0	0	0	0	0
九江市	修水修水县保留区		2020	0	0	58.34	0	0	0	0
			2030	0	0	58.34	0	0	0	0
九江市	修水修水县开发利用区	修水修水县工业用水区	2020	0	0	380.99	0	0	0	0
			2030	0	0	380.99	0	0	0	0
九江市	修水修水县—武宁保留区		2020	0	0	97.24	0	0	0	0
			2030	0	0	97.24	0	0	0	0
九江市	修水柘林水库武宁开发利用区	修水柘林水库武宁工业用水区	2020	97.62	78.10	36.99	36.99	41.11	36.99	60.63
			2030	113.16	90.53	36.99	36.99	53.54	36.99	76.17
		修水柘林水库武宁过渡区	2020	0	0	0	0	0	0	0
			2030	0	0	0	0	0	0	0
		修水柘林水库武宁饮用水源区	2020	46.30	37.04	0	0	37.04	0	46.30
			2030	53.67	42.93	0	0	42.93	0	53.67
		修水柘林水库景观娱乐用水区	2020	4.84	3.88	36.99	3.88	0	4.84	0
			2030	5.62	4.49	36.99	4.49	0	5.62	0
九江市	修水武宁—永修保留区		2020	0	0	72.93	0	0	0	0
			2030	0	0	72.93	0	0	0	0

续表 7-5

设区市	水功能区		水平年	年氨氮量						
	一级	二级		排放量	入河量	纳污能力	入河控制量	入河削减量	排放控制量	排放削减量
九江市	修水永修开发利用区	修水永修工业用水区	2020	0	0	527.67	527.67	0	527.67	0
			2030	0	0	527.67	527.67	0	527.67	0
		修水永修过渡区	2020	0	0	0	0	0	0	0
			2030	0	0	0	0	0	0	0
		修水永修饮用水源区	2020	0	0	0	0	0	0	0
			2030	0	0	0	0	0	0	0
		修水永修景观娱乐用水区	2020	0	0	139.85	0	0	0	0
			2030	0	0	139.85	0	0	0	0
九江市	修水永修保留区		2020	0	0	14.59	0	0	0	0
			2030	0	0	14.59	0	0	0	0
九江市	修水吴城自然保护区		2020	0	0	0	0	0	0	0
			2030	0	0	0	0	0	0	0
九江市	修水渣津水源头水保护区		2020	0	0	0	0	0	0	0
			2030	0	0	0	0	0	0	0
九江市	修水渣津水修水县保留区		2020	0	0	29.17	0	0	0	0
			2030	0	0	29.17	0	0	0	0
宜春市	修水武宁水铜鼓上保留区		2020	0	0	14.59	0	0	0	0
			2030	0	0	14.59	0	0	0	0
宜春市	修水武宁水铜鼓开发利用区	修水武宁水铜鼓饮用水源区	2020	5.81	4.65	0	0	4.65	0	5.81
			2030	6.74	5.39	0	0	5.39	0	6.74
		修水武宁水铜鼓工业用水区	2020	175.29	140.24	27.96	27.96	112.27	27.96	147.33
			2030	203.19	162.56	27.96	27.96	134.59	27.96	175.23
宜春市	修水武宁水铜鼓下保留区		2020	20.92	16.74	58.34	16.74	0	20.92	0
			2030	24.25	19.40	58.34	19.40	0	24.25	0
九江市	修水武宁水修水县保留区		2020	0	0	43.76	0	0	0	0
			2030	0	0	43.76	0	0	0	0
九江市	修水安平水修水县保留区		2020	0	0	29.17	0	0	0	0
			2030	0	0	29.17	0	0	0	0
九江市	修水安平水修水县开发利用区	修水安平水修水县饮用水源区	2020	0	0	0	0	0	0	0
			2030	0	0	0	0	0	0	0
宜春市	潦河源头水保护区		2020	0	0	0	0	0	0	0
			2030	0	0	0	0	0	0	0

续表 7-5

设区市	水功能区		水平年	年氨氮量						
	一级	二级		排放量	入河量	纳污能力	入河控制量	入河削减量	排放控制量	排放削减量
宜春市	潦河奉新上保留区		2020	37.85	30.28	58.34	30.26	0	37.54	0
			2030	43.88	35.10	58.34	35.41	0	43.43	0
宜春市	潦河奉新开发利用区	潦河奉新饮用水源区	2020	0	0	0	0	0	0	0
			2030	0	0	0	0	0	0	0
		潦河奉新工业用水区	2020	565.64	452.51	223.25	223.25	229.27	223.25	342.39
			2030	655.67	524.53	223.25	223.25	301.29	223.25	432.42
宜春市	潦河奉新下保留区		2020	0	0	0	0	0	0	0
			2030	0	0	0	0	0	0	0
南昌市	潦河安义上保留区		2020	0	0	77.54	0	0	0	0
			2030	0	0	77.54	0	0	0	0
南昌市	潦河安义万埠开发利用区	潦河安义万埠工业用水区	2020	4.24	3.39	451.91	451.91	0	451.91	0
			2030	4.91	3.93	451.91	451.91	0	451.91	0
南昌市	潦河安义下保留区		2020	0	0	0	0	0	0	0
			2030	0	0	0	0	0	0	0
九江市	潦河永修保留区		2020	0	0	72.93	0	0	0	0
			2030	0	0	72.93	0	0	0	0
九江市	潦河永修开发利用区	潦河永修饮用水源区	2020	0	0	0	0	0	0	0
			2030	0	0	0	0	0	0	0
宜春市	北潦河源头水保护区		2020	0	0	0	0	0	0	0
			2030	0	0	0	0	0	0	0
宜春市	北潦河靖安上保留区		2020	0	0	29.17	0	0	0	0
			2030	0	0	29.17	0	0	0	0
宜春市	北潦河靖安开发利用区	北潦河靖安饮用水源区	2020	0	0	0	0	0	0	0
			2030	0	0	0	0	0	0	0
		北潦河靖安工业用水区	2020	211.65	168.70	115.74	115.74	53.36	115.74	95.46
			2030	244.35	195.86	115.74	115.74	80.12	115.74	129.08
宜春市	北潦河靖安下保留区		2020	59.29	47.43	29.17	29.17	18.26	29.17	30.53
			2030	68.73	54.98	29.17	29.17	25.81	29.17	39.86
南昌市	北潦河安义开发利用区	北潦河安义饮用水源区	2020	152.55	122.04	0	0	122.04	0	152.55
			2030	176.83	141.30	0	0	141.33	0	176.83
		北潦河安义工业用水区	2020	0	0	293.37	88.01	0	88.01	0
			2030	0	0	293.37	88.01	0	88.01	0
合计			2020	1 382	1 105	2 920	1 552	618	1 564	881
			2030	1 601	1 281	2 920	1 560	785	1 574	1 090

7.1.5　对策措施

7.1.5.1　水资源保护措施

加强保护区和保留区的监督管理。加强对保护区和保留区的水质常规监督监测,确保各功能区的功能达标,满足流域内经济社会发展的需要。

调整产业结构,推行清洁生产。进行区域产业结构调整,优化资源配置,发展排污量少、不污染或轻污染的工程项目,加快对采矿、造纸、医药、化工等重污染行业的调整,对污染严重、治理无望的企业或设备限期淘汰。推行清洁生产的经济政策,建立有利于清洁生产的投融资机制,并积极落实节水减污、清洁生产措施。在经济发展指导思想上将传统生产模式转变为协调发展模式,变粗放型生产为集约型生产。发展适合流域内资源特点的特色经济。鼓励发展旅游业和第三产业,合理开发利用当地的水电资源、矿产资源等。

淘汰不符合产业政策的污染企业。按照国家规定禁止新建并坚决关闭"十五小"和"新五小"(小水泥、小火电、小玻璃、小炼油、小钢铁)企业;加大执法力度,防止关闭的"十五小"企业(特别是小造纸)死灰复燃。按照原国家经贸委《淘汰落后生产能力、工艺和产品目录》(第一批)(第二批)、《工商投资领域制止重复建设目录》(第一批),有计划地分批淘汰落后生产能力。

加紧污水处理工程建设。加快流域沿途各县(区)的污水处理厂建设,确保水质达到水功能区要求。

实施排污口整治工程。根据水功能区要求,结合污水处理设施和堤防建设,对城市现有取、排水口进行优化调整并实施整治。"十二五"期间对不符合饮用水源区保护要求的排污口、码头、垃圾堆场应进行彻底清理。

建设城市生活垃圾处理场,集中处理生活垃圾,避免垃圾扩散污染水质。

调整农业结构,加强农业基础设施建设,改善农业生产条件,因地制宜大力发展生态农业、高效农业和特色农业。

保护森林植被,加强水土流失治理,结合运用生物措施、工程措施,全面改善生态环境。重点建设天然林保护工程、宜林荒山造林、退耕还林(草)工程和小流域综合治理工程。

完善地方水资源保护的政策法规体系。根据水质保护的要求,制定修河流域综合利用的水质保护条例,流域内的相关县(市、区)应制定相应的地方性法规。

地方各级水行政主管部门均应建立专门的水资源保护管理机构,应加强有关法规的学习和人员培训,提高依法行政的水平。

加强对修河流域取水、排污及水功能区的监督管理,严格行政审批,控制新的污染发生。同时建立水污染事故应急处理程序,增强水资源保护执法快速反应能力。要进一步重视舆论监督和宣传工作,发挥社会和舆论的监督作用。

7.5.1.2 水质监测规划

1. 规划目的

监测规划是水资源保护规划的重要组成部分,是规划方案有效实施和规划目标顺利实现的必要保障。完善监测网络,通过控制断面及控制点的监测,了解规划水域的排污状况和水质变化趋势,有效地实施水资源保护的监督和管理,使监测为水资源统一管理和保护服务。

2. 监测范围

监测范围为规划范围内的所有河流、湖泊和水库。监测的重点是一级水功能区划中的开发利用区。

3. 断面(测点)布设

1)断面(测点)设置技术要求

必须符合《水环境监测规范》(SL 219—98)的要求;尽量利用现有的监测断面(测点);应尽量靠近已有水文站,以便取得相应水量资料计算污染物量;应考虑交通方便,提高监测时效性;应根据水功能区划具体情况,设置监测断面(测点),并能反映功能区内水质状况。

对于河段较短的功能区,可设置 1 个监测断面,断面应设在能控制功能区内水质最不利情况的地方;对于河段较长的功能区,可设置 2 个或多个监测断面,断面应设在能控制功能区内水质状况的地方。

对于分左右岸划分的功能区,可设置监测点而无须设置监测断面,监测点设置原则及方法与监测断面设置原则相同。

2)监测断面(测点)

根据以上技术要求,江西省水文局规划在现有 14 个监测断面(测点)的基础上增加 28 个,共计 42 个。

修河流域监测站点规划情况见表 7-6。

表 7-6 修河流域监测站点规划

站点数量					分阶段实施数量		
规划站点总数	水资源质量	水功能区	饮用水源地	入河排污口	现有	2020 年	2030 年
42	2	27	8	5	14	25	17

4. 监测项目

1)确定原则

监测项目要根据水体水质现状、水体使用功能(用途)和监控目标(监测目的)而定。如渔业用水区按渔业水质标准或对应地表水标准规定项目进行监测等。

所选择监测项目必须要有相应的国家或行业颁布的标准分析方法。

高锰酸盐指数(或化学需氧量)和氨氮为必测项目。

2)监测项目确定

根据以上原则,各功能区不同的规划水平年监测项目见表 7-7。

表7-7　各功能区监测项目确定

<table>
<tr><th colspan="2">监测区域</th><th>监测项目</th></tr>
<tr><td colspan="2">保护区</td><td rowspan="4">水温、pH、溶解氧、氨氮、高锰酸盐指数、化学需氧量、生化需氧量、氰化物、总砷、挥发性酚、六价铬、总汞、铜、锌、镉、铅、总磷、石油类、硫化物、阴离子表面活性剂、硒、氟化物、粪大肠杆菌(湖库增加总氮、叶绿素、透明度)</td></tr>
<tr><td colspan="2">保留区</td></tr>
<tr><td rowspan="4">开发利用区</td><td>过渡区</td></tr>
<tr><td>工业用水区</td></tr>
<tr><td>饮用水源区</td><td>水温、pH、溶解氧、氨氮、高锰酸盐指数、化学需氧量、生化需氧量、氰化物、总砷、挥发性酚、六价铬、总汞、铜、锌、镉、铅、总磷、石油类、硫化物、阴离子表面活性剂、硒、氟化物、粪大肠杆菌、铁、锰、氯化物、硫酸盐、硝酸盐(湖库增加总氮、叶绿素、透明度)</td></tr>
<tr><td>景观娱乐用水区</td><td>水温、pH、溶解氧、氨氮、高锰酸盐指数、化学需氧量、生化需氧量、氰化物、总砷、挥发性酚、六价铬、总汞、铜、锌、镉、铅、总磷、石油类、硫化物、阴离子表面活性剂、硒、氟化物、粪大肠杆菌(湖库增加总氮、叶绿素、透明度)</td></tr>
</table>

5. 水环境监测能力与信息系统建设

修河流域与其他流域现共有监测中心4个，分别为江西省中心、宜春分中心、九江分中心和鄱阳湖分中心。为持续改善上述水环境监测中心的监测能力，根据《水文基础设施建设及技术装备标准》的要求，更新或增加部分分析实验室仪器设备，以提高水环境监测中心的监测能力。

7.1.5.3　水源地保护工程

对流域内水源地采取入河排污口整治、引水减污、疏浚清淤等措施，保证水源地水质。具体工程见表7-8。

表7-8　修河流域水源地保护工程

<table>
<tr><th rowspan="2">水平年</th><th rowspan="2">设区市</th><th rowspan="2">水资源三级区</th><th rowspan="2">水功能一级区</th><th rowspan="2">水功能二级区</th><th colspan="2">入河排污口整治</th><th colspan="2">引水减污</th><th colspan="2">疏浚清淤</th></tr>
<tr><th>工程名称</th><th>整治内容</th><th>工程名称</th><th>引水量/万 m^3</th><th>工程名称</th><th>工程量/万 m^3</th></tr>
<tr><td>2020</td><td rowspan="2">九江市</td><td rowspan="2">修水</td><td rowspan="2">修水柘林水库开发利用区</td><td rowspan="2">修水柘林水库武宁饮用水源区</td><td></td><td></td><td>引水减污工程</td><td>300</td><td></td><td></td></tr>
<tr><td>2030</td><td></td><td></td><td>引水减污工程</td><td>500</td><td></td><td></td></tr>
</table>

续表 7-8

水平年	设区市	水资源三级区	水功能一级区	水功能二级区	入河排污口整治		引水减污		疏浚清淤	
					工程名称	整治内容	工程名称	引水量/万 m^3	工程名称	工程量/万 m^3
2020	九江市	修水	修水永修开发利用区	修水永修饮用水源区	入河排污口整治	改建				
2030					入河排污口整治	搬迁				
2020	九江市	修水	潦河永修开发利用区	潦河永修饮用水源区					水功能区疏浚清淤	15
2030									水功能区疏浚清淤	18

7.1.6　投资估算

修河流域水资源保护规划总投资估算为 7 688.84 万元，其中水源地保护工程投资 2 685 万元，水环境监测能力与信息系统建设投资 2 679.84 万元，监测运行费用 2 324 万元。2020 年投资 3 085.42 万元，2030 年投资 4 603.42 万元。

7.2　水生态保护规划

7.2.1　生态现状及存在问题

7.2.1.1　水生动植物

修河流域水系发育，溪流众多，池塘、水库星罗棋布，鱼类资源无论是种类还是数量都在江西省占据重要位置。就种类数目而言，修河有鱼类约 20 科 100 余种，其中以鲤科鱼类为主，占总种数的 70%，主要经济鱼类有鲫鱼、鲤鱼、鲢鱼、草鱼、青鱼、鳙鱼、鳊类、鳡鳜类、鲅鱼类、乌鳢、银鱼、鮰鱼等 30 余种。除鱼类资源外，软体动物、水生维管束植物及虾、蟹等种类繁多。

7.2.1.2　湿地

修河流域内分布的湿地类型主要有湖泊湿地、河流湿地和沼泽湿地，但是重点湿地不多。修河流域有 1 个国家级湿地公园，即庐山西海国家湿地公园，位于武宁县，为河流湿地、湖泊湿地、人工湿地混合型湿地，面积为 24 713.9 hm^2，批准时间为 2008 年。

7.2.1.3　风景名胜区及森林公园

本次修河流域规划范围内有省级以上风景名胜区 3 个，风景名胜区面积共 1 005.2 km^2。修河流域重点风景名胜区情况统计见表 7-9。

表7-9　修河流域重点风景名胜区情况统计

序号	名称	所在县(市、区)	级别	类型	面积/km²
1	庐山西海风景名胜区	永修县	国家级	文化、景观山岳型	655.2
2	南崖至清水岩风景名胜区	修水县	省级	文化景观型	50
3	百丈山至萝卜潭风景名胜区	奉新县	省级	文化景观型	300

修河流域规划范围内有省级以上森林公园7个,其中国家级4个,省级3个。森林公园共约468.27 km²。修河流域森林公园情况统计见表7-10。

表7-10　修河流域森林公园情况统计

序号	公园名称	批复面积/hm²	所在位置
一	国家级		
1	靖安三爪仑国家示范森林公园	12 133.33	靖安县三爪仑乡、宝峰乡、双溪镇
2	铜鼓天柱峰国家森林公园	10 512	铜鼓县排埠镇、永宁镇、大塅镇、三都镇、大沩山林场、龙门林场
3	永修柘林湖国家森林公园	16 450	永修县柘林镇、附坝林场、柘林林场
4	九岭山国家级森林公园	1 266.16	武宁县杨洲乡
二	省级		
1	奉新狮山省级森林公园	203.33	奉新县冯川镇
2	安义圣水堂省级森林公园	1 500	安义县新民乡
3	江西省南方红豆杉森林公园	4 762	铜鼓县花山林场、高桥乡

7.2.1.4　自然保护区

修河流域内有自然保护区共23处,其中省级自然保护区3处,市县级自然保护区20处,总面积约1 544.25 km²;修河流域面积共14 539 km²,保护区面积占流域面积的10.6%,修河流域自然保护区情况统计见表7-11。

表 7-11 修河流域自然保护区情况统计

序号	名称	性质	所在县（市、区）	级别	类型	主要保护对象	面积/hm^2	存在问题	批建时间
1	云居山省级自然保护区	已建	永修	省级	森林生态	森林生态系统及野生动植物	2 480.00	缺乏资金投入，基础设施落后	1997 年
2	九岭山省级自然保护区	已建	靖安	省级	森林生态	森林生态系统及野生动植物	14 942.00	缺乏资金投入，基础设施落后	1997 年
3	峤岭省级自然保护区	已建	安义	省级	森林生态	森林生态系统及野生动植物	4 490.00	缺乏资金投入，基础设施落后	2004 年
4	西山岭县级自然保护区	已建	安义	县级	森林生态	森林生态系统及野生动植物	20 445.00	缺乏资金投入，基础设施落后	1999 年
5	杨岭山县级自然保护区	已建	永修	县级	森林生态	森林生态系统及野生动植物	1 500.00	缺乏资金投入，基础设施落后	2000 年
6	七里源县级自然保护区	已建	永修	县级	森林生态	森林生态系统及野生动植物	1 000.00	缺乏资金投入，基础设施落后	2000 年
7	野鸡坑县级自然保护区	已建	永修	县级	森林生态	森林生态系统及野生动植物	600.00	缺乏资金投入，基础设施落后	2000 年
8	泡桐县级自然保护区	已建	永修	县级	森林生态	森林生态系统及野生动植物	1 000.00	缺乏资金投入，基础设施落后	2000 年
9	鹤田县级自然保护区	已建	永修	县级	森林生态	森林生态系统及野生动植物	1 000.00	缺乏资金投入，基础设施落后	2000 年
10	泉祠坳县级自然保护区	已建	永修	县级	森林生态	森林生态系统及野生动植物	1 400.00	缺乏资金投入，基础设施落后	2000 年

续表 7-11

序号	名称	性质	所在县（市、区）	级别	类型	主要保护对象	面积/hm^2	存在问题	批建时间
11	青山县级自然保护区	已建	永修	县级	森林生态	森林生态系统及野生动植物	10.00	缺乏资金投入，基础设施落后	2000 年
12	五梅山修河源县级自然保护区	已建	修水	县级	森林生态	森林生态系统及野生动植物（水源涵养林）	40 620.00	缺乏资金投入，基础设施落后	2003 年
13	九岭山县级自然保护区	已建	奉新	县级	森林生态	森林生态系统及野生动植物	4 725.73	缺乏资金投入，基础设施落后	2000 年
14	萝卜潭县级自然保护区	已建	奉新	县级	森林生态	森林生态系统及野生动植物	773.00	缺乏资金投入，基础设施落后	2000 年
15	越山县级自然保护区	已建	奉新	县级	森林生态	森林生态系统及野生动植物	2 084.93	缺乏资金投入，基础设施落后	2000 年
16	泥洋山县级自然保护区	已建	奉新	县级	森林生态	森林生态系统及野生动植物	1 989.53	缺乏资金投入，基础设施落后	2000 年
17	百丈山县级自然保护区	已建	奉新	县级	森林生态	森林生态系统及野生动植物	186.33	缺乏资金投入，基础设施落后	2000 年
18	陶仙岭县级自然保护区	已建	奉新	县级	森林生态	森林生态系统及野生动植物	178.20	缺乏资金投入，基础设施落后	2000 年
19	天柱峰县级自然保护区	已建	铜鼓	县级	森林生态	森林生态系统及野生动植物	17 000.00	缺乏资金投入，基础设施落后	1997 年
20	陈坊自然保护区	新建	修水	县级	森林生态	森林生态系统及野生动植物	21 667.00	缺乏资金投入，基础设施落后	2007 年

续表 7-11

序号	名称	性质	所在县（市、区）	级别	类型	主要保护对象	面积/hm²	存在问题	批建时间
21	黄龙山自然保护区	新建	修水	县级	森林生态	森林生态系统及野生动植物	2 333.00	缺乏资金投入，基础设施落后	2007年
22	荷溪湿地自然保护区	新建	永修	县级	湿地生态	越冬候鸟及湿地生态系统	4 000.00	缺乏资金投入，基础设施落后	2007年
23	靖安大鲵自然保护区	新建	靖安	县级	野生动物	大鲵	10 000.00		在建

7.2.1.5 修河流域存在的主要水生态问题

目前，修河流域水生态方面存在的主要问题是部分河段及支流枯水期流量较少，水体污染有加重趋势；水土流失尚未得到有效控制；天然湿地面积减少，保护性的重点湿地较少；流域内水坝的修建，使原来连续的河流生态系统被分割成不连续的环境单元，造成生境破碎；流域水环境监测能力有待加强。随着经济社会的快速发展，修河流域水生态问题存在进一步恶化的趋势。

7.2.2 规划目标

7.2.2.1 水生生物

保护流域内珍稀和特有鱼类生境，减缓水资源开发利用的不利影响，避免遭到灭绝性破坏。

7.2.2.2 湿地

保护湿地水资源及其生物多样性，维护湿地生态系统的特性和基本功能，重点保护好具有重要意义的湿地和湿地资源。实行保护和恢复并举，对现有生态环境较好的湿地，在完善保护措施体系的同时，重点加强湿地保护区建设；对生态环境恶化和生态功能退化的湿地，要加大投入力度，采取综合治理、恢复和修复等措施，逐步恢复湿地的原有结构和功能，遏制保护区及周边社区人口增加，最大限度地降低工农业生产和经济发展对湿地的威胁，实现湿地资源的可持续利用。

7.2.2.3 风景名胜区

重点保护风景名胜区中的重要涉水景观，以及可能对水景观产生直接影响的上下游部分水域或支流。重点涉水景观保护目标包括水质目标、水量目标以及自然生态资源完整性目标。

保护涉水风景名胜区内主要河流水质状况，治理上游污染源，保持景区内良好的水质现状，防止水质污染影响景观的美学价值和观赏价值；保持湖库型景观水位要求，必要时采取补水、调节各水期水量的工程措施，维持景观的美学价值。

7.2.2.4　自然保护区

自然保护区内重要的河流、河段,应加强其上游的水污染治理,保障必要的生态水量,维持自然保护区的良性循环。水资源开发活动应遵守在自然保护区的核心区和缓冲区内不得建设任何生产措施,在自然保护区的实验区内,不得建设污染环境、破坏资源或景观的生产设施。

7.2.3　规划目标保护范围

7.2.3.1　水生生物

流域水生生物保护范围主要包括:具有代表性流域自然生态系统的典型水域;自然生态系统已遭破坏,但有可能恢复和更新的地区;主要鱼类生活、栖息、繁殖区;以鱼类为主的水生生物物种多样性较丰富的河段;有较强管理能力的地区。

7.2.3.2　湿地

流域湿地重点保护范围包括现有各类湿地自然保护区及其河岸生态环境以及其他自然保护区、国家风景名胜区等生态敏感区内的河流、沼泽和湖泊湿地。

7.2.3.3　风景名胜区

风景名胜区保护范围主要包括景区内的所有水域,包括干流、溪流以及小型湖泊,防止景区水体受污染影响景区水质。

7.2.3.4　自然保护区

自然保护区保护范围主要包括流域内各级自然保护区所涉及的河段。

7.2.4　水生态保护和恢复措施

7.2.4.1　水量保护措施

水量保护措施主要目的是保证水资源开发利用不对涉水自然保护区、风景名胜区、湿地等涉及河段产生减水、断流、淹没等影响。对水生生物的水量保护措施主要是严格执行生态下泄量,保障其基础生境。主要措施包括如下几种。

1. 蓄水、引水保障水量补给

规划修建水利枢纽工程时,应该保障引水河流水量的补给,同时不应严重损害景区的景观及下游生态环境。对于景区核心景观为涉水的,为维持正常景观流量,保护水景观和饮用水资源。

流域内已建引流式电站部分未考虑下游生态环境用水要求,坝下常年形成严重减水及脱水河段,生态环境遭到破坏。建议通过适当改造落实生态流量下泄措施,以减少下游脱水河段生态损失。规划新建引流式电站时,应先调查清楚周边生境,综合考虑引流受河段生态、饮水及景观等多方面要求,严格落实生态流量及其他环境保护措施。

2. 保证最小生态环境需水量

河道最小生态流量是指维持河床基本形态,保障河道输水能力,防止河道断流、保持水体一定的自净能力的最小流量,是维系河流的最基本环境功能不受破坏,必须在河道中常年流动着的最小水量阈值。

对于部分自然保护区内已建的水利枢纽,要保证下游生态基流,以维持河道内外生物良好的生境。如果自然保护区是为了保护水生生物和鱼类而设置的自然保护区,那么该河段不应建设影响鱼类洄游通道和产卵场的水利设施,保证水生生物有足够的生存空间和天然生境。上游已建的水利工程应保证生态下泄流量,如增加小机组常年担任基荷,使下游生态环境用水得到保证。

按照历史流量法则中的 Tennant 法,河道最小生态流量取多年平均流量的 10%进行确定。本次选取流域面积在 200 km^2 以上的支流的河口断面与主要水文测站作为控制节点。

测站控制节点生态流量采用实测水文资料计算,其他断面采用水文比拟法计算。修河流域各控制断面最小生态流量计算成果见表 7-12。

表 7-12 修河流域各控制断面最小生态流量成果

河流	流域面积/km^2	多年平均流量/(m^3/s)	最小生态流量占多年平均流量比例/%	最小生态流量/(m^3/s)
高沙	5 303	156	10	15.6
虬津	9 914	291	10	29.1
万家埠	3 548	110	10	11.0
先锋	1 764	50.8	10	5.08
杨树坪	342	10.8	10	1.08
晋坪	304	12.7	10	1.27
潦河	4 380	136	10	13.6
山口水	1 735	50.0	10	5.00
北潦河	1 518	47.1	10	4.71
渣津水	952	27.4	10	2.74
北潦北支河	736	22.8	10	2.28
巾口河	592	17.4	10	1.74
安溪水	516	14.9	10	1.49
北岸水	478	15.1	10	1.51
奉乡水	450	13.0	10	1.30
船滩河	442	13.0	10	1.30
罗溪河	327	9.6	10	0.96
龙安河	305	9.5	10	0.95
大桥河	285	9.00	10	0.90
东港水	274	8.65	10	0.87

续表 7-12

河流	流域面积/km^2	多年平均流量/(m^3/s)	最小生态流量占多年平均流量比例/%	最小生态流量/(m^3/s)
洋湖港水	273	8.03	10	0.80
石鼻河	241	7.47	10	0.75
杭口水	228	7.20	10	0.72
黄沙港	210	6.51	10	0.65
杨津水	209	6.60	10	0.66

3. 限制部分河段水资源开发利用

涉水自然保护区内的河段不应新建水电开发区及其他影响河流原生态的工程，保护河流的天然性。对于新建中的鱼类保护区，也不应在此新建水利枢纽工程，保证该河段的原生生境，下游新建的水利工程不应对该河段产生影响。

对于不涉水的自然保护区和景观，附近河段的水资源开发应以不淹没自然保护区和景观范围、不对保护区产生扰动为原则。

7.2.4.2　水质保护措施

水质保护措施的目的主要是对现状水质较好的河段保障现状水质，对现状水质较差的则改善水质，从水体感官度、质量状况等方面保障水质；对涉水景观保证不由于水质污染而导致景观的美学、观赏价值受到破坏；对自然保护区保证不由于水质污染而导致主要保护对象栖息地及生境受到破坏；对湿地保证水污染不影响湿地生态环境。主要措施见水资源保护章节。

7.2.4.3　生态保护措施

生态保护措施目的在于保护鱼类资源、生物多样性、湿地面积等不因水资源开发利用而锐减，保护风景名胜区完整性和自然保护区内动植物生境等。主要包括如下措施。

1. 鱼类资源保护措施

人工增流是恢复天然渔业资源的重要手段。通过有计划地开展人工放流种苗，可以增加鱼类种群结构中低、幼龄鱼类数量，扩大群体规模，储备足够量的繁殖后备群体，补充或增加天然鱼类资源量。

今后水资源开发利用过程中，应充分论证工程对鱼类资源及其他水生生物的影响，建议干流及主要支流控制性工程建设时均应增设过鱼及增殖设施。

1）鱼类增殖放流站建设

增殖放流站的目标和主要任务是进行鱼类的野生亲本捕捞、运输、驯养，实施人工繁殖和鱼苗培育，提供鱼种进行放流。

由于柘林水库工程建设对抚河鱼类资源影响较大，且没有修建过鱼设施，阻隔了鱼类的洄游通道，本次规划在永修县柘林水库附近增设 1 个鱼类增殖放流站。

2）河流沿线增殖放流

（1）鱼类增殖放流地点选择。

根据国务院《中国水生生物资源养护行动纲要》和农业部《水生生物增殖放流管理规

定》及江西省水生生物增殖放流的相关规定,增殖放流地点选择原则为:拟放流水域是公共水体。其中,河流境内长度应大于 20 km,平均宽度应大于 50 m,终年不断流;湖泊、水库面积应大于 5 000 亩,以及获批的水生生物保护区、风景区;放流水域在实施项目后,必须实现以下功能一项以上,即稳定或恢复经济鱼类、特有鱼类种群,净化水质、渔民增收、景区观赏;符合《水生生物增殖放流规定》中其他相关要求。

按照上述原则,本次规划鱼类增殖放流地点选择 7 处,增殖放流点分别为铜鼓县、修水县、武宁县、永修县、安义县、奉新县和靖安县。

(2)放流鱼类种类。

在抚河干支流及大型湖泊、水库进行经济物种(青、草、鲢、鳙、鲤、鲫、鲂)增殖放流。在水生生物保护区、风景区等区域进行珍稀、濒危物种增殖放流。

2. 流域重要湿地水生态保护措施

根据林业部门提供的资料,修河流域规划范围内有 1 个国家级湿地公园,即庐山西海国家湿地公园,位于武宁县,为河流湿地、湖泊湿地、人工湿地混合型湿地,面积为 24 713.9 hm^2。

1)禁止围垦湿地

禁止围湖(江)造田,已退田还湖(江)的地域禁止新建居民点或者其他永久性建筑物、构筑物;退出后的旧房、旧宅基地必须拆除、退还,禁止移民返迁。

2)周围面源污染治理及垃圾收集处理

为改善湿地生态条件,拟对周边地区农村面源污染进行治理,同时建立垃圾集中收集、运输处理系统。

规划的主要治理系统包括水田低毒农药和综合生物防治技术推广工作、生物肥料推广工作、农村小型生活污水处理系统、乡村湿地恢复、固体垃圾收集处理系统等措施。

3)周边防护林建设

为改善周边环境,改善风景区景观,拟在湖区周边采取建设防护林、改造风景林等绿化措施。

流域重要湿地保护区生态治理措施见表 7-13。

表 7-13 流域重要湿地保护区生态治理措施

编号	项目名称	面积/hm^2	个数	备注
1	水田低毒农药和综合生物防治技术推广示范区		2	永修县修河湿地公园及荷溪湿地保护区周边各 1 处
2	生物肥料推广示范区		2	永修县修河湿地公园及荷溪湿地保护区周边各 1 处
3	农村小型生活污水处理系统		40	永修县修河湿地公园及荷溪湿地保护区周边农村各 20 处
4	乡村湿地恢复	60		永修县修河湿地公园及荷溪湿地保护区周边农村各 30 hm^2
5	垃圾收集站		40	永修县修河湿地公园及荷溪湿地保护区周边农村各 20 处
6	周边防护林建设	200		永修县修河湿地公园及荷溪湿地保护区周边农村各 100 hm^2

3. 重要涉水风景区

修河流域以水景观为主的重要涉水风景名胜区有1处,为庐山西海国家级风景名胜区。风景区位于永修县和武宁县,面积655.2 km^2,主要保护措施如下。

1)水量保证要求

重点保证风景名胜区涉水景观,以及可能对水景观产生直接影响的湖汊、支流水域水量,维持景观需求的水量、水位要求。

2)生态治理

放养滤食性鲢鱼、鳙鱼,有效控制水体中浮游植物总量,改善水质和水体景观。根据相关文献,在30 g/m^3 水体的放养密度下,滤食性鲢鱼、鳙鱼可以有效地抑制水体中水蚤类浮游动物的孳生,并通过影响水体中营养物质水平和生物群落结构有效改善水质。结合流域鱼类增殖放流活动,规划在拓林湖风景名胜区每年放养鲢鱼、鳙鱼100万尾。

4. 主要水生动物自然保护区

修河流域主要水生动物自然保护区为靖安大鲵自然保护区,位于靖安县,保护级别为县级,保护动物为大鲵,面积为10 000.00 hm^2,主要保护措施如下:

(1)栖息地的完善和恢复。对已退化或者破坏的草地、灌木丛和岸边水生植物带进行改造和修复,恢复各种栖息地。规划共恢复水生植被150 hm^2。

(2)保护区核心区建设围栏。为保护保护区核心区域,减少外界影响,在保护区核心区域易受干扰地段建设围栏,围栏建设共20 km。

(3)结合鱼类增殖放流活动,外购保护区保护鱼类进行放流,增加区内保护动物的种群数量。

7.2.4.4　管理措施

1. 建议加强渔政管理

应加强管理,合理捕捞与保护相结合,以获得较多的资源量,做到持续利用。坚决制止只顾眼前利益、掠夺式利用、滥捕滥渔等破坏合理的种群结构行为。为此,应严格控制捕捞规格,使用较大网目,让更多的幼鱼个体能达到成熟繁殖,以此增加资源量;严禁使用非法渔具;在修河及其支流划定禁渔期、禁渔区,控制常年作业,在产卵季节应严禁捕捞,实行休渔,以保证资源增殖。

同时,要加强对水域的管理,保证良好的水域生态环境。特别要加强乡(镇)渔政管理。制定管理条例,经常宣传,特别禁止电鱼、炸鱼和毒鱼等现象的发生。

2. 加强自然保护区建设

目前,流域内自然保护区面积过小,因此应认真进行调查研究,积极做好自然保护区划建工作,对流域内的具有典型性、代表性和生态地位特殊、动植物物种丰富、地域相对集中的区域面积、动植物种类、水文地质等情况进行调查研究,逐步建立和完善省级或省辖市级、县级自然保护区,形成一个以自然保护区、重要湿地为主体,布局合理、类型齐全、设施先进、管理高效的自然保护网络。同时加强对已建、在建或拟建的自然保护区建设,使之尽快达到自然保护区的规范化水平。

3. 建立保护机制

资源保护和合理利用管理要协调好相关部门和行业的利益,加强分工与合作。建立健全湿地保护机构,正确处理保护与经济发展的辨证关系;建立和完善水生态与环境保护和合理利用政策和法制体系;完善生态功能分区,实现资源可持续利用;加强执法力度,严格执法,通过法律和经济手段,打击破坏水生态与资源的活动,建立联合执法和执法监督体制。

建立水生态与环境补偿机制,确保生态环境的保护基金的渠道,占用或影响生态环境的必须进行环境影响评价,对环境资源造成损失的要按规定缴纳环境补偿费。

4. 加强法律法规建设

对于风景名胜区和自然保护区,围绕《风景名胜区条例》《中华人民共和国自然保护区条例》《中华人民共和国野生动物保护法》《中华人民共和国野生植物保护条例》《环境保护法》等法律法规,积极推进立法工作,不断健全和完善法规体系。

抓紧制定地方重点保护野生动物名录和因保护国家和地方重点保护野生动物受到损失的管理办法等地方性法规。同时,加强执法队伍建设,提高执法能力,采取有效措施,制止乱捕滥猎野生动物、乱采滥挖野生植物等违法活动。

协调湿地保护与区域经济发展,并通过建立和完善法制体系,依法对湿地及其资源进行保护和可持续利用,有效发挥湿地的综合效益。

5. 加强保护宣传教育

野生动植物保护、景观保护、湿地保护是一项社会性、群众性和公益性很强的工作,应引起社会各界的重视,争取广大公众的参与。利用自然保护区、湿地、野生动植物繁育基地、动物园、科研宣教基地等开展多形式的宣传教育,发挥各种组织和团体的作用,宣传保护野生动植物对生态环境建设及实施可持续发展战略的重要意义,同时充分发挥舆论的监督作用,使保护工作的建设得到全社会的支持和监督。

7.2.4.5 水生态与环境保护监测

1. 水生生物监测

对修河流域内水生生物种群结构及生物量变化,产卵场、繁殖地变化进行监测调查,特别是对鱼类资源进行重点调查。

(1)珍稀鱼类资源监测:对流域内、保护区内珍稀物种种群数量、分布等进行监测。

(2)特有鱼类资源调查:主要对特有鱼类渔获量、渔获物组成进行监测。

(3)重要渔业资源变动监测:主要对包括受水资源影响区域单船渔获量、渔获物组成和渔获物生物学进行鉴定。

(4)产卵场与繁殖监测:对现有鱼类产卵场、繁殖地的变化情况进行监测调查。

2. 湿地监测

(1)湿地自然环境监测指标:主要监测容易随时间发生变化的因子,包括湿地面积、水量、水质、水深、矿化度、年降水量、年蒸发量。

(2)湿地生物多样性监测内容:主要是对重点湿地区的动物和高等植物资源进行有重点的定点监测,掌握重点物种和植物群落特征在不同年限间的数量变化情况,主要指标包括重点物种种类和数量、群落类型及其面积、群落结构和组成等。

(3)湿地开发利用和受威胁状况监测指标:主要掌握在湿地区进行的各种开发活动的内容、范围、强度等情况,具体指标依据当地情况而定。

(4)湿地保护管理监测指标:了解湿地管理机构的变化情况,各种湿地保护规章、条例的颁布实施情况,采取的湿地保护行动。

(5)湿地周边经济社会发展状况和湿地利用状况指标:包括监测年度湿地周边乡(镇)的人口、工业总产值、农业总产值、主要产业变动情况。

3. 自然保护区及景观监测

采用遥感技术、样线调查、样方调查等多种方法对规划实施后陆生动植物种类及数量变化,重点对湖岸滩地鸟类、两栖和爬行类动物生境及变化进行观测。具体监测陆生植被与景观变动情况;统计植物种类、植被类型、优势种群、生物量、兽类、鸟类、两栖类和爬行类的物种及出现频率;调查植物样方、兽类、鸟类、两栖爬行类等种类、数量、分布特征等。对规划实施前后各处可能受工程影响的涉水景观的水质、水量进行观测,具体监测内容包括水质、流速、流量等。

4. 水生态监测布点

规划期内,拟在重点风景名胜区、自然保护区和重要湿地建设水生态监测点6处,其中水生生物自然保护区及源头水保护区2处、重要涉水风景名胜区1处、重要湿地3处,具体点位布设见表7-14。监测网络的建立,将使区内水生态状况得到监控。

表7-14 水生态监测网络投资估算成果

项目	序号	名称	地区	保护级别
一、保护区	1	五梅山修河源县级自然保护区	修水	县级
	2	靖安大鲵自然保护区	靖安	县级
二、涉水风景名胜区	1	庐山西海风景名胜区	永修、武宁	省级
三、重要湿地	1	修河源国家湿地公园	永修	国家级
	2	修河国家湿地公园	永修	国家级
	3	庐山西海国家湿地公园	武宁	国家级

7.2.5 投资估算

修河流域水生态保护规划总投资估算为23 850万元,2020年前投资14 942万元,

2021～2030 年投资 8 908 万元，详见表 7-15。

表 7-15 总投资估算成果 单位：万元

序号	费用类别	总投资	分期投资	
			2020 年	2030 年
1	水生态监测系统建设及运行	8 750	6 250	2 500
2	柘林鱼类增殖站建设及运行	2 180	1 380	800
3	鱼类增殖放流	4 400	2 200	2 200
4	重要涉水自然保护区	1 500	900	600
5	重要湿地保护	7 020	4 212	2 808
	合　计	23 850	14 942	8 908

7.3 水土保持规划

修河流域规划范围涉及宜春市的高安市、奉新县、靖安县和铜鼓县，南昌市的安义县、新建区和市辖区，九江市的修水县、武宁县、永修县和瑞昌市等 3 个设区市的 11 个县（市、区）。

7.3.1 水土流失现状

根据全国土壤侵蚀类型区划，修河流域地处南方红壤丘陵区，土壤侵蚀类型以水力侵蚀为主，局部地区存在重力侵蚀和风力侵蚀。根据最新的土壤侵蚀遥感调查成果，修河流域现有水土流失总面积 3 436.64 km^2，占土地总面积的 23.63%。其中：水力侵蚀面积 3 436.27 km^2（含崩岗 5 992 处，崩岗面积 22.05 km^2），占水土流失总面积的 99.9%；风力侵蚀面积 0.37 km^2，占水土流失总面积的 0.1%，见表 7-16。

在修河流域水力侵蚀中，轻度流失面积为 1 295.74 km^2，占 37.7%；中度流失面积为 961.00 km^2，占 28.0%；强烈流失面积为 673.69 km^2，占 19.6%；极强烈流失面积为 171.14 km^2，占 5.0%；剧烈流失面积为 335.07 km^2，占 9.7%。在修河流域风力侵蚀中，极强烈流失面积为 0.37 km^2，占 100.00%。

表 7-16 修河流域水土流失情况

名称		轻度以上面积/km^2	各级水土流失面积/km^2					占总流失面积比例/%				
			轻度	中度	强烈	极强烈	剧烈	轻度	中度	强烈	极强烈	剧烈
修河流域	合计	3 436.64	1 295.74	961.00	673.69	171.14	335.07	37.7	28.0	19.6	5.0	9.7
	水蚀	3 436.27	1 295.74	961.00	673.69	170.77	335.07	37.7	28.0	19.6	5.0	9.7
	风蚀	0.37	0	0	0	0.37	0	0	0	0	100	0

续表 7-16

名称		轻度以上面积/km²	各级水土流失面积/km²					占总流失面积比例/%				
			轻度	中度	强烈	极强烈	剧烈	轻度	中度	强烈	极强烈	剧烈
南昌市辖区	水蚀	9.10	5.39	1.98	1.24	0.36	0.13	59.2	21.8	13.6	4.0	1.4
新建	水蚀	17.31	7.20	4.30	5.17	0.63	0.01	41.6	24.8	29.9	3.7	0
武宁	水蚀	1 083.81	439.23	299.54	201.93	24.92	118.18	40.5	27.6	18.6	2.3	10.9
修水	水蚀	1 108.73	356.76	288.88	178.54	127.73	156.82	32.2	26.1	16.1	11.5	14.1
永修	水蚀	229.02	46.00	117.64	42.63	4.55	18.21	20.1	51.4	18.6	2.0	7.9
瑞昌	水蚀	52.63	20.44	23.22	5.87	0.83	2.27	38.8	44.1	11.2	1.6	4.3
高安	水蚀	23.55	7.59	10.55	5.08	0.32	0.01	32.2	44.8	21.5	1.4	0.1
奉新	水蚀	369.12	128.43	129.04	104.05	1.49	6.11	34.8	35	28.2	0.4	1.7
靖安	水蚀	168.54	82.84	42.78	12.74	3.29	26.89	49.2	25.4	7.6	2	16
铜鼓	水蚀	169.62	147.57	8.16	4.23	3.22	6.44	87	4.8	2.5	1.9	3.8
安义	小计	205.21	54.29	34.91	112.21	3.8	0	26.5	17	54.7	1.8	0
	水蚀	204.84	54.29	34.91	112.21	3.43	0	26.5	17	54.8	1.7	0
	风蚀	0.37	0	0	0	0.37	0	0	0	0	100	0

7.3.2 规划原则和建设目标

7.3.2.1 规划原则

(1)坚持“规模治理、重点投入、建设一处、见效一片”的原则。开展大示范区建设,集中连片、规模治理,在更高层次上进行水土整治、资源配置、生态改善、产业开发,全面提升水土流失综合防治水平。

(2)坚持预防为主,保护优先的原则。认真贯彻《中华人民共和国水土保持法》等法律法规,加强预防监督工作,制订切实可行的预防监督实施方案,依法保护水土资源,坚决遏制人为产生新的水土流失。

(3)坚持全面规划、综合治理的原则。以小流域为单元,山、水、田、林、路、能、居统一规划、综合治理,以小型水利水保工程为重点,工程措施、植物措施与耕作措施优化配置,治坡与治沟相结合,乔、灌、草相结合,人工治理与生态修复辅助措施相结合,充分发挥生态的自然修复能力,建立多目标、多功能、高效益的水土保持综合防护体系。

(4)坚持治理与开发相结合的原则。结合地方经济发展,充分发挥区域资源优势和区位优势,搞好资源保护和开发利用,切实把水土流失治理与新农村建设、农村产业结构调整、地方经济发展、群众增收有机结合起来,实现生态效益、经济效益和社会效益相统一,为治理区经济社会可持续发展奠定基础。

(5)坚持多方筹资的原则。在中央和地方财政资金的扶持带动下,制定优惠政策,充分发挥群众及社会各行各业治理水土流失的积极性，通过承包、租赁、拍卖、股份合作制和招商引资等多种形式吸引和筹集建设资金。

7.3.2.2　规划目标

本次规划目标为：认真贯彻党的十七大精神，坚持以科学发展观为指导，紧紧围绕省委、省政府提出的建设绿色生态江西的战略目标和建立鄱阳湖生态经济区的重大决策，在修河流域重点推进水土流失综合治理、崩岗防治工程、水土保持生态修复和水土保持监测网络等工作，力争通过23年的努力，实施水土流失综合治理面积2 458.25 km^2，治理崩岗5 274处，治理崩岗面积1 940.7hm^2，开展水土保持生态修复1 188.91 km^2，使区内现有水土流失得到较好的治理，治理区植被覆盖率达到70%以上，拦沙效益70%以上；在修河流域建成一个布局合理、功能完善的水土保持监测网络体系。

7.3.3　三区划分

依据江西省人民政府《关于划分水土流失重点防治区的公告》（1999年2月8日发布）和《江西省水土保持生态环境建设规划（1998~2050年）》，修河流域所涉及的范围中，靖安县、铜鼓县属江西省人民政府公告的水土保持重点预防保护区；修水县、武宁县、奉新县、安义县、新建区、永修县、高安市属江西省人民政府公告的水土保持重点治理区；新建区、永修县、南昌市市辖区和瑞昌市属江西省人民政府公告的水土保持重点监督区（见表7-17）。

表7-17　修河流域水土流失重点防治区分布情况

区域名称	范围	涉及县(市、区)
重点预防保护区	修河流域的东津水、武宁水流域、潦河中上游	靖安县、铜鼓县
重点治理区	修河中上游水土流失严重地区	修水县、武宁县、奉新县、安义县、新建区、永修县、高安市、
重点监督区	修河下游	南昌市市辖区、瑞昌市、新建区、永修县

7.3.4　水土保持综合治理规划

修河流域水蚀区水土流失治理应以小流域为单元，生物措施、工程措施与耕作措施结合进行综合治理。具体措施应以侵蚀部位强度及当地自然条件而定。

（1）改造坡耕地，防治坡耕地水土流失。25°以上的坡耕地退耕还林还草，25°以下的坡耕地推行保土耕作或高标准整地种植经济果木林或坡改梯种植粮食作物或经济作物。

（2）植被条件较好，能自然恢复植被的轻、中度流失坡面以封禁为主，适当补植针阔叶树种；交通便利、邻近水源、坡度平缓、立地条件好的侵蚀坡面大力发展经济林果，搞适当的规模经营；植被条件较差、中度流失坡面以水土保持林草及小型水利水保工程为主；强烈及强烈以上流失区，以水土保持工程措施及小型水利水保工程为主，结合植树种草，恢复植被。

(3)沟道侵蚀治理可采用“上截、下堵、中间绿化”的方法。在侵蚀沟缘至山顶修截水沟或导流沟,在沟底修谷坊,建塘坝,营造沟底防冲林,同时在沟道周围植树种草,稳定坡面。通过工程、林草、耕作三大措施立体复合配置,实现坡水分蓄,沟水节节拦蓄,有效控制沟道侵蚀发展。

(4)采取营造薪炭林、修建沼气池、推广省柴灶等多能互补措施,推广猪-沼-果等生态模式,解决农村能源短缺问题,防止植被的人为破坏。

规划 2008~2030 年修河流域水土流失综合治理面积 2 458.25 km^2,平均每年水土流失综合治理面积 106.88 km^2。其中:2008~2020 年水土流失综合治理面积 1 459.75 km^2,平均每年水土流失综合治理面积 112.29 km^2;2021~2030 年水土流失综合治理面积 998.50 km^2,平均每年水土流失综合治理面积 99.85 km^2,详见表 7-18。

表 7-18　修河流域 2008~2030 年水土流失综合治理任务规划　单位:km^2

时段		治理面积	平均每年治理面积
合计		2 458.25	106.88
近期	2008~2020 年	1 459.75	112.29
远期	2021~2030 年	998.50	99.85

7.3.5　崩岗防治规划

崩岗侵蚀具有不同于一般水土流失类型的特殊性,即可按其发育阶段分为活动型和相对稳定型两种,而不同发育阶段的崩岗在防治措施的布设上又有不同的针对性,因此需要按照崩岗侵蚀发育阶段合理安排综合防治措施。对活动强烈、发育盛期的崩岗,重点防治其造成的危害,采取在崩口或数处崩口下游修建谷坊或拦沙坝,堤坝内外种树种草,待其自然逐步稳定;对相对稳定的崩岗,一般不实施比较大的工程措施,主要采取林草措施,辅以封禁治理措施使之绿化;对发育初期、崩口规模较小的崩岗,则采用工程措施与林草措施相结合的方法,以求尽快固定崩口。崩岗综合治理措施布局为上截、中削、下堵、内外绿化。

(1)上截。在崩岗顶部修建截水沟(天沟)以及竹节水平沟等沟头防护工程,把坡面集中注入崩口的径流泥沙拦蓄并引排到安全的地方,防止径流冲入崩口,冲刷崩壁而继续扩大崩塌范围,控制崩岗溯源侵蚀。同时要做好排水设施,排水沟最好布设在两岸,并取适当比降,排水口要做好跌水,沟底采用埋上柴草、芒箕、草皮等,以防止冲刷,然后将水引入溪河。

(2)中削。对较陡峭的崩壁,在条件许可时实施削坡开级,从上到下修成反坡台地(外高里低)或修筑等高条带,使之成为缓坡或台阶化,减少崩塌,为崩岗的绿化创造条件。

(3)下堵。在崩岗出口处修建谷坊,并配置溢洪导流工程,拦蓄泥沙,抬高侵蚀基准面,稳定崩脚。谷坊要选择在沟底比较平直、谷口狭窄、基础良好的地方修建;崩沟较长时,应修建梯级谷坊群;修建谷坊要坚持自上而下的原则,先修上游后修下游,分段控制。在崩岗下泄泥沙比较严重的情况下,可在崩岗区下游邻近出口处修建拦沙坝。

(4)内外绿化:为了更好地发挥工程措施的效益,在搞好工程措施的基础上,切实搞好林草措施,做到以工程措施保林草措施,以林草护工程措施,以达到共同控制沟壑侵蚀的效果。林草措施布设应根据崩岗的立地条件及不同崩岗部位,按照适地适树的原则,因地制宜,合理规划。崩岗顶部结合竹节水平沟、反坡梯地等工程措施合理布设水土保持林。崩壁修建的崩壁小台阶种植灌草,达到崩岗内部的快速郁闭。崩岗内部布设水土保持林或经济林果。水土保持林按乔、灌、草结构配置,选择适应性强、速生快长、根系发达的林草,采取多层次、高密度种植,快速恢复和重建植被。在水土条件较好的台地上种植生长速度快、经济价值高的经济果木林,增加崩岗治理的经济效益。

"上截、中削、下堵、内外绿化"治理措施对瓢形、条形和部分混合型崩岗较为适用,但对沟口较宽的弧形崩岗与少数条形崩岗,则宜采用挡土墙(护岸固坡)等工程措施。

规划2008~2030年修河流域治理崩岗5 274处,完成崩岗治理面积1 940.7 hm^2;其中:2008~2020年治理崩岗3 476处,完成崩岗治理面积1 279.1 hm^2;2021~2030年治理崩岗1 798处,完成崩岗治理面积661.6 hm^2,详见表7-19。

表7-19 修河流域(2008~2030年)崩岗治理任务规划

时段		治理崩岗数量/处		治理崩岗面积/hm^2	
		总数量	平均每年数量	总面积	平均每年治理面积
合计		5 274	229	1 940.7	84.4
近期	2008~2020年	3 476	348	1 279.1	1 27.9
远期	2021~2030年	1 798	180	661.6	66.2

7.3.6 水土保持修复规划

7.3.6.1 生态修复的主要对象

依据《江西省水土保持生态修复规划》成果中修河流域生态修复治理任务以及适宜开展生态修复轻、中度流失地的土地类型,生态修复的主要对象有疏林地、灌木林地、有林地和草地。

7.3.6.2 生态修复的主要措施

配合国家农业综合开发水土保持项目,在轻、中度水土流失地开展水土保持生态修复。重点做好修河上游及其重要支流潦河源头的水源涵养地、自然保护区的森林植被保护和恢复工作,促进生态修复大见成效。

1.修河中上游山地区

本区涉及宜春市的铜鼓县、九江市的修水县和武宁县。本区农村人少地少,粮食产量低,农民收入低,农村能源结构不尽合理,开展生态修复压力比较大。生态修复主要措施如下：

(1)水源保护区实行全封形式，禁止一切开发建设行为和樵采行为，加大水源涵养林、防护林和水土保持林的培育力度。水源保护区沿河两侧建立林草植被缓冲带，缓冲带内的耕地一律退耕还林还草。其他区域结合坡面水系整治，做好疏林地、灌木林地、有林地和草地的封禁、管护工作。封禁可以采取季节性半封或轮封形式，并适当补植当地适宜的阔叶树种，如刺槐、拟赤杨、木荷、枫香、臭椿、苦楝、山苍子、胡枝子等。通过改变当地单一的杉松林、灌丛和草被结构，培育针阔混交林，促进森林植被系统的顺向演替。

(2)调整农村能源结构。营造薪炭林，改造老虎灶，推广省柴灶；利用当地丰富的水电资源，发展农村小水电，以电代柴；利用当地畜牧养殖业，发展农村沼气，以沼气替代薪柴。采用多能互补形式，减轻农村采薪伐林对生态修复造成的压力。

(3)控制面源污染。推广平衡施肥，实行清洁生产；旱地推行保土耕作或实行坡改梯；经济作物实行套种或轮作；减轻水土流失和农业面源污染对修河源头水质的影响。

(4)调整农村产业结构。利用当地的山地资源，发展生态林业、生态农业和生态旅游，提高当地农民收入，改善农民生活条件，以减轻农民毁林种粮的压力。

(5)结合土地开发整理提高耕地质量等级，增加有效的耕地面积。

2. 潦河水系山地区

本区涉及宜春市的靖安县和奉新县、南昌市的安义县。本区农村人少地多，粮食产量高，农民收入高，农村能源结构逐步趋向合理。本区开展生态修复压力较小，生态修复主要措施如下：

(1)九岭山自然保护区和峤岭自然保护区采取全封形式，禁止一切开发建设行为和樵采行为，切实保护好当地的常绿阔叶林等森林生态系统。其他区域做好疏林地、灌木林地、有林地和草地的封禁、管护工作，适当补植当地适宜的阔叶树种，如黄檀、木荷、枫香、臭椿、苦楝、拟赤杨和胡枝子等，培育针阔混交林、乔灌草多层植被结构。

(2)继续调整农村能源结构。利用当地丰富的水电资源，发展农村小水电，以电代柴；营造薪炭林，改造老虎灶，推广省柴灶；结合畜牧业，发展农村沼气，以沼气替代薪柴；交通便捷地区，推广以电、液化气代柴。采用多能互补形式，减轻农村采薪伐林对生态修复造成的压力。

(3)继续调整农村产业结构。进一步巩固当地的粮食生产，利用好当地的山地资源、水面资源和旅游资源，以林兴农、以牧兴农，发展特色果品、特色蔬菜种植业，发展特色畜禽养殖和水面养殖，合理开发山上竹木资源，发展竹制品加工业，合理开发当地的旅游资源，进一步提高当地农民的收入，改善当地农民的生活水平。

7.3.6.3　规划治理任务

规划2008~2020年修河流域水土保持生态修复1 188.91 km^2，其中重点治理工程279.01 km^2，示范工程100.00 km^2，面上治理工程809.90 km^2(详见表7-20)。

表 7-20　修河流域(2008~2030 年)水土保持生态修复任务规划　　单位:km^2

时段		工程类型	治理面积
近期	2008~2020 年	重点治理工程	279.01
		示范工程	100.00
		面上治理工程	809.90
远期	2021~2030 年	—	—
合计			1 188.91

7.3.7　水土保持监测网络规划

7.3.7.1　监测站点布设

依据《江西省监测网络与信息系统建设工程可研报告》《江西省水土保持监测及信息网络规划》《江西省水土保持监测网络建设实施方案》,修河流域水土保持监测网络结合江西省水土保持监测网络一起建设,充分利用后者的水土保持监测总站,九江和宜春监测分站,奉新、安义、南昌和修水等 9 个监测点(9 个径流观测场),不另外增设新的监测点。

修河流域水土保持监测网络由 1 个监测总站(江西省水土保持监测总站)、2 个监测分站(宜春监测分站和九江监测分站)和 9 个监测点(奉新、安义、南昌市和修水等 9 个监测点)组成。

江西省水土保持监测总站布设在南昌市,宜春监测分站和九江监测分站站址设在各设区市政府所在地。监测总站和分站建设任务是配置数据采集及处理设备、数据管理和传输系统、水土保持数据库和应用系统等。监测点建设任务是配备相应水土流失观测和试验设施,一般布设在典型治理小流域内。

7.3.7.2　信息系统建设

水土保持监测网络建设在遵循先进实用、安全可靠的原则,不影响网络安全和可靠性的情况下,尽量采用标准化的技术和产品,保证网络系统具有良好的开放性和可扩充性。网络支持相同和不同系统的文本文件及二进制文件的传输;支持多任务、多进程系统的远程登录操作;向各级水土保持监测部门的工作人员提供 E-mail 服务,提供方便的信息查询和信息发布以及网上报送业务。

水土保持监测网络建设目标是实现 1 个水土保持监测总站和 2 个监测分站的水土保持监测信息的自动交换与共享,全面提高水土保持监测自动化的水平和工作效率,为水土保持监测信息畅通提供有效的计算机网络通信保证。

水土保持监测网络覆盖各级水土保持监测机构,是水土保持监测网络的建设基础,它支撑着各级水土保持监测机构各类应用系统的正常运行和高效服务。根据信息流程及各级节点的职能,系统广域网拓扑结构采用星型链接,共分为三级节点,第一级节点为水土保持监测总站,第二级节点为监测分站,第三级节点为水土保持监测点。总站作为行政区划内监测数据汇集点,负责上报其所属监测站点的监测数据,同时上报区划内监测数据,形成一个多流向、单汇集的星型广域网拓扑结构。

7.3.7.3　运行管理

1.机构设置及人员配备

规划监测机构具体设置为:1个水土保持监测总站,2个水土保持监测分站。各级监测机构人员编制情况如下。

1)水土保持监测总站

配备人员8人,其中管理人员1~2人,高级、中级和初级专业技术人员5~6人,其他人员1~2人。

2)水土保持监测分站

配备人员4~6人(平均以5人计)。各分站要有能胜任本站工作的高级、中级和初级专业技术人员,至少有1名高级专业技术人员。

3)监测点

工作人员可聘请水利部门相关专业技术人员,每个监测点满足工作需要按2人计。

2.管理体制

为便于管理和开展监测工作,各级水土保持监测机构行政上受当地水行政主管部门领导,技术上和业务上接受上级水土保持监测部门指导。

1)行政管理

全区水土保持监测网络在行政上实行分级领导、分层管理的网络化管理模式,监测总站、分站隶属于相应水行政主管部门,接受水行政主管部门的领导,由当地水行政主管部门管理,在技术上和业务上接受上级水土保持监测部门的指导。监测点是指包括控制站、试验小区等设备和设施的观测场、监测点,是监测网络的数据采集终端,承担着水土流失试验观测、数据采集和技术研究的任务。各监测点在纳入整个监测网络统一管理的同时,其中观测场由监测总站直接管理,监测点由相应的上级分站管理,临时监测点由相应监测机构管理。监测站网行政管理见表7-21。

表7-21　水土保持监测站网行政管理

监测站点	主管部门
水土保持监测总站	江西省水利厅
水土保持监测分站	相应的水利主管部门
水土保持监测点	监测总站或监测分站

监测总站:具体负责全流域监测工作的组织、指导,掌握全区各类水土流失动态变化,负责对重点防治区监测分站的管理和对监测数据处理及综合分析,并报送上级监测部门和业务主管部门核查、备案,为定期公告全区水土保持监测成果提供技术支撑。

监测分站:对水土流失重点预防保护区、重点治理区、重点监督区的水土保持动态变化进行监测、汇总和管理监测数据,编制监测报告并上报。

监测点:按有关技术规程对监测区进行长期的定位观测,整编监测数据,编报监测报告,为有关部门提供监测成果。

2）业务管理

水土保持监测网络的业务主要包括开展监测任务、上报监测结果、整（汇）编监测成果、分析水土流失动态和水土保持效益并预测其发展趋势等。同时，在水行政主管部门领导下，按照管理要求，及时、准确地为各级人民政府水土保持决策服务。

上级监测部门承担着对下一级监测部门在技术上和方法上指导的任务，下级监测部门应及时地将监测信息反馈给上一级水土保持监测部门。

为确保整个水土保持监测网络的监测任务开展、监测结果整（汇）编质量、监测数据交流和共享的安全性等，监测网络内部实行如下业务管理制度：各级站点业务管理制度，结果向水行政主管部门汇报制度，监测网站上行数据报告制度，平行站点数据交流制度，监测结果的分层次依法公告制度，网络化数据共享制度。

7.3.7.4　基础设施配备

1. 监测总站、分站工作场所

参照《堤防工程管理设计规范》（SL 171—1996）标准，监测总站需要房屋面积 400 m^2，每个监测分站需要房屋面积 250 m^2。

2. 监测点

根据监测点建设规模，每个观测场需租用土地面积 10 亩，控制站租用土地面积 2 亩，径流场租用土地面积 3 亩，租用期为 30 年。

7.3.7.5　进度安排

规划 2008~2009 年完成 1 个监测总站、2 个监测分站和 9 个监测点的建设任务，初步形成覆盖全流域的水土保持监测网络体系。

7.3.8　投资估算

根据相关规程规范及相关规划成果，确定水土流失综合治理工程及风沙区治理工程投资按 50.00 万元/km^2 计算，崩岗治理工程投资按 10.78 万元/km^2 计算，重点治理投资按照 12.77 万元/km^2 计算，示范工程投资按照 21.29 万元/km^2 计算，面上治理工程投资按照 8.52 万元/km^2 计算。监测总站建设投资按 392.44 万元/个计算，年运行费按 62.78 万元/个计算；监测分站建设投资按 123.69 万元/个计算，年运行费按 19.24 万元/个计算；监测点建设投资按 11.72 万元/个计算，年运行费按 5.84 万元/个计算（江西省水土保持监测总站、宜春监测分站分别列入鄱阳湖区和赣江流域计算建设投资和运行费，本规划不重复计算该部分费用）。

修河流域水土保持规划投资估算为 156 666.45 万元（不含水土保持监测网络运行费用 1 785.72 万元），其中：水土流失综合治理工程投资估算为 122 912.50 万元，占总投资估算的 78.4%；崩岗治理工程投资估算为 20 920.75 万元，占总投资估算的 13.4%；水土保持生态修复投资估算为 12 592.31 万元，占总投资估算的 8.0%；水土保持监测网络投资估算为 240.89 万元（不含水土保持监测网络运行费用 1 785.72 万元），占总投资估算的 0.2%。

7.3.9　保障措施

为保障规划的组织实施，需加强对规划及实施的组织领导，制定政策法规等方面的保障措施,同时提供技术保障和资金保证措施,达到治理水土流失、改造生态环境的效果。

7.3.9.1　组织领导

水土保持是一项复杂的社会系统工程,它涉及的部门和领域多,需要各有关部门的密切配合,协同作战。修河流域涉及的各级党委、政府应认真贯彻落实党和国家领导人对水土保持工作的一系列重要指示,把水土保持生态建设摆上重要议事日程,切实加强领导,健全机构,充实人员,采取有效措施,保证本规划目标的实现。根据要求,规划应纳入国民经济和社会发展计划,把水土保持生态建设与当地农村经济发展尤其是新农村建设有机结合起来,一任抓给一任看,一代接着一代干。要通过立法建立绿色GDP体系,把水土保持生态建设管理纳入各级行政领导任期目标考核范畴,借以评估各级政府工作,评估各级官员政绩,真正实现可持续发展的目标。

7.3.9.2　政策法规

要深入贯彻落实水土保持法律法规和相关文件,同时制定水土保持配套法规,促进水土保持生态建设工作的顺利开展。要加强规章制度建设,制定优惠政策,调动广大农民转变生产方式、积极参与生态建设和环境保护的积极性。一是建立水土保持生态建设长效补偿机制;二是加强水土保持工程项目建管体制;三是建立水土流失防治公众参与、社会共管的激励机制。要加强水土流失预防监督力度,严格执法,保护、巩固治理成果。

7.3.9.3　技术保障

科技成果向现实生产力的转化,日益成为现代生产力中最活跃的因素。随着知识经济时代的到来,为保证本规划圆满实施,必须高度重视科学技术的作用,全面实施科教兴水保战略,加强水土保持科研机构和科技人才队伍的建设,加大水土保持人才培养力度;加强科学研究和科技攻关,积极开展新技术、新材料,特别是水土保持应用技术的研究,解决当前水土保持工作实践中的热点、难点和重点问题;加强高新技术研究与引用,提高水土保持工作效率,促进水土保持由传统向现代的转变;大力推广先进实用的水土保持科技成果,推进科技成果向现实生产力的转化,提高水土保持的科技含量,推动水土保持事业的发展。

7.3.9.4　资金保证

水土保持事业,功在当代,利在千秋。水土流失的治理,任务重、难度高,所需资金额大,必须实行国家、地方、社会和群众共同投入的办法,多层次、多渠道、多方位筹集水土保持建设资金。一是要制定和完善有关政策,确保政府资金投入;二是要落实有关政策,争取社会投入;三是要增强农民的经济实力,提高群众投入水平;四是要深化水土保持投资体制改革,提高资金使用效率。

第 8 章　流域水利管理与信息化建设

8.1　流域水利管理现状及存在的问题

8.1.1　水利管理现状

修河流域水利管理目前实施的是省、市、县分级负责,相关部门分工协作的管理体制,管理的重点是以水利工程的运用、操作、维修和保护工作为主的工程管理。现状修河流域一般设有针对性较强的单项工程管理机构,如圩堤、水库、排灌、灌区等工程管理局(站),上述管理单位的隶属关系主要根据工程规模大小确定,一般隶属于县级水行政主管部门。部分规模较小的水利工程无专门管理机构,一般属于乡(镇)水管站或县水利局代为管理。修河流域涉水事务较多,有防洪治涝、供水灌溉、采砂、岸线利用、航运、血防等众多涉水事务,目前由多部门参与管理,即“多龙管水”的管理体制,现状水利工程长期以来投入不足,工程老化失修、病险严重,管理水平低,人员负担过重。

8.1.2　存在的主要问题

(1)防洪抗旱的社会管理和公共服务体系有待完善。防洪抗旱理念还未实现由控制洪水向洪水管理、由重工程措施向工程措施和非工程措施并重、由重防洪向防洪抗旱并举的转变,缺乏有效的社会管理和经济调节机制,如何规避洪水风险和洪水预警、旱情有关信息发布工作薄弱,洪水管理制度不健全,防洪减灾社会化保障体系亟待完善,一些地区经济活动侵占河道和影响河道行洪的现象还时有发生。

(2)水资源管理亟待加强。水资源多头管理未根本改变,水资源使用权益不明晰,政府对水资源的社会管理难以有效进行,水资源开发无序及部分超出水资源的承载能力(如部分地区地下水超采)、节水意识淡薄等问题不同程度地存在。

(3)水土保持和水环境保护意识待提高,预防监督机制尚待健全。近几年来水土保持投入虽有所增加,水生态环境问题日益得到重视,治理力度不断加大,但水土保持和水环境保护意识及法制观念淡薄,重效益、轻环境,重建设、轻生态,重眼前利益、轻长远利益。行业保护、行政干预、以言代法的现象时有发生。水土保持和水环境保护预防监督机制尚不健全,监督执法工作不到位,致使一些开发建设项目仍然造成严重的新的水土流失和水体污染。排污总量控制制度和排污许可制度等尚未落实,水土流失预防监督机制尚待健全。

(4)水利管理工作有待进一步加强。水资源管理存在部门分割、地区分割、地表水与地下水分割、城市与农村分割、供水与用水排水分割、水量与水质分割的局面,涉水事务多头管理难以形成合力,水资源统一管理体制亟待进一步建立和完善。水管单位体制改革和水价改革有待深化和实施,水利投融资体制、水利建设管理体制、水利工程产权制度改革等有待进一步深化。法制建设尚待健全,应对重大水利突发事件的预案和对策尚不完善,管理装备和手段落后,水利工程运行管理措施不到位,以水资源管理、工程管理、技术管理、行业管理等为重点的水利管理,仍然是水利工作的薄弱环节,管理人员素质和管理技术与手段还不能适应水利发展的要求。

8.2　流域水利管理目标

修河流域水利管理总体目标是强化流域内各级水利管理机构,明确各项管理职能,协调流域涉水事务的统一管理,保障流域防洪、治涝、航运以及工农业生活、生产、生态等用水安全;维护河流健康,促进人水和谐,实现水资源有效保护与合理开发利用,以水资源的可持续利用支撑流域经济社会的可持续发展。

2020年前,建立健全水行政审批制度,行政审批科学、民主、高效;初步建立水利综合执法和跨部门的联合执法机制;初步建立跨部门和跨地区的协调机制、补偿机制和公众参与机制;初步实现水质和水量信息的联合监测与采集,增强科技支撑能力,建立人才队伍保障体系。

2030年前,初步实现涉水事务的协调、统一管理;建立高效的水行政审查、审批制度;建立完备的流域防洪、水资源统一调度管理制度;建立起高效的跨部门和跨地区协调机制,公共参与机制成熟高效;建立有效的跨部门联合执法机制;实现水质、水量、水生态数据的联合监测和采集,科技支撑能力、人才队伍保障进一步提高。

8.3　流域水利管理措施

8.3.1　规划管理

规划管理是整个流域管理的重中之重,也是搞好其他管理的基础。依据《江西省水利工程条例》(2009)第七条:水利工程建设(包括新建、改建、扩建,下同)应当符合流域综合规划、防洪规划等相关规划和水功能区划的要求,依法办理环境保护、土地利用、水资源利用、水土保持、工程建设等审批或者核准手续。修河流域综合规划经江西省人民政府批准后,应成为法律文件,各有关部门和单位在进行流域开发治理时,应严格遵守规划。在实施过程中,应严格实行规划同意书制度,根据水利部2007年37号令,在流域内建设的所有涉水工程,必须办理规划同意书。在干流上的涉水工程须由水工程建设单位向省水利厅办理规划同意书,其他河流上的涉水工程,可以按省水利厅对管理权限的规定,由水工程建设单位向县级以上人民政府水行政主管部门办理规划同意书。对不符合规划的项目,坚决不批。对违反规划方案,违规上马的工程、项目,要坚决给予制止和纠正。规划管理要维护流域规划的权威性,使流域治理开发有序进行,使有限的资源得到最有效、最充分的利用。规划管理主要由水行政主管部门负责,其主要任务是制定流域治理开发的方针、政策,审查批准流域重要的规划及工程项目,协调各地区、各部门对水资源利用的不同要求和关系。

各涉水部门应根据法律授予的权限分工负责，建立水利与环保、电力、航运等部门的协商机制，确定涉水事务以水行政主管部门为主导，相关部门配合的管理权利和责任；建立信息通报制度，实现信息的互通和共享；建立不同部门共同参与的联席会议制度，及时通报情况；建立规划适时修编制度，综合规划15年左右进行修订调整，专业规划和区域规划10年左右进行修订调整。

逐步建立补偿机制，对流域治理开发与保护活动中出现的利益和责任进行合理共享与分摊。近期建立和完善水资源统一调度、水土保持和蓄滞洪区运用补偿机制，结合断面水量、水质监测，制定补偿制度；远期建立水资源保护与生态环境建设补偿机制。

8.3.2 水资源管理

水资源属于国家所有，对水资源依法实行取水许可制度和有偿使用制度，开发、利用、节约、保护水资源，应当全面规划、统筹兼顾、标本兼治、综合利用、讲究效益，发挥水资源的多种功能，协调生活、生产经营和生态环境用水。水资源管理包括水资源利用管理和水资源保护管理，水资源利用管理包括航运、灌溉、供水、水产等，水资源利用管理应在相关的流域或者河段规划指导下进行。水资源的保护管理包括水源点的安全及水质保护、水环境保护、水土保持等。

水资源管理涉及的地区、行业、部门较多，各地区、行业、部门的利益和对水资源的要求是不同的，因此必须统一管理，水资源管理要明确确立"区域管理服从流域管理，行业管理服从流域管理"的原则，在水行政主管部门的统一管理下，对水资源进行科学、合理的开发利用。

水资源是基础性的自然资源和战略性的经济资源，是生态环境的控制性要素，严峻的水资源形势，必须实行最严格的水资源管理制度。明确水资源开发利用红线，严格实行用水总量控制，妥善处理好流域内人与水的关系，合理分配生产、生活、生态用水，加强流域取用水总量的管理，实现流域供需平衡；明确用水效率控制红线，坚决遏制用水浪费，处理好流域内管理主体和管理相对人之间的关系，强化水资源的节约和高效利用，科学实施严格的取水管理和定额管理；明确水功能区限制纳污红线，严格控制入河排污总量，处理好流域水资源开发与保护的关系，以水体功能为主导，加强水量、水质、水生态的监控，从水质浓度和排污总量两方面保护水体，切实保证水体功能的良好发挥。

完善水资源论证和取水许可制度，加强建设项目的水资源论证和取水许可监督管理，开展违规开工项目的执法监督；完善水资源有偿使用制度，健全水资源费征收和使用制度；在取水许可和水资源论证管理中，严格遵循流域规划各类功能区划的管理目标要求，控制性指标标准不得逾越。

按照由政府主导，统一协调管理的原则，制订流域水量分配方案，水行政主管部门按照河流的分配水量，组织各市水量分配工作，向地方各级行政区域进行逐级分配，确定行政区域生活、生产可取用水水量份额或者可消耗的水量份额。通过建立水资源总量控制与定额管理的指标体系和监测体系，建立总量控制与定额管理制度；按照控制指标要求，将控制目标分解到市级以下行政区；建设监测断面和重要节点监测设施，进行实时动态监测和管理。

灌溉、供水及航运管理。协调和确定各地区及各部门的用水定额,使流域供水有计划进行。根据流域水资源有偿使用的原则,合理确定水费收取标准。鼓励节约用水,对超定额用水的地区和部门收取高额的水资源费。制定航道及航运管理条例,限制船舶有害物质排放,保护水源不受污染。限制超载,保证航运安全。

水资源保护管理。建立、健全完善的法制和法规,并在法制和法规的指导下,对水资源保护进行管理。同时,建立一支强有力的执法管理队伍,各级人民政府应当采取有效措施,加强江河、湖泊、水库、湿地和自然植被的保护,涵养水源,防治水土流失,防止水体污染和资源枯竭,改善生态环境。

8.3.3　防洪调度管理

省防汛抗旱总指挥部是全省防洪抗旱指挥决策中心,行使全省防汛抗旱工作的组织指导、协调和监督职责,指挥各设区市防汛指挥部门的防汛抗旱工作,各设区市防汛抗旱指挥办事机构设在当地水行政主管部门,具体负责实施有关防洪管理事项。实行各级行政首长负总责的防汛抗旱指挥责任制,形成统一指挥、统一调度的防汛抗旱指挥决策中心。

在汛期,流域内的水库、闸坝和其他水利工程设施的运用,必须服从防汛抗旱总指挥部的调度指挥和监督。根据流域洪水的特点和流域防洪工程的总体布局,明确洪水调度管理的权限和责任,在保证防洪安全的同时,兼顾水资源的综合利用和生态环境保护。

防洪调度管理应做到防洪人员的统一调度管理和防洪工程的统一调度管理。防汛期间,防汛人员 24 h 随时待命,各级防汛部门之间、各级防汛人员之间应保持通信通畅。

8.3.4　水利工程管理

8.3.4.1　水利工程建设管理

水利工程建设管理是指对水利工程建设的项目建议书、可行性研究报告、初步设计、施工准备(包括招标投标设计)、建设实施、生产准备、竣工验收、后评价等过程的管理。

水利工程管理以《江西省水利工程条例》(2009)《水利工程管理体制改革实施意见》《水利工程供水价格管理办法》《关于印发小型农村水利工程管理体制改革实施意见的通知》为依据,继续深化水利工程管理体制改革和水价改革,健全基层水利管理单位,建立适应社会主义市场经济的运行机制。

水利工程建设不仅要达到规定的质量等级,而且要精品形象和管理设施配套齐全。水利工程建设单位在制订新建水利工程建设方案的同时,应制订水利工程管理方案。对没有管理方案的水利工程建设项目,有关行政主管部门不予审批或者核准。水利工程建设管理要严格执行水利工程建设与管理的有关政策法规,并为加强水利现代化建设市场管理,进一步规范水利工程建设程序,完善水利工程建设管理的相关法规政策。水利工程建设不能以牺牲环境为代价,要把水环境管理纳入水利工程建设管理的范畴。兴建水利工程需要移民的,由地方人民政府负责妥善安排移民的生活和生产,安置移民所需的经费列入工程建设投资计划,在建设阶段按计划完成移民安置工作。在实行项目法人责任制、建设监理制、招标投标制、合同管理制等建设管理制的同时，随着专业化、机械化程度的提高，逐步实行计算机管理、人工监理与计算机监控、计算机网络招标投标的办法。

8.3.4.2　水利工程运行管理

水利工程运行管理是指水利工程建成后从试运行到正常运行及其以后的运行过程的一切管理。必须遵循水利工程运行规定、操作规程和管理条例。各骨干水利工程管理单位要建立相关信息监控系统，使工程运行实现运行程序化、自动化，并要不断提高运行管理者的素质及水平。

水利工程管理实行统一管理与分级管理相结合的原则。受益和保护范围在同一行政区域内的水利工程，由市、县(区)水行政主管部门或者乡(镇)人民政府管理；跨行政区域的水利工程，由其共同的上一级人民政府水行政主管部门管理，也可以由主要受益的市、县(区)水行政主管部门或者乡(镇)人民政府管理。县级以上人民政府水行政主管部门应加强对水利工程安全的监督管理，按照水利工程管辖权限，定期对水利工程进行安全检查，对存在险情隐患的水利工程，应及时向本级人民政府报告，并采取措施排除安全隐患。

8.3.5　水生态与环境保护管理

制定水功能区划，满足水资源保护管理的需要，实施纳污总量控制管理，并在取排水行政审批中落实；进行水功能区勘界立碑，明确标明水功能区的主要功能、水质保护目标、管理范围以及要求禁止的开发活动等；建立水功能区巡查制度，加强执法监督；加强水功能区水生态与环境监测能力建设，定期发布水功能区信息公报，确保公众的知情权，拓宽公众参与水功能区监督管理的途径。

实行入河排污口调查、登记和建档制度；加强排污口的审批监督，建立入河排污口的设置、变更的申请审批制度，从申请审查、竣工验收等环节严格控制审批程序；建立入河排污口及纳污水域的常规监测、现场执法检查制度；确立入河排污口设置及变更与规划符合性审查制度，实现入河排污口的规范化管理。

加强水土保持方案的技术审查和行政审批制度化建设，对没有水行政主管部门审批的水土保持方案的建设项目，在项目立项、土地审批、环保审批上进行控制；完善水土保持设施专项验收制度，明确水土保持验收程序和法律责任；开展水土保持设施竣工验收工作，对项目实施进行后评估。

8.3.6　河道管理

加强法规宣传，避免越权管理和未批先建；对擅自开工和不按要求建设的违规项目依法予以查处；建立防洪影响抵押金制度，建设项目按河道主管机构批复要求进行建设，通过验收的，返还抵押金，未按批复要求实施，且现场清理不彻底，河道管理单位有权动用抵押金进行必要的处理；制定水能利用分区管理制度，落实水能禁止开发区、规划保留区、调整修复区和开发利用区管理目标。

推行岸线开发利用与河道整治相结合的管理制度，统一规划岸线功能区，充分发挥岸线的经济效益和社会效益。严格按照岸线利用分区确定的岸线保护区、岸线保留区、岸线控制利用区、岸线开发利用区的开发和保护目标，进行行政审批和执法监督。

落实以地方政府行政首长负责为核心的采砂管理责任制；建立统一规划与总量控制相结合的采砂控制制度；规范采砂船舶的准入及监管制度；制定与违法收益对应的惩罚措施；建立既能使采砂业主依法正常获利，又便于可采区正常管理的合理的砂石资源市场化配置机制，建立河道采砂论证制度，落实采砂分区管理目标，探索建立适应性采砂许可制度；加强采砂管理能力建设，提高采砂执法能力，建立采砂长效管理机制。

8.3.7　应急管理

建立包括水旱灾害应急管理、次生灾害应急管理、水污染事件应急管理、水利工程建设重大质量与安全事故应急管理、水事纠纷突发事件应急管理、采砂突发事件应急管理、血吸虫病突发疫情应急管理等的应急管理体系；规定应急管理调查评估机制、预测预警机制、应急响应程序、部门和个人职责、协调联动机制、应急保障机制、善后处理、责任追究和奖励制度等。

8.3.8　执法监督

制定和落实水行政执法责任制度、执法巡查制度、评议考核制度以及水政监察员行为规范制度，做到执法有章可循、管理有序。推行执法责任制度，加强执法的外部监督，接受社会公众监督，同时加大内部监督和督察，对执法单位或执法人员执法工作进行全面检查，严格落实执法过错责任追究制；建立执法巡查制度，提高水政日常巡查频率，落实巡查责任制，明确巡查报表责任人，适时开展专项巡查；根据各项水行政审批的特点，建立行政审批事后监督制度。

按照“精简、统一、高效”的原则，积极探索将水资源、水土保持、河道、水工程、防汛、水文等涉水事务的监督执法、规费征收等职能进行精简整合，组建综合执法机构，相对集中行使行政处罚权，实行集中执法、集中收费、统一处罚的制度。实行执法队伍的统一管理，逐步建立一支职责明确、关系协调、高效廉洁、运作有力的水政监察综合执法队伍，提高水行政执法的整体效能和质量。建立跨部门联合执法机制，积极探索水利与公安、法院、国土资源、环保、交通、建设等部门联合执法的高效途径，逐步形成密切协作的跨部门联动机制。

加强基础执法基础设施建设，保障工作经费。建立执法基地，配备交通、通信、录音、录像、照相取证等执法装备；财政上保障正常的执法工作经费。加强执法队伍建设，扩大执法管理覆盖度；理顺执法机构内部管理关系，解决执法队伍编制问题；加强对执法人员培训，建立业务培训制度。通过多种方式广泛宣传水利政策法规，增强全社会的水事法律意识和法制观念，营造良好的外部执法环境，预防违法行为的发生，减少执法阻力。

8.4　防灾减灾管理规划

随着经济社会的迅猛发展以及社会财富的积累，洪、涝、旱等自然灾害产生的影响与造成的损失越来越大，对灾害的防治要求也越来越高，除采取必要的工程措施应对外，加强对防灾减灾的管理，是重要的非工程措施之一。

建立以风险管理为核心的洪水管理制度。进行防洪风险评价,编制重点地区、重要防洪城市、重点水库的洪水风险图,在洪水风险评估的基础上,科学合理安排洪涝水出路,制定洪水风险区土地利用规划,制定合理的洪水风险控制目标,建立风险监督机制与规避、控制和分散风险的调控机制。完善防洪减灾社会保障制度,在加强洪水的政府补偿救济和社会救济补偿管理的同时,探索建立洪水保险制度,逐步扩大保险对象。开展洪水影响后评估、洪水影响评价技术、洪水影响监测技术等研究,加强洪水影响评价制度建设与洪水影响评价管理信息系统、监测系统建设。

完善防洪减灾应急管理制度。加强防洪减灾应急预案的修订工作,不断完善区域防汛抗旱应急预案,加强洪水调度管理制度建设,明确调度管理权限和规则。加强重要区域、重要防洪城市的水文测报和预警预报系统建设,加强水情监测,对洪涝灾害实行预警制度,进一步提高防汛指挥能力和防洪减灾的管理水平。研究提出大洪水、超标准洪水情况下水库群联合运用条件和调度决策机制;提出出现特大洪水、水库垮塌等突发事件的应急管理机制。

完善各级行政首长负总责的防汛抗旱指挥责任制,形成统一指挥、统一调度的防汛抗旱指挥网络;加强洪水预警和决策指挥体系建设,实施优化调度;加强分蓄洪区防洪方案和安全转移预案的编制管理,建立演习制度,增强预案的可操作性;制定分蓄洪区管理办法,发挥政策法规对滞洪区土地利用、人口控制和产业布局政策的导向作用,减少蓄洪阻力和损失;强化涉河建设项目的洪水影响评价制度,注重多个项目对防洪的累积影响控制。

干旱是流域内影响范围广、损失大且发生最为频繁的自然灾害。随着需水量的持续增加以及水污染的不断加重,资源型缺水与水质型缺水的矛盾日益突出。在加强水资源管理的同时,依据防汛抗旱应急预案要求,研究制定特枯干旱期的水库群联合运用、供水顺序、排污限制等应急调度与决策管理机制,最大限度地满足生活、生产的用水需求。

抗旱管理要实现从单一抗旱向全面抗旱转变,从被动抗旱向主动抗旱转变。在管理制度上,完善各级防汛抗旱指挥部的抗旱管理职能,编制抗旱规划和抗旱预案;扩展抗旱领域,从过去单纯的农业扩展到城市,从生产、生活扩展到生态;抗旱手段多元化,综合运用法律、政策、行政和经济、工程技术等一切可能的手段和措施解决干旱问题;开展干旱风险区划编制工作,强化对干旱高风险区的监测和预测管理;统筹考虑防洪与兴利需求,推动水库动态汛限水位调度管理,在保障防洪安全的前提下,充分利用洪水资源,实现洪水资源化。

8.5　信息化建设规划

水利信息化是水利现代化的重要基础,水利管理能力的提升和工程效益的充分发挥需要先进的信息网络系统的支撑;以应用需求为导向,开发信息资源,将现代信息技术与水利科技有机融合,形成工程措施与非工程措施共同支撑的流域现代化综合水利工程技术体系。水利信息化建设主要指项目的规划、设计、建设、运行、管理等具体实施的过程。水利信息化建设内容主要包括三个方面:①基础信息系统工程的建设,包括相关信息采集，信息传输、信息处理和决策支持等分系统建设；②数据库的建设；③综合管理信息系统的建设。

流域水利信息化建设的主要内容包括：水利信息网络建设，信息采集系统如水雨情数据采集系统，水资源数据采集系统，水环境数据采集系统，水土保持监测数据采集系统及工、旱、灾情数据采集系统建设，决策系统与决策支持系统建设，水资源管理决策支持系统，水土保持监测与管理信息系统，水质监测和评价信息系统，水利政务信息系统，水利信息公众服务系统，水利工程建设和管理系统，水利规划设计信息系统，农村水利水电及电气化管理信息系统和水利数字化图书馆等建设，预警预报系统建设，安全体系建设等。

8.6　流域水利管理政策法规建设意见

《中华人民共和国水法》的修订，加快了水政策法规体系建设的步伐，加大了水行政执法力度，呈现出依法治水的良好态势。在依法治水、依法管水的大背景下，水政策法规建设取得明显进展。但从流域水利发展的现状看，仍存在很多问题，其中主要原因之一是缺乏与国家一些重要法律法规相配套的政策法规，以规范水事活动的各个方面。执法队伍有待健全，执法力度不够，有法不依、执法不严的问题依然存在。

在实行流域管理中，法制建设起着重要作用，水法律的完善是使流域可持续发展制度化的重要保证。没有协调流域内跨经济领域以及跨部门的法律机制，难以实现流域水行政统一管理。法律具有规范性、权威性、稳定性和强制性等特点，具有协调功能、综合功能、规范作用和保证作用，一旦国家水资源和水事活动的方针、政策和基本要求上升为法律，流域管理就有了法律依据和法制保证。通过制定和实施流域水法律，可以有效地制止在流域水事活动方面的违法、越权、失职行为，追究违法行为的法律责任，保证水行政管理目标的实现。

流域管理政策法规建设，应建立健全有效的法律法规体系，促进法律法规的运用，建立和完善司法与执法程序，提高法律信息和服务水平。做到“有法可依、有法必依、执法必严、违法必究”，一切国家机关、社会团体、企事业单位、全体公民都应严格遵守法律法规，依照法律规定办事。

修河流域管理政策法规的建设，应围绕管理体制及水权、水价、水市场进行，建立以水权、水市场理论为基础的水资源管理体制，充分发挥市场在水资源配置的导向作用，形成以经济手段为主的节水机制，促进节水型社会的建设，形成节水、减污、环境、水资源可利用量增加的良性循环，实现水资源的可持续利用与水环境不断改善的协调发展。

8.7　水利科技发展与人才队伍建设意见

流域水资源开发利用工作由 20 世纪 50 年代至今，已积累了一定的经验，拥有了一批熟悉流域情况的专业技术人员。随着科技的日益更新，对流域规划工作的进一步加强，迫切需要加强科技人才队伍建设，提高科学技术在水利建设、管理、运用中的水平。

水利科技的发展要以新的技术理论和治水新思路为理论基础。建立水利科技的创新机制,按照人与水和谐相处的原则全面建立防洪安全保障体系;科学开发、利用水资源,优化配置水资源,充分提高水资源的利用效率;全社会普遍树立节水意识,建立节水型社会,建立起良好的水环境和生态系统;在水利工程建设中,广泛采用先进的生产方式,提高劳动生产率;建立统一高效的水资源管理体制,实现水利工程建设和管理的良性循环;水管理要实现自动化、信息化、科学化,并建立比较完善的水利科技推广和水利科技服务体系。

水利人才队伍建设规划要科学构建人才队伍的合理结构,优化人才队伍结构,逐步提高人才学历水平;完善人才队伍的素质培养机制,激励与管理相统一,以人为本,最大限度地调动人才的积极性;加强人才队伍的科学管理,坚持人才流动政策、平等竞争与用人政策、按劳分配政策、吸引人才优抚政策。

建立科学合理、运行有效的技术人才开发管理体系和运行机制,充分利用现有人才,抓紧引进紧缺人才,结合重大项目培养人才,同时加强国际国内技术合作与交流,培养具有国际视野的专业人才团队;加强在岗干部职工的培训和教育;完善人才队伍管理和考评制度,建立激励机制,促使优秀人才脱颖而出。

8.8 公众参与

积极探索公众参与机制,落实公众和利益相关方的知情权、参与权和监督权。在流域水利管理的政策与规划等制定和实施过程中,要建立制度化的参与机制,确保利益相关方的广泛参与和各种利益群体的观点能够得到表达,建立公众反馈意见执行监督制度,为公众提供具有权威性的政策法规解读;要建立各种补偿机制,保障贫困地区和弱势群体的利益。

第 9 章　流域环境影响评价

9.1　评价范围和环境保护目标

9.1.1　评价范围

环境影响评价范围主要为规划范围和环境要素受影响的范围,环境要素受影响的范围主要包括修河流域内涉及的宜春、九江和南昌 3 个设区市 11 个县(市、区)及其辐射的相关区域。本次规划范围为 14 539 km^2。

9.1.2　环境保护目标

(1)合理开发利用水资源量,保障水资源可持续利用。修河流域内主要干支流水资源开发利用率最高控制在 30%左右,保障河道的生态环境用水要求,维护地下水采补平衡。

(2)维护河流(湖、库)水功能,保障水质安全。规划至 2020 年,修河流域水功能区全部达标;至 2030 年,第一类污染物实现零排放;第二类污染物按功能区要求,实行总量控制,保证水功能的持续利用,实现水环境的良性循环。

(3)维护流域内生态完整性、生态系统结构和功能,维系优良生态。保护生物多样性和生态敏感区;保障河流生态环境需水;保护珍稀水生生物生境,重点保护国家级、省级保护动物,珍稀特有水生生物生境和重要鱼类;综合防治流域水土流失,新增人为水土流失基本得到控制。

(4)合理利用和保护土地资源,保障粮食安全。规划项目实现耕地占补平衡,有效控制规划实施引起的土壤潜育化、沼泽化和荒漠化等土地退化问题。

(5)保障防洪安全,改善城乡供水条件,促进流域经济社会全面可持续发展。规划至 2030 年,完善防洪减灾体系,基本解决大中城市的供水问题、农村饮水安全问题;至 2030 年,进一步完善防洪减灾体系,流域内城乡一体化的供水安全保障体系日趋完善,供水水质全面达标,城镇的供水水源地安全得到有效保障。

(6)保护人文景观,提高社会接受度,降低开发风险水平,保证方案有效实施,实现流域可持续发展。

9.2　环境现状

9.2.1　自然环境

修河位于江西省西北部，为鄱阳湖水系五大河流之一，地处东经113°56′~116°01′，北纬28°23′~29°32′。流域东临鄱阳湖；南隔九岭山主脉与锦江毗邻；西以黄龙山、大围山为分水岭，与湖北省陆水和湖南省汨罗江相依；北以幕阜山脉为界，与湖北省富水水系和长江干流相邻。

9.2.1.1　气象与水文

修河流域地处低纬度，属亚热带湿润季风气候区，春夏之交多梅雨，秋冬季节降水较少，春寒、夏热、秋旱、冬冷，四季变化分明，气候温和，光照充足，雨量充沛，夏冬季长，春秋季短，结冰期短，无霜期长，冬季受西伯利亚冷高压影响，天气寒冷。

修河流域降水量充沛，流域内多年平均降水量为1 500~1 900 mm。降水量年内分配极不均匀，4~6月多年平均降水量约占全年降水量的50%。流域内铜鼓以东、靖安以西的九岭山南麓一带，为全省四大多雨区之一，而武宁、永修一带为少雨区。

流域内各站实测多年平均蒸发量1 116.3~1 535.5 mm，多年平均气温在16.4~17.4 ℃，多年平均相对湿度79%~83%，多年平均风速0.8~2.2 m/s，多年平均日照小时数1 444~1 812 h，多年平均无霜期255~276 d。

修河流域径流丰沛，为降水补给，径流在地区上的分布与降水量的地区分布基本一致。连续最大3个月径流主要集中在汛期4~6月，约占全年径流的50%。修河为雨洪式河流，洪水季节与暴雨季节相一致，多发生在4~9月。4~6月洪水由锋面雨形成，往往峰高量大；7~9月洪水一般由台风雨形成，洪水过程一般较尖瘦。大洪水以6月发生的次数最多，往往由大强度暴雨产生峰高量大级洪水。

9.2.1.2　地形地貌

修河流域三面高山环绕，北缘幕阜山，中部九岭山，山脉均为东北—西南走向，流域呈东西长、南北窄的不规则长方形。地形为西北高、东南低，背山向湖的箕形斜面。流域内山地面积占46.5%，丘陵面积占36.7%，平原及湖泊面积占16.8%。

流域内地貌类型主要有构造侵蚀中低山，构造侵蚀低山丘陵，溶蚀、侵蚀低山，冲积平原。

9.2.1.3　土壤与植被

修河流域的土壤种类分布一般随着地形的变化而不同。土壤主要类型有红壤、山地黄壤、山地黄棕壤、水稻土、石灰石土、山地草甸土、潮土、紫色土等。亚类有潴育型水稻土、潜育型水稻土、淹育型水稻土、紫色土、山地草甸土、棕色石灰石土、潮土、红壤、山地黄红壤、山地黄壤、山地黄棕壤等，成土母质有酸性结晶岩、混质岩、红砂岩、石英岩、紫色砂砾岩、碳酸盐岩类等风化物和第四纪红色黏土及河积物等。

流域地处中亚热带北部，气候湿润温和，植物生长环境优越，森林植被种类丰富，种属繁多，其主要植被有针叶林、常绿阔叶林、竹类、常绿与落叶混交林、落叶阔叶林、针阔混交林、山地矮曲林、灌木草甸等。珍稀树种较多，主要有属国家重点保护的钟萼木、香果树、银杏、鹅掌楸、罗汉果、天竺桂、青钱柳(甜茶树)等。

9.2.1.4 陆生动物

流域自然条件适宜多种野生动、植物的生存和繁殖，名贵的野生动、植物资源丰富。野生动物资源，哺乳类主要有金钱豹、梅花鹿、獐、山獾、黄麂、南狐、貂、水獭等，爬行类主要有蕲蛇、金环蛇、银环蛇等，鸟类主要有环颈雉、相思鸟、猫头鹰、鹦鹉、斑鸠等。

9.2.1.5 水生生物

修河流域水系发育，溪流众多，池塘、水库星罗棋布，鱼类资源无论是种类还是数量都在江西省占据重要位置。就种类数目而言，修河有鱼类约20科100余种，其中以鲤科鱼类为主，占总种数的70%，主要经济鱼类有鲫鱼、鲤鱼、鲢鱼、草鱼、青鱼、鳙鱼、鳊类、鳡鳜类、鲅鱼类、乌鳢、银鱼、鲴鱼等30余种。除鱼类资源外，软体动物、水生维管束植物及虾、蟹等种类繁多。

9.2.1.6 重点风景名胜区与自然保护区

流域内有重点风景名胜区及森林公园10处，自然保护区23处，重点湿地1处，详见水生态保护章节。

9.2.2 社会环境

据2007年的统计数据，流域内现有人口231.56万人，其中城镇人口77.83万人，农村人口153.73万人；现有耕地面积283万亩，有效灌溉面积155.00万亩，其中耕地以水田为主，水田面积238.39万亩，占耕地总面积的84.2%。

修河流域矿产资源比较丰富，在江西省国民经济中占有重要地位。经探明的有色和贵金属矿产资源主要有钨、铀、钼、铜、金、瓷土、石煤、石灰石、铅、锌等，其中以金、钨、瓷土、石煤、石灰石储量较多，分布广。

9.2.3 环境质量现状

2007年度，根据修河干流布设的高沙、虬津、王家河等7个水质监测断面监测资料，修河干流全年、非汛期、汛期水质均为Ⅱ类；潦河全年水质Ⅲ类水占85%，劣Ⅲ类水占15%，主要污染物为氨氮，污染河段主要分布于潦河安义段；武宁水全年、非汛期、汛期水质均为Ⅲ类。

近期工程主要位于农村，附近无大的噪声源，噪声背景值相对较低。工程区周围环境空气质量较好。

9.2.4 修河流域存在的主要环境问题

(1)生态破坏问题日趋严重。随着流域内人口的不断增长，人们对自然的索取越来越多，人类活动破坏动植物的生活栖息地，造成一些动植物资源枯竭或灭绝。

(2)水土流失状况严重。据统计，修河流域现有水土流失总面积3 436.64 km^2，占土地总面积的23.63%。水力侵蚀面积3 436.27 km^2(含崩岗5 992处，崩岗面积22.05 km^2)，其中，轻度流失面积为1 295.74 km^2，中度流失面积为961.00 km^2，强烈流失面积为673.69 km^2,极强烈流失面积为170.77 km^2,剧烈流失面积为335.07 km^2。在修河流域风力侵蚀中,极强烈流失面积为0.37 km^2。

(3)涝旱灾害频繁。特别是修河干流下游及支流潦河中下游,为工业、农业、交通运输、城镇和人口密集的地区,面临着鄱阳湖,受修河、潦河和鄱阳湖洪水的双重威胁,洪涝灾害频繁。频繁发生的洪涝干旱灾害使修河两岸人民生命财产遭受了较大损失。

9.3 流域规划分析

9.3.1 与发展战略的符合性

修河流域的规划任务为防洪、灌溉、供水、治涝、水资源和水生态环境保护、岸线利用、航运、发电、水土保持等。规划坚持人与自然和谐,促进生态文明建设,保障防洪安全,生活、生产、生态用水安全,以水资源的可持续利用促进经济社会的可持续发展,规划符合可持续发展战略和方针政策。

9.3.2 与相关规划的协调性

规划在修河流域生态环境现状分析、治理开发与保护分区和控制断面控制性指标确定的基础上,提出流域治理开发与保护的总体布局,将治理开发活动控制在水资源承载能力、水环境承受能力和水生态承受能力允许的范围之内,有利于促进“资源节约型、环境友好型”社会的建设,与国家、江西省的经济社会发展规划、《全国生态环境保护纲要》和当地的环境保护等相关规划是相协调的。

9.3.3 干流梯级环境制约因素分析

干流梯级方案为中寨$_{248}$(已建)—赤洲$_{225}$(已建)—乌石滩$_{214.8}$(已建)—湖洲$_{207.4}$(已建)—坑口$_{197.3}$(已建)—东津$_{190}$(已建)—黄溪$_{122.3}$—塘港$_{114.3}$(已建)—郭家滩$_{107.5}$(已建)—夜合山$_{98.2}$—抱子石$_{93.5}$(已建)—三都$_{78.5}$(在建)—下坊$_{73}$(已建)—柘林$_{63}$(已建)—虬津$_{19.5}$。本次拟定规划开发黄溪、夜合山和虬津梯级,这些梯级开发不同程度地存在环境制约因素,其中虬津梯级工程坝址所处水功能区为工业用水区;黄溪、夜合山梯级坝址所处水功能区均为景观娱乐用水区。修河流域水生生物和鱼类资源丰富,梯级的开发建设可能会对其产生影响,特别是对鱼类资源产生较大的叠加影响,应深入研究其影响,并采取应对措施。

9.4 环境影响分析及评价

9.4.1 对水文水资源的影响

修河干流中寨梯级及以上河段主要流域开发任务是水资源保护及水生态保护,河流水域形态及水文情势基本没有变化;中寨梯级及以下至虬津梯级,规划梯级枢纽开发将使天然水位壅高,流速变缓,下泄水量年内分配发生变化;虬津梯级以下河段,主要受上游干支流控制性水利水电工程的影响,非汛期流量增加,汛期流量有所减少,水库群汛末蓄水期下泄流量减少尤为明显。

规划梯级枢纽建成后,将使库区河道水面宽展,水深增加,坡降变缓,流速降低,河流形态及纵向连续性和横向联系性发生明显变化。

干支流梯级水库建成运行后,大部分泥沙被淤积在水库内,水库下游泥沙将大为减少,坝下河道将产生以冲刷为主的冲淤变化。干支流控制性水利水电工程的联合运行对修河中下游干流河段冲淤变化影响更为显著,对河道和河势的稳定产生一定的影响。

9.4.2　对水环境的影响

9.4.2.1　水温影响

根据水库的调节性能初步预测,规划兴建的虬津水库等均为混合型水库(a> 20),水体交换十分频繁,因此水库不会产生水温分层现象,库内水体温度与天然状态下相差不大,对工农业和生活用水以及水生生物生存条件基本没有影响。

9.4.2.2　水质影响

水资源保护规划实施后,可改善流域内江河、湖泊、水库的水质,特别对流域内水源地采取排污口整治、引水减污、疏浚清淤等措施,保证水源地水质。至 2020 年,修河流域 31 个一级水功能区全部达标;至 2030 年,第一类污染物实现零排放,第二类污染物按功能区要求,实行总量控制,保证水功能的持续利用,实现水环境良性循环。

规划的河流梯级开发后,水库中泥沙大量沉积,可使库区及下泄水中悬浮物浓度明显降低。水库蓄水使水位抬高,水体容积增加,稀释容量增加,但流速减小又不利于污染物的稀释扩散,库区排污口附近局部水域污染物浓度有所增加;在支流回水末端,由于水动力条件的改变,可能发生水体富营养化;水库初期蓄水和运行期汛末蓄水阶段,下泄流量有明显的减少,对水质将有不利的影响。另外,各干支流在枯水季节通过水库的调蓄下泄作用,可以增加河流枯水期水量,提高径污比,改善河流枯水期水质。

9.4.3　对生态环境的影响

9.4.3.1　对生态完整性的影响

修河流域是由水生生态和陆域生态构成的完整生态系统,具有生境支持、生物多样性维持,水源、水能,净化、美化环境等多种功能。规划工程主要分布在河流、湖泊及其沿岸,对高山、高原生态系统影响不大;规划实施后,流域景观生态系统的结构和功能不会发生明显变化,上游景观优势仍以森林、草灌为主,而中下游则以农田、农灌为主,流域的景观生态优势基本保持现状,而河流服务功能将增强;由于规划建设项目的淹没和占地,部分区域森林、灌草地生态系统将受影响,水域面积增大,区域植被异质度降低,生物生产力略有减少,同时生态系统具有阻抗稳定性,经过一段时间,景观生态将达到新的平衡。

9.4.3.2　对陆生生态系统的影响

修河流域森林资源丰富,物种繁多,规划将水土流失治理列为重要措施之一,加强对现有林草植被的保护,大力发展水土保持林、水源涵养林,将对植被造成有利影响,改善生态环境；规划工程项目建设涉及淹没、占地和移民等，对陆生植被产生不利影响；河流梯级开发使河谷两岸原有的湿地和半湿地生态系统随水位升高、水面变宽而向外扩展，对部分河谷森林、灌丛或疏林地产生叠加影响；流域森林生态系统及珍稀濒危植物主要分布在中高山或海拔较高的地带，规划项目实施对其影响相对较小。

规划工程的实施使部分区域陆生生境发生变化，但变化的区域面积较小，野生动物栖息地不会发生明显变化，动物的区系分布基本维持现状。规划工程的实施，施工、淹没、移民对流域局部地区陆生动物产生一定的影响，梯级开发将产生累积影响，主要影响对象为陆生脊椎动物的鸟类、两栖类、爬行类和兽类；规划实施后，水库面积增加，为部分游禽、水禽提供了广阔的繁殖场所；两栖动物适应能力较强，在水库库岸及工程所在河谷仍有较多的栖息地；爬行类和兽类动物，垂直分布范围大，水库建成后，还可以为它们提供更多的栖息和繁殖生境。

9.4.3.3 对水生生态的影响

规划水工程的实施，将降低河流连通性、改变自然水文情势和水体理化条件等，从而影响水生生物多样性与资源量。流域内已建和在建工程改变了河流的纵向连续性与河湖横向连通性，规划的部分干支流水工程将进一步加大对河流连通性的阻隔影响。阻隔形成的水生生境片段化与破碎化在较长时间尺度上将降低物种生存力。水库蓄水形成的静水、缓流区域对广布性鱼类的种群增长有利，但缩小了上游适应急流环境特有鱼类的生长及繁殖的适宜生境。坝下临近江段的自然水文节律改变，将影响青、草、鲢、鳙等重要经济鱼类的繁殖。此外，部分水工程调度运行造成的下泄水流气体过饱和、水温降低等理化条件的改变对坝下临近江段鱼类的生存与生长存在一定的不利影响。水工程的建设，也部分减少了急流、浅滩等多样性生境的数量。

在一些河段，洪水泛滥现象的消失使一些鱼类不能进入河汊及河滩湿地觅食和育肥，河汊中的鱼类不能进入河流产卵，河岸湿地得不到有效的水源补充，生物种群退化明显。此外，河道的渠化也对部分河段的鱼类“三场”产生不利影响。

但是水生态规划的实施，对重要的涉水自然保护区、重要湿地、重要风景名胜区和森林公园采取了水量保证、鱼类资源保护、栖息地恢复和面源污染控制等生态措施，有助于全流域水生态环境的保护。

9.4.3.4 对涉水自然保护区的影响

流域内自然保护区有 23 个，其中重要涉水自然保护区 3 处，此外还涉及重点湿地 1 处。由于规划工程布局充分考虑了水生态环境保护区域，同时水生态保护规划中已对涉水自然保护区从水量、水质和生态保护措施以及管理等方面提出了要求和保护措施，如对靖安大鲵自然保护区采取了栖息地保护、核心区建设围栏和增殖放流等生态保护措施。因此，如果严格采取规避或者保护等措施，规划实施对自然保护区的影响不大。

9.4.3.5 水土流失影响

规划的实施建设中工程占地、工程开挖、弃渣等施工活动，修路、建房等配套设施建设对地表的扰动和再塑，以及干扰和破坏植被，改变地形坡度和地表组成等活动都会造成区域内水土流失和生态破坏。

9.4.3.6　梯级水库的综合影响叠加累计效应分析

流域梯级开发背景下,水库电站空间布局较为密集,时间间隔较短,单个水电工程对生态环境的影响会以某种形式叠加和累积。梯级水电工程对生态环境的叠加累积影响,会产生时间上、空间上的累积效应,如梯级水电站建设会对河流水文情势、水体物理特征、河流生态系统完整性等产生累积影响。

梯级工程建设的不利影响主要表现在对水生生物的影响,尤其是对洄游性鱼类、半洄游鱼类和产卵场产生较大的叠加影响,梯级工程建设将使漂浮性和半浮性的鱼卵在漂流孵化过程中过早流入静水中,影响其发育。梯级工程建设有利的影响主要是促进修河流域经济社会的发展。因此,在梯级建设的过程中要充分考虑单个项目的影响,同时要考虑多个项目的累积影响,趋利避害,使不利影响降至最低程度。

9.4.4　对社会环境的影响

9.4.4.1　对经济社会的影响

流域规划的实施,将有助于加快流域内各地区的经济发展,并有利于保证经济社会各方面发展的可持续性。修河流域沿江分布着省内众多的城市,防洪规划及干流规划的实施,将进一步提高修河两岸的防洪能力,保证人民生命财产安全和经济社会发展;水土保持、灌溉、供水及水资源保护等规划的实施,有助于加强和完善农田水利基础设施建设,改善农业生产条件、农业生活质量和农村生态环境。

9.4.4.2　对土地资源利用的影响

水电规划梯级开发、调水工程等的实施将淹没一定陆地面积,耕地、林地等面积减少,水域面积大量增加,对土地利用方式、土壤环境质量造成影响。梯级枢纽及水库的修建将对当地发展灌溉措施创造有利条件,规划至2030水平年,使修河流域有效灌溉面积从现状的155.00万亩逐步恢复或增至222.66万亩。灌溉条件的改变和水土保持等规划的实施可以提高灌溉保证率,增加灌溉面积,提高农牧产量,提高耕地有效灌溉面积,同时也可能导致当地水文情势、土壤环境、生物等因素发生改变。另外,筑坝建库后,水位抬高、库区两岸地下水水位的上升,可能引起周围土地浸没和潜育化。

9.4.4.3　水库淹没和移民

梯级兴建,水库将会淹没一定数量的耕地和房屋。工程实施一方面使库区粮食产量减少,人地矛盾突出,居民需搬迁安置,开发一些土地资源,导致土地资源结构发生变化,在移民安置初期,移民生活水平会有所下降;另一方面水库建成后,库区水利条件将有所改善,有利于土地生产力的提高;另外,随着移民的搬迁安置,库区部分陆地成为水域,库区养殖业将有一定发展,为当地土地利用结构调整提供了机遇。

9.4.4.4　文物古迹的影响

修河流域存在着一定的文物古迹,土石方开挖、料场开采等施工活动可能对已知的和潜在的古墓葬等文物古迹产生损毁和破坏影响;工程占地和水库淹没对分布于库区及周边的古村落、古墓葬等文物古迹也会产生不利影响。因此,在修建电站及其他水利设施时,应该按照相关规定,在采取相应的补救措施后,将因工程建设而造成的文物古迹损失降到最低限度。

9.4.4.5 航运的影响

水库建成后,上下游形成了较大的落差,影响通航,给航运业的发展带来较大的阻碍。但是在一些河段,水库回水使河流水位上升,航运条件将得到改善。同时,本次近期规划对安义至涂家埠的43 km 河段进行整治和疏浚,使安义以下43 km 航道成为六级航道;远期对南潦河奉新至义兴口的35 km 航道、北潦河靖安至安义的20 km 航道进行整治,恢复奉新县城以下龙头堰及靖安县城以下3座闸坝的通航设施。这些规划的实施将较大地提高修河的通航能力,促进修河航运事业的发展。

9.4.4.6 对涉水风景名胜区的影响

流域规划范围内有省级以上风景名胜区1处,即拓林湖省级风景名胜区。本次修河流域规划修编,充分考虑到了重点涉水风景名胜区的景观水位要求,必要时采取补水、调节各水期水量,并规划了放养滤食性鲢鱼、鳙鱼等生态治理措施,以有效控制水体中浮游植物总量,改善水质和水体景观,维持景观的美学价值,有利于促进旅游事业的发展。

9.4.4.7 人群健康

修河流域与水库环境卫生有关的主要地方病和流行病有血吸虫病、痢疾、伤寒、肝炎、乙脑、出血热、钩端螺旋体等。规划实施后,由于增加了枯水期流量,水体自净作用增强,以及具有一定的防洪效益,有利于降低本区痢疾、伤寒、肝炎等肠道传染病以及出血热、钩端螺旋体等传染病的发病率。但是水库蓄水后,库区四周浅水区以及灌区,如果在蚊虫繁殖季节水位稳定且有杂草,则可能增加乙脑等的发病率。

但是供水规划的实施,同时结合水资源保护规划与水生态环境保护,可保障城乡用水水量、水质安全。规划的实施,有利于完善农村基础设施建设,改善农业生产条件、居民生活质量和农村生态环境,促进当地经济社会的发展,有利于提高人民群众的健康水平。

9.5 环境保护对策措施及建议

规划的实施,有着巨大的社会效益、经济效益和环境效益,同时也会给环境带来一定的不利影响,根据以上分析,应采取以下对策措施和建议。

9.5.1 水资源与水环境保护措施

加强水资源的统一管理,合理配置生活、生产、生态用水,促进人水和谐,维护河流健康。协调好水资源开发利用和区域经济社会发展布局的关系,严格把经济社会发展对水资源的要求控制在水资源承载能力范围之内。

推进水资源保护协调机制建设、法制建设、水功能规范化管理与水行政执法;加强水资源规划工作;加强饮用水源地的水质保护;建立和完善流域重大水污染事件应急工作机制;加强水资源保护能力建设;以水功能区管理和入河排污口管理为基础,加强监督管理。

完善水库调度运行方式,保障河流生态环境需水量。应进一步完善水库特别是控制性水利水电工程的调度运行方式,使梯级开发和水库对坝下游生态环境的负面影响控制在可承受的范围内,并逐步修复生态、改善环境。

贯彻落实水资源保护规划,加快点源、面源污染治理。一方面加强工业污染源和城市生活污染源控制;另一方面加大库区及上游生态建设,综合治理各水库库区及以上地区水土流失,合理施用化肥、农药,逐步减少面源污染。

9.5.2　对自然与生态环境影响对策

修河流域为水土流失较为严重的地区之一,必须采取切实可行的水土保持措施。首先注重全流域的植物保护工作,并在一些水土流失重点地区建设工程措施拦沙,降低流域总的产沙量。平时应加强宣传教育工作,增强群众的生态保护意识,特别是加强库区及移民安置区民众的宣传教育工作。采取工程措施与植物措施相结合,对建设期和运营期可能产生的水体流失进行综合治理,使得新增的水土流失得到有效控制,项目区原有的水土流失得到基本治理,恢复和改善项目区原有生态环境。

工程施工、移民安置时,应尽量减少对植被的破坏,严格执行水土保持方案。水库调度时,可以采取“蓄清排浑”的方式排出库区泥沙。

水库蓄水之后低温水下泄对下游农作物的影响,可以采取分层取水,降低蓄水水位的方式缓解;水库泄洪时,尽量排出水库底层的低温缺氧水层,提高库底水温;引水灌溉时,可以让水流流经一些池塘,或设置一些晒水池,提高水温。

保护水生生物洄游通道,采用修建过鱼设施和其他保护措施来缓解大坝的阻隔效应,维持生物多样性,如建设鱼道、鱼梯、过鱼船、升鱼机等辅助措施帮助鱼类过坝。同时,依据情况考虑采取鱼类增殖放养措施来维持种群数量。

9.5.3　社会环境影响减免措施

对水利建设引起的淹没和移民问题,必须加强移民安置政策的宣传,确保移民切身利益得到落实,按照国家征地移民法规,对被征地移民进行合理补偿,落实有关政策,妥善进行移民安置,保证移民生产生活水平不降低。在方案比选时,应该把减少淹没和移民作为重要考虑因素之一。

避免或尽量少占用耕地。特别要加强保护基本农田和耕地,做好基本农田保护与调整工作,工程临时占地尽快恢复原有土地使用功能,对规划可能引起的土壤潜育化、沼泽化等土地退化问题,应采取工程措施、植物措施防治。

对流域内受到影响的文物古迹,按照文物等级及国家相关法律,影响不大的采取防护、加固措施,对受影响较大的采取迁移、复制保存及发掘等措施。

在航运方面,应在条件具备的情况下,尽量建设船闸及升船机等措施,减缓大坝对流域航运的影响。

9.5.4　建议

为落实各项环保措施,对下一阶段工作提出如下建议:

(1)在下阶段(项目可行性研究阶段),需对该项目编制环境影响报告书,根据项目对环境产生的不利影响,提出相应的减免或改善措施。

(2)在流域发展规划统一安排下,制定工程有关环境保护规划,做到工程建设与流域经济、社会、环境的协调发展。

9.6 初步环境评价结论

修河流域规划实施后,在发展水利、水电,改善沿岸交通条件,促进经济发展方面,具有明显的社会经济效益和生态环境效益,不利影响是梯级大坝阻隔、水文情势改变和淹没移民对流域水生生态环境和土地资源的影响及支流梯级低温水冷害等。总之,本次规划修编,以对环境的有利影响为主,不利影响也不能忽视,通过采取有效的对策措施,可以使不利影响得到有效缓解。

第 10 章　流域规划实施程序与近期工程选择

10.1　流域规划实施程序

10.1.1　近期工程选择的要求与原则

为加快流域治理与开发的步伐，满足经济社会发展对流域开发的要求，全面实现人水和谐的目标，修河流域综合规划修编从防洪、灌溉、供水、治涝、水资源和水生态环境保护、河道整治、水土保持、航运建设、水力发电、流域水利管理与信息化建设等方面提出了多项规划工程措施。为更好地安排各项规划项目的实施，使工程的实施能实现最大的经济效益和社会效益，以促进流域内经济持续、快速、稳定地发展，规划拟定项目的实施安排原则如下：

(1)项目安排应与国民经济总体计划和发展战略相协调，采取分期分批有计划、有步骤地实施。

(2)项目安排要体现效率优先的原则，从流域实际情况出发，因地制宜、突出重点、以点带面、注重实效，区别轻重缓急，优先安排社会经济效益好、投资省、见效快、群众积极性高的项目。

(3)注重建设项目的综合效益，具有防洪、灌溉、供水等综合利用效益的项目优先安排。

(4)项目安排要满足水资源保护、环境保护的要求，使水利建设与生态环境协调发展。

10.1.2　流域规划实施程序

根据流域开发治理对水资源开发利用的需求，并充分考虑流域各地区资金筹措能力，城市防洪工程、万亩以上堤防工程、病险水库除险加固工程、灌溉工程、城市供水与农村饮水安全工程、治涝工程、水资源和水生态环境保护以及重点水土流失区的治理工程等应优先安排实施。

10.2　近期工程选择

10.2.1　工程选择

10.2.1.1　防洪工程

近期开展修水、武宁、永修、铜鼓、奉新、靖安、安义共 7 个县城防洪工程建设；加高加固立新圩、马口联圩等 15 座万亩以上圩堤；新建鹅婆岭防洪水库；完成流域内 1 座大型和 390 座小(2)型重点病险水库及 9 座中型病险水闸的除险加固工程建设；进行流域内中小河流治理工程、山洪灾害防治工程以及防洪非工程措施建设。

10.2.1.2　灌溉工程

近期对柘林、潦河、锦北 3 座大型灌区，溪霞、万长、云山等 21 座中型灌区及 404 座小型灌区进行续建配套与节水改造，新建鹅婆岭、吊钟、大屋 3 座中型灌区。为解决上述灌区的水源问题，规划新建鹅婆岭 1 座大型水库、吊钟等 5 座中型水库及 238 座山塘，引水工程(陂坝)61 座，小型提水工程 11 座，并对流域内 909 座山塘、371 座陂坝(堰)、333 座提灌站共 1 613 座水源工程进行除险加固。

10.2.1.3　供水工程

近期供水工程重点包括城市供水设施的改造及农村饮水安全工程的建设。近期规划改扩建水厂 9 座，新建水厂 12 座，增加供水规模 73 万 m^3/d；改造农村集中式供水工程 477 处，新建农村集中式供水工程 1 009 处，增加年供水量 2 490 万 m^3，使 105.1 万人饮用自来水，同时解决农村 70.2 万人的饮水安全问题。另外，将吊钟、源口、东津、云山、坳上、石马、石上和大塅等水库作为城市应急供水水源地进行保护与建设。

10.2.1.4　治涝工程

近期重点实施万亩以上圩区治涝工程建设，规划新建电排站 11 座，改造电排站 6 座，新增电排装机容量 5 365 kW，改造电排装机容量 1 600 kW；新建涵闸 11 座，改造涵闸 28 座。

10.2.1.5　河道整治

近期完成干流沿岸重点城镇及重要堤防河段的整治工作，规划整治岸线 123.94 km。

10.2.1.6　水土保持生态建设工程

规划近期完成水土流失综合治理面积 1 459.75 km^2，平均每年水土流失综合治理面积 112.29 km^2；治理崩岗 3 476 处，治理面积 1 279.1 hm^2；完成水土保持生态修复面积 1 188.91 km^2，其中重点治理工程 279.01 km^2，示范工程 100.00 km^2，面上治理工程 809.90 km^2；完成 1 个监测总站、2 个监测分站和 10 个监测点的建设任务，初步形成覆盖全流域的水土保持监测网络体系。

10.2.1.7　水资源保护工程

近期拟对九江市 3 个饮用水源区进行保护建设，完善和改进水环境监测中心的监测能力建设，进行水质监测站及信息系统建设，在现有 14 个监测断面(测点)的基础上再增加水功能区、入河排污口、饮用水源地监测断面 25 个。

10.2.1.8　水生态保护工程

规划期内，拟在重点风景名胜区、自然保护区和重要湿地建设水生态监测点 6 处，其中水生生物自然保护区及源头水保护区 2 处、重要涉水风景名胜区 1 处、重要湿地 3 处。通过监测网络的建立，可使区内水生态状况得到全面监控。

10.2.1.9　航运工程

近期结合修河干流的水资源综合梯级开发，对修河永修至吴城段 35 km 按四级航道标准进行建设。修水港建设旅游客运码头泊位 9 个；武宁港建设 500 吨级货运码头泊位

5 个,旅游客运码头泊位 8 个;永修港建设 1 000 吨级货运码头泊位 2 个,500 吨级货运码头泊位 1 个,旅游客运码头泊位 5 个。另外,对潦河干流安义至涂家埠 43 km 河段进行整治和疏浚,达六级航道标准。

10.2.1.10　水力发电工程

近期开发电站包括夜合山、梅口、龙潭峡、鹅婆岭、查册、亭子坳、雁子洲等 37 座电站,总装机容量 102.41 MW,年发电量 3.89 亿 kW·h。另外,对 100 座农村水电站进行增效扩容改造,新增装机容量 39.03 MW,新增年发电量 11 756.8 万 kW·h。

10.2.1.11　流域水利管理与信息化建设

近期建立健全水行政审批制度,初步建立跨部门和跨地区的协调机制、补偿机制和公众参与机制,对水利系统内部信息采集系统进行建设,实现对水文、水资源、水生态与环境、水土保持、河道采砂等信息的实时、定期或不定期采集和监测,并加强科技支撑能力,建立人才队伍保障体系。

10.2.2　近期工程投资效果分析

10.2.2.1　防洪能力得到较大的提高

修河流域防洪近期工程的实施,能较大地提高沿江城市的防洪能力,修水、武宁等 7 座县城抗洪能力可提高到 20 年一遇,其他重要乡(镇)的防洪标准可达到 10 年一遇,保护农田 1 万~5 万亩的圩堤防洪标准可达到 10 年一遇。

10.2.2.2　流域农业抗旱能力得到很大提高

修河流域农田大部分集中在修河、潦河尾闾及潦河中下游地区,这些近期工程的建设配合以前已完成的水利工程,可以基本解决修、潦河尾闾及潦河中下游地区的农业灌溉问题,极大地提高防御干旱能力,保证农业生产的持续稳定发展,对于保障粮食安全有非常重要的意义。

10.2.2.3　基本保障流域城市供水和农村饮水安全

通过近期城市供水工程的建设,可有效地保护城市集中式饮用水水源地,初步建立城市应急水源保障机制,使城市饮用水安全得到有效保障,满足城市发展对城市饮用水安全的要求。农村饮水安全工程建设能基本解决流域农村饮水安全问题;干流河道清淤、护岸,能提高河道枯期水位,有效地改善沿江村镇的供水能力;水土保持与环境保护工程的实施,可提高河道水体的质量,供水质量得到提高。

10.2.2.4　水土流失得到较好治理

通过重点推进水土流失综合治理、崩岗防治工程、水土保持生态修复和水土保持监测网络等工作,可使区内现有水土流失得到较好的治理,扩大治理区的植被覆盖率,有效提高拦沙效益,并可进行水土流失观测、试验和数据的收集。

10.2.2.5　流域水生态环境得到有效保护

通过在流域内布设水生态监测点,对流域风景名胜区的生态环境及鱼类、湿地的动植物资源变化加强流动性监测,及时掌握生态环境的变化情况。可有效促进流域内水生生物生长及栖息地环境保护,减缓水资源开发利用的不利影响,保护区内主要河流水质,治理两岸污染源,保持良好的水生态环境。

10.2.2.6 航电效益得到充分的发挥

近期工程的实施,将使修河干流的发电、航运效益得到充分的发挥,促进流域经济的发展。工程实施后,通过梯级联合调度,使发电效益得到较好的发挥。修河干流航道的建设,将较大地提高修河的通航能力,促进修河航运事业的发展。

修河流域近期推荐主要工程项目汇总见表 10-1。

表 10-1 修河流域近期推荐主要工程项目汇总

序号	工程项目			防洪	灌溉	供水	治涝	河道整治
1	堤防工程		堤防/座	15				
	堤防工程		堤防长度/km	217.56				
	防洪水库/座			1				
	县城防洪工程/座			7				
	病险水库除险加固/座			391				
	病险水闸除险加固/座			9				
	中小河流治理/项			58				
2	水源工程	已建水源工程改造	山塘/座		909			
			陂坝/座		371			
			提灌站/座		333			
		新建水源工程	水库/座		5			
			山塘/座		238			
			陂坝/座		61			
			提灌站/座		11			
	灌区工程	已建灌区续建配套/个			428			
		新建灌区/个			3			
3	城市供水	新建水厂/座				12		
		改造水厂/座				9		
		增加供水规模/(万 m^3/d)				73		
	农村供水	新建集中式供水工程/处				1 009		
		改造集中式供水工程/处				477		
		增加年供水规模/万 m^3				2 490		
	城市应急备用水源保护与建设/处					8		
4	涵闸	新建涵闸/座					11	
		改造涵闸/座					28	
	电排站	新建电排站/座					11	
		改造电排站/座					6	

续表 10-1

序号	工程项目		防洪	灌溉	供水	治涝	河道整治
5	河道整治	岸线整治/km					123.94
6	水土流失综合治理面积/km^2		1 459.75				
	崩岗	治理崩岗/处	3 476				
		完成治理面积/hm^2	1 279.1				
	水土保持生态修复面积/ km^2		1 188.91				
	监测系统	监测总站/个	1				
		监测分站/个	2				
		监测点/个	10				
7	水资源保护	水源地保护/个		3			
		监测断面/个		42			
8	水生态保护	保护区/处			2		
		风景名胜区/处			1		
		重要湿地/处			3		
9	航运	航道建设/km				78	
		其中:Ⅳ级航道/km				35	
		Ⅵ级航道/km				43	
		码头泊位/个				30	
10	水力发电	开发水电站/座					37
		装机容量/MW					102.41
		增效扩容/座					100
		新增装机/MW					39.03

第11章　结论与今后工作意见

11.1　结　论

（1）本书是在1993年版《江西省修河流域规划报告》的基础上，根据流域治理开发与保护现状、存在问题和经济社会发展需要，按照维护健康河流、促进人水和谐的基本规划宗旨，充分考虑规划区内各地区、各部门对流域开发的不同要求，确定流域开发任务为防洪、灌溉、供水、治涝、水资源和水生态环境保护、岸线利用、航运、水力发电、水土保持等。

（2）在原修河流域规划以及近期完成的有关河段开发方案论证与其他前期工作成果的基础上，经分析论证，本规划提出修河干流规划期（2030年）内的梯级开发方案为：中寨$_{248}$（已建）—赤洲$_{225}$（已建）—乌石滩$_{214.8}$（已建）—湖洲$_{207.4}$（已建）—坑口$_{197.3}$（已建）—东津$_{190}$（已建）—黄溪$_{122.3}$—塘港$_{114.3}$（已建）—郭家滩$_{107.5}$（已建）—夜合山$_{98.2}$-抱子石$_{93.5}$（已建）—三都$_{78.5}$（在建）—下坊$_{73}$（已建）—柘林$_{63}$（已建）—虬津$_{19.5}$。

（3）本规划对修河流域进行水资源供需平衡分析。通过供需水的第一次平衡（现状供水设施供水）分析，结果显示：2020年和2030年流域在偏枯年和枯水年来水情况下都存在不同程度的缺水情况，尤其是在枯水年缺水程度比较严重。经考虑对现有灌溉设施进行节水改造并兴建一批供水水源工程后，第二次平衡（规划）2020年和2030年流域各分区在枯水年仍缺水，但缺水量较小。说明修河流域在规划水平年内需兴建一批地表水供水水源工程，并对现有灌溉设施进行节水改造，且要求用水户增强节水意识，采取节水措施，可满足本流域的用水要求。

（4）本次规划对7座县城进行防洪工程建设，使流域内的县城防洪标准达到20年一遇；重点对15座万亩以上圩堤进行除险加固，达到10年一遇防洪标准，保护耕地25.16万亩，保护人口23.95万人。同时结合柘林水库的防洪调度、鹅婆岭防洪水库的兴建，进一步提高水库下游永修、奉新县城及尾闾地区大片农田的防护标准。

11.2　问题和今后工作意见

（1）随着流域内经济的发展，各部门对交通、能源及水资源利用有了新的要求，加快修河流域的治理开发，对流域经济发展具有重要意义。对于近期推荐的工程急需大力开展前期工作，进行可行性研究或初步设计工作，以保证各项近期工程的前期工作适应国家和地方经济建设计划安排的需要，促进规划的实施。

（2）目前修河多数支流水文测站稀少甚至缺乏水文观测资料，给水资源利用的研究和工程设计带来一定的困难，今后需进一步完善水文站网，对重点工程的水文观测应尽早布设相应的观测项目，积累资料，以满足工程设计的要求。同时要进一步推广应用现代化技术,建立流域水文资料数据库及洪水预报系统。

(3)坝址及电站厂址水位流量关系曲线是电能指标计算、大坝稳定分析计算以及电站机组安装高程确定等的设计依据,本次规划依据参证站水位流量关系线采用移植法或水力学公式法分析绘制各梯级坝址及电站厂址的水位流量关系曲线,其精度较差。建议下一阶段在梯级坝址及电站厂址断面设立水尺观测水位,同时在其附近断面按规范要求施测流量,以提高坝址及电站厂址水位流量关系曲线分析绘制的精度。

(4)柘林水库为具有发电、防洪、灌溉、航运等综合利用任务的大型水库,是修河流域尾闾地区主要防洪设施之一。水库现有的洪水调节、水库防洪运行原则和方式,一直沿用 1972 年编制的《江西省柘林水利枢纽工程补强加固设计说明书》的设计成果。当时确定水库下游防洪规划方案的边界条件为:堵塞杨柳津小河,围垦永丰和沙湖山;以吴城(二)站水位 19.5 m(吴淞)作为下游鄱阳湖顶托水位;水库溢洪道最大下泄能力为 3 310 m^3/s,对下游进行防洪补偿调节,防洪库容为 15.72 亿 m^3。通过柘林水库的调节,可使尾闾地区及柘林至艾城区间沿河两岸的防洪标准达到 50 年一遇。

但由于柘林水库建设期间,修河尾闾整治规划未按水库设计防洪规划方案要求实施,永修、新建两县将蚂蚁河全部堵塞(杨柳津小河并未堵口)。柘林水库增建第二溢洪道,水库最大泄量达 12 650 m^3/s。另外,鄱阳湖洪水势态发展趋于严峻,原设计鄱阳湖顶托水位偏低。边界条件的变化,使得水库在基本建成时存在的部分问题尚未完全得到解决,其中之一是水库为下游的防洪问题,如 20 世纪 70 年代,修河下游最大支流潦河发生了 100 年一遇的大水,区间设计洪水比水库设计时偏大,对柘林水库的防洪调度以及对下游尾闾地区的防洪将产生不利影响。考虑到柘林水库在设计阶段拟订的防洪规划方案由于边界条件和水文情势的改变未能完全实施,且随着下游地区国民经济的发展,原规划拟订的一些围堵方案已无法实现,以现有条件为基础的柘林水库防洪调度设计工作急需开展,建议下一阶段进行专题研究。

(5)修河下游河网复杂,耕地集中、人口密集,历来为流域防洪治涝重点建设区。为减轻尾闾地区圩堤及永修县城的防洪压力,分别于东岸嘴、立新桥堵修河,于钩璜、王家桥堵王家河,使得修、潦河分流,将尾闾地区多座圩堤联成一条保护面积为 10 万亩以上的大堤,缩短防洪堤线 24.9 km,并通过整治老河道,可增加耕地面积 0.76 万亩。但修河、潦河堵口分流势必会改变修、潦河尾闾地区原有的河流水文特性,对尾闾地区的防洪、灌溉、航运、供水、水生态环境等方面都会造成一定的影响;且为安全下泄修河干流洪水,需对小河、杨柳津河进行必要的拓宽和疏浚整治,工程量较大。修河、潦河分流工程建设的必要性与利弊,尚需下阶段进行专题研究。

(6)北潦北支河干流现状防洪工程以堤防工程为主,规划期内也主要通过堤防工程建设来达到规划防洪标准。但考虑到远景期随着下游地区(尤其是安义县城)经济的不断发展,社会财富的不断聚集,对防洪保安要求越来越高,利用水库结合堤防工程,解决下游防洪问题是一种切实可行的防洪方案。

北潦北支河干流上现已开发的主要梯级有罗湾(集水面积 162 km^2,总库容 7 700 万 m^3)、小湾(集水面积 496 km^2,总库容 4 994 万 m^3),但都未设置防洪库容,且承担有发电任务。而现在正在建设的丁坑口水库(集水面积 418 km^2,正常蓄水位 181 m,相应库容

5 414 万 m^3)，作为洪屏抽水蓄能电站的下库，控制流域面积较大(占北潦北支河流域总面积 736 km^2 的 56.8%)，且若正常蓄水位提高至 200 m，相应库容可达 1.16 亿 m^3，具有多年调节性能，具备承担下游防洪任务的有利条件。因此，待今后视下游地区对防洪保安的要求情况，可研究利用丁坑口水库，结合堤防工程，承担下游地区(尤其是安义县城)的防洪任务。

(7)修河流域采用堤库结合、以堤防工程为主的防洪工程体系。规划分析研究了鹅婆岭水库最终设计规模及建成后对下游的防洪效果，但未进行流域内已建或规划的具有防洪功能水库联合调度情况下对中下游的防洪影响分析，建议今后加强对已建或规划的水库运行调度方案的研究，在尽可能少影响兴利效益的前提下，使其更好地发挥防洪作用。

(8)本次规划对流域超标准洪水未做研究。今后应着重研究流域内遭遇超标准洪水或罕见的不利洪水组合时防洪工程的运行调度方案以及相应的防御对策与措施，以最大程度地降低洪涝灾害损失。

(9)本次规划的一批重点工程，大多数枢纽、库区及灌区的勘测资料只能满足规划阶段的要求，今后应根据工程设计的需要，补充大比例尺的地形测量工作，加深地勘工作，以利于下一阶段工程设计的顺利进行。

(10)修河流域的治理开发是一项长期而艰巨的任务，今后仍需根据新形势、新要求，以及本规划实施后出现的新情况、新问题，及时修订补充。

(11)修河流域规划项目多，投资大，为保障规划的顺利实施，须从组织措施、资金保证措施、质量保证措施以及政策措施方面提供保障。通过进一步建立健全投资体制、运行机制和管理体制等，充分发挥水利、交通、电力等行业的优势，多部门通力协作，运用新思路、新方法、新技术，从根本上改变区域内水利基础设施不能适应经济社会发展的状况，促进本流域内经济社会的持续稳步发展。

(12)需建立和完善水利发展机制与合理的水价形成机制，为该区域的水利发展提供保障。以政府为责任主体，逐步建立稳定的政府水利投资渠道，发挥市场对资源配置的基础性作用，积极利用国内外贷款和社会资金，形成多元化、多渠道、多层次的水利投资体系。

(13)应加强对水资源的宏观调控，实现水资源的统一管理、优化配置，保障水资源的可持续利用。进一步加强水利管理，深化水利工程管理体制改革，促进水管单位的良性发展。

(14)实施水利科技创新计划，加强水利科技研究开发、引进和推广工作，促进科技成果转化和技术装备的现代化，为水利现代化建设提供强有力的科技支持。